第7版

Attacking Faulty Reasoning

好好讲道理

反击谬误的逻辑学训练

（修订本）

［美］T. 爱德华·戴默 著

刀尔登 黄琳 译

山西出版传媒集团 山西人民出版社

目　录

引　言

第一章　智识行为规范

第二章　什么是论证

第三章　怎样才是好的论证

第四章　什么是谬误

第五章　违反结构原则的谬误

第六章　违反相关原则的谬误

第七章　违反接受原则的谬误

第八章　违反充分原则的谬误

第九章　违反辩驳原则的谬误

第十章　如何写议论文

误的讨论，都伴随有几个例子，不像许多别的教材，本书中的这些例子，非常实际，非常典型，在当今大量的家庭争吵、校园里的讨论、给编辑的来信中，随处可见。这些例子都涉及真实的话题或普通的场景，只是为了把每种谬误的性质解释得更清楚，但例子有所简化，是从其他话题中抽离出来的。

对每种谬误进行分析之后，是独有的“回击谬论”部分；当该种谬误在实际的争论中出现时，如何建设性地应对，这里给你出主意。但与全书中的其他情形一样，此处的重点在于解决问题，而不在指责对方论证的毛病。

3

在对每类谬误的讨论之后，同时也在每一章的末尾，有识别各种论证谬误的练习，要求读者不但要说出每种谬误的名字，还要解释某种谬误是如何违反了良好论证的原则的。部分练习的答案和解释，附在全书的最后部分。

好论证的理由

为什么要讲理？为什么希望别人也讲理？有这么几个实际的理由。第一点，也是最重要的一点，是好的论证使我们更好地做出自己的决定。亚里士多德早就指出，人是“理性动物”，意思是说，理性构成我们与其他生物之最大区别，理性使我们有特出的能力，来合理地决定信什么和做什么。按亚里士多德的观点，我们人类有义务培养、发展自己这一通向“良好生活”的知性能力，不仅如此，还有理由相信，那些在生活的方方面面都有理有据的人，无论是实现目标还是完成计划，成功的机会更大。

第二，遇到艰难的道德选择，好的论证起的作用尤为重要，它不仅帮助我们决定采取什么样的行动，还使我们避开有不良后果的行为。而有缺陷的思辨，把我们领向不那么好的信念，模糊了道德判断力，而往往导致给别人带来很大伤害的行为。既然我们都对自己行为的后果负有责任，我们也就有义务把自己的信念和决定奠基于出自良好论证的结论。

第三，好的论证，使我们更愿意只遵从那些我们有充分理由信其为真的、牢固的观念。如果我们要求自己是个讲道理的人，我们就该加强现有的信念，或暴露其不足，以便取舍。

第四，运用好的论证，还能提升我们在社交、工作及个人事务中思考和行动的水准。要想让别人接受你的某个观点，讲道理通常要比吓唬人、讨好人等办法更有效，至少效果更长远些。

最后一点，要解决人与人之间的争执，平息冲突，把注意力放到道理上来，是个有效的办法。注意到对方论证中的哪怕一丝道理，我们才能替自己找到更好的立场。

当然，我们也知道，尽管我们中间很多人大力推荐合理的生活，世上仍然有许多与此相反的力量，而且很强大。在亚里士多德形容的“理性动物”中间，有好大一批，智力薄弱，屈从于陈规陋习、盲目的意识形态情绪、恐惧、傲慢、自私自利、道德相对主义、无所用心、根深蒂固的偏见、滥用概念却不加考察、一厢情愿、情感纠缠、文过饰非、头脑简单。虽然如此，我们相信，基于前面说过的理由，好的论证，仍然是有效的，不论是在校园，还是在科学实验室，在机场塔台，在医院。如果事关我们自己的利益甚至我们自己的存在，大多数人愿意看到好的论证在起作用；如果我们蒙冤上了法庭，我们肯定希望陪审团那边有良好的论证。 4

那么，我们的任务便是继续支持好的论证，以更好地指引信念和行为，以使我们更愿意遵循那些真实可靠的观念，以提升社交生活中知性对话的水平，以解决争执，平弭分歧。我们中间的大多数人，在头脑清醒的时候，都相信良好论证带来的益处，不论是从个人方面还是从社会方面来说，都是令人向往的。因此，我们至少也应加入反击谬论的一方来。

本书的目标

本书的首要目标，是通过对我们日常思考方式中一些最常见的错误的讨论，协助读者成为头脑清楚的人。单纯学会鉴别错误，未必有多少建设性的意义，那么，就当这是我的希望吧——通过甄别不良论证而发展起来的技巧，有助于我们养成良好论证的习惯。换句话说，明察不好的、讹谬百出的论证，能帮助我们组织好的、完美无缺的论证。

本书的第二个目标，是给出些具体的策略，来反驳他人的错误论证。如果我们诚恳而不以抬杠为目的，就有望在交谈中驳回对方的诡辩，而不必带来不愉快。书中“回击谬论”部分建议的各种策略，都是想方设法让说理回到正确的轨道上来，也就是说，把不讲理扭转为讲理。这些策略，也是想方设法让不那么讲理的人去做他们本来应该做的事——宣称某一观点是真的，宣称某一行为是对的？好，请充分证明之。

还有一个益处——我们碰到蛮不讲理的人，会觉得沮丧、束手无策，书中的策略有助于减轻不良论证造成的这种不快。那种受挫的不快，说起来很简单，是来自明知对方是错误的，却又说不出来错在哪里，如果对论证中一些最常见的谬误形式十分熟悉，就再也不用怕有人冲你讲歪理了。本书中的建议，帮助我们在遇到这种情形时，控制住局面，不仅能够指出对方的错误，而且有本事将论证导引到有益的方向上来。

我们要发现和捍卫关于自己、关于我们的世界的可靠观念，教育的主要目标之一便是提高我们在这方面的能力。仔细研习对合理思辨的实际指导，当有助于这一目标。很有可能的是，您从前为自己的想法辩护的某些方式恰是粗糙、有瑕疵的，而本书会将它们暴露出来，没准儿您过几天也将相信，不光除您以外的世人，就连您自己，也需要“学点逻辑”。

第一章　智识行为规范

概　要

5　**本章将帮助你：**

·通过参与遵循智识行为之十二条基本准则的论证，来解决争议。

·要想对争议问题持有牢固可靠的观点，第一步是承认自己是有可能犯错误的，要随时准备接受新观点。对此之重要性，应有完全的理解。

·表达观点时，务必小心避免语言及概念的混乱，有的问题经常不恰当地同别的问题混在一起，要分擘清楚。

本书的焦点是如何组织良好的、没有缺陷的论证，但很重要的一件事，是以智识行为的基本规范来理解论证，而一个成熟的人要参与对有争议问题的论证，这些规范是必须恪守的。构成这些规范的若干准则，既与良好论辩的标准，也与有效辩论的其他要素（本书后面将有详尽解释），交织在一起。作为一个整体，这些规范代表着智识行为的两种最重要的标准：程序标准和道德标准。

程序标准

人们因对事物看法不同而彼此疏离，要有效地解决分歧，有些最基础的原则伴随——实际上通常是引导——讨论，智识行为规范所传达的程序性标准，描述的就是这些基础原则。简单说来，理性解决争议的最有效的一些办法，规范把它们形式化了。平息争议、确定判断、订正信念，能使这些活动富于成效的智识行为的类型，总是要与上述基础原则合拍的。研究语言交流的学者发现，遵循程序性原则的讨论，基本上对应于成功解决争端的讨论，反之则不成功。我自己参与辩论的经验，以及我在大学课堂中对这些原则的试验，也指向同样的可喜结论。 6

在我的论理课上，我通常拿对什么是“智识行为的规范”的讨论作为开篇，并贯穿始终。到了课程的结尾，我要求全班的学生选择一个当下的道德议题——对该议题，学生们或多或少地在情感上有所倾向。然后我们分为两组，面对面地相对，遵循本章描述的规范，连续讨论三节课。我的角色只是监督，对论题的题旨，控制住自己，什么也不说，只当某一方有违规范时，才予以指出。我鼓励学生在这几天的课下研究这些问题，学生们也经常把研究所得带到课堂上来，让其他同学注意到这些见解和证据。这种提交，也是讨论的一部分。我实施这样的实验已有二十多年了，而几乎不变的，是在三小时的讨论之后，学生们总能够就这些道德论题达成完全的共同意见。在这些年里，他们讨论过的问题分布很广，从军队中的同性恋到素食问题，而学生们对自己讨论的结果，几乎总是又惊又喜。最后达成的立场很少是原先两种立场中的一个，而通常是“第三种”，而且是更好的一个。

伦理标准

智识行为规范所表达的第二项标准是伦理上的。如果说声称未能在论证中遵守规则是不道德的，听起来有点不近人情，那么，主张人应该公平地辩论，应该不会显得奇怪吧。公正精神，要求所有参加理性辩论的人，承诺至少要遵循规范的最低标准，那么就此而言，这些规则很显然是有道德意味的。不妨想一想，有多少次，我们的争论对手不理睬我们所认为的“游戏规则”，那才叫恼火。这不仅使讨论进行不下去，更要紧的，还使问题得不到解决，至少失去了进一步探究的机会。在这种情况下，我们往往被对方激怒，我们越是希望讲理，就越是光火；谁能说这中间没有道德因素呢？显而易见，我们希望对手公正，同样明显的，我们自己也得公正。

不过，理性讨论这种游戏的目标与其他游戏的目标不同。在其他游戏中，目标是某一方赢，另一方输，遵循规则的目的是确保胜负的公平。而在论证或理性讨论的“游戏”中，目标不是谁赢谁输，而是所有参加者一起来发现问题的最佳解决办法，或发现有争议事项上的最可靠的观点，而这只有当大家都遵守理性讨论的规则时才能实现。

7

形成自己智识风格的原则

既然是“讨论”，就意味着至少两方的参加，不然，便成为个人的内心思辨了。不管是哪一种情况，任何人，只要希望给自己的观点建立尽可能强有力的论证，对解决冲突有所贡献，都应该将下述原则化为自己的智识风格。

1. 或谬原则

每一个参加辩论的人，都要心甘情愿地接受一个事实，那就是：我可能是错的。每个人都要承认，在所涉的论题上，自己原先的观点并不一定是最无懈可击的观点。

2. 求真原则

每个辩论者，都有义务热切地探求真义，至少探求所能达到的最合理的论证。也就是说，每人都应愿意认真对待对方的观点，查寻对方意见中可能包含的真知灼见，并允许对方就任何方面发表论证或反驳。

3. 清晰原则

无论是表达观点，辩护，反驳，都不能有语义混乱，并能够从不同的观点清晰地区分开来。特别重要的是，对论证或批评中任何有可能造成迷惑或误解的关键词，都要仔细推敲。

4. 举证原则

举证责任通常总是由提出主张的人承担。如果对方质疑，主张人便有证明的义务。

8

5. 善意原则

如果复述对手的论证，要认真表达，不得减弱其论证力，不得有违对方的原意。如果对方论证的意旨或清晰性尚存疑问，要以善意度人，而且对方应得补正的机会。

6. 结构原则

良好论证的这一首要规范要求，不论是主张还是反对一个观点，其论证应该满足形式完美的论证对基本结构的要求，即结论要有至少一个理由的支持，如果论证是规范性的，至少要拥有一个规范性前提。这样的论证，不使用相互冲突或与结论相矛盾的推理，也不预先假设结论的真实性，更不进行不合逻辑的演绎推导。

7. 相关原则

论辩中只能提出其真实性对结论的真实性有所贡献的论点。

8. 接受原则

论证中提出的论点，必须是对成熟、有理智的人来说是有可能接受的，从而符合可接受性的规范。

9. 充分原则

论证中应努力提出相关的、可接受的论点，从而在数量和质量上使结论成为可以接受的。

10. 辩驳原则

按照良好论证的第五项标准，论证的过程中，对这一论证或其所支持的立场的可以预见的关键性非难，应该有所辩驳。而当批评对方的论证时，不应回避其最强有力之处。

9

11. 延迟判断原则

如果一个良好的论辩不能支持任何一种立场，或均衡地支持不止一个立场，那么论辩人应该——在多数情况下——延迟对议题的判断。如果当时的情况需要尽快决定，应该权衡是在现有基础上做出判断更合适一些，还是继续延迟判断更合适一些。

12. 终结原则

在下述情况下，一个论题应视为辩论终结：如果不同立场中的某一种论辩是结构完满的，使用着相关且可接受的推理，为相应的结论提供了充足的基础，并且包含着对所有关键性异议的反驳。除非有人能够证明这一论证不是最能满足这些条件的，参辩人便有义务接受它的结论，认为议题已经辩决。如果该论证在后来被人发现有缺陷，以至它所支持的观点重新变得可疑，参辩人便有责任重开议题，以做进一步的思考和解决。

上面所说的原则中，前三个通常被认为是智力工作的标准性准则。人们几乎普遍地认为，它们是严肃地讨论问题的逻辑基石。

1. 或谬原则

每一个参加辩论的人，都要心甘情愿地接受一个事实，那就是：我可能是错的。每个人都要承认，在所涉的论题上，自己原先的观点并不一定是最无懈可击的观点。

或谬原则在讨论中的运用，意味着你要发自内心地接受这样的事实：你不一定是对的，就所争论的问题，你提出的见解有可能是错的或不那么强有力的。如果你不接受自己有可能犯错，那么，这等于说即使听到了更好的论证，也不打算改变原来的想法。这很能说明你没有公正讨论的意愿，继续辩论也就没什么意义了。然而，承认或谬原则是一种积极的信号，说明你对有机会导致问题的公正解决的诚实探究有发自内心的兴趣。

10

彼此接受或谬原则，对严肃的求真者来说，是至关重要的第一步。不幸的是，在宗教和政治论争中，这一步很少迈出，也许这就是为什么在这些意义重大的论争中取得的进展很小的原因。不过，在科学家、哲学家以及多数其他学者中，或谬性仍是探究的准则，他们甚至会说，这是智识进步的必要条件。

如果有人怀疑对或谬原则的接受是否应当，不妨选一个人们各持己见、争说纷纭的议题，比如说，考虑一下自己的宗教立场。有成百上千种神学观，彼此不相调和，每一种都同其他有所不同；在考查这些观点之前，我们知道，它们中间，只可能有一种是正确的，而这一种还可能是有缺陷的。这样看来，你自己的宗教观不仅有可能是错误或有缺陷的，而且大有可能。

同样有可能的，是我们自己的宗教观比其他宗教观的许多种更加合理，特别是如果我们曾花些时间，使用相关的证据和理性探究的工具，来发展、修正自己的观点。尽管如此，在目前所有的彼此冲突的各种宗教观中，许多有才学之士都激烈地为之辩护过，何以见得只有我们自己的才是正确的？我们也许相信自己的观点是最无懈可击的，然而同时，心里必须清楚，别人对他们的观点也这么想，而在所有这些人中间，至多有一种观点是对的。

人是会想错的，这一点最有力的证明来自科学的历史。科学史家告诉我们，在科学的历史中，人们曾经信奉的每一种——是每一种——观念，经过后世的研究，或是错误的，或至少是有缺陷的。如果过去是这样，看不出为什么现在不会是这样，以及以后不会是这样，虽然当代科学使用着更复杂的研究手段。并且，如果在对证明的要求更加严格的研究领域尚且如此，那些科学之外的理论声称，想必更加有可能会在后世被推翻。一旦了解这些事实，我们至少应该保有智识上的谦卑，愿意让自己的观念接受核查。

关键一点是，承认或谬原则是一个清晰的信号，表明我们真心愿意倾听他人的见解。诚实地承认自己一直坚持的立场有可能是错的，是件不容易的事，但对讨论问题来说，这是最好的开始。对某些问题，我们往往有相当深的情感牵涉，承认或谬原则，能使我们的情绪平静下来，并且面对不同的或更好的论辩，不至于堵起耳朵。

如果你对或谬原则怎么才能发挥效用有点怀疑，那么，等下次你遇到激烈的争论时，第一个承认自己有可能是错的，至少明确地告诉对方，自己可以改变想法。你的争论对手，哪怕只是为了避免智性上的尴尬，也会跟随你作同样的自首。如果他们不这样做，至少你明白过来，同他们继续讨论那个问题，是不会有什么结果的。

11

几年前，一组人给“批评的思想者”下定义，其中，我的一位朋友，是这么定义的：“批评的思想者是这样的一个人，他有生以来，至少有一次，被论证的力量说服，在重要的问题上改变过自己的看法。”他进一步说，不管是什么人，在重要的问题上碰巧总是对的，那几乎是不可能的。反过来，考虑到使人们分歧的问题之多，每个问题中不同的意见之众，一个人把事情想错的可能性要比想对的可能性还要大。

2. 求真原则

每个辩论者，都有义务热切地探求真义，至少探求所能达到的最合理的论证。也就是说，每人都应愿意认真对待对方的观点，查寻对方意见中可能包含的真知灼见，并允许对方就任何方面发表论证或反驳。

苏格拉底教导我们，只有承认自己的无知，我们才有希望达到真知。从他那时起，求真原则与或谬原则就是一对手挽手的兄弟。寻求真理是毕生的事业，它的基本形式就是研讨；在系统的研讨中，我们欢迎其他求真者的见解和论辩，同时深入地思虑对自己看法的所有批评。

既然我们已经知道，我们并不一定真理在握，那么，我们在讨论中付出的所有精力和智力，都应该用于发现真理，至少发现就目前而言最有可能接近真理的立场。这种立场，当然，是由最强有力、最有效的论证来支持的。

如果我们真理在握，很明显，讨论就没有什么意义了。有些人会说，自己已经知道那是真的，之所以还要讨论，是为了说服别人，对这些人我要说，别人很可能也正这么想呢。那么，就不大会有任何“真义”的交换了。如果我们真的对发现真义感兴趣，势在必行的，便是不仅假定自己此刻有可能并不掌握真理，还要倾听对方的论证，鼓励对自己论证的批评。

当然，有一些问题，我们已经下过功夫来调查研究，比如说，我们可能仔细检查过问题的方方面面，听过不同的意见，发现那为数并不多，欢迎对自己的批评，而没发现其中有什么是有力的、毁灭性的。在这种情况下，我们没必要假装打算改变意见，我们也没必要来一场假的辩论。我们另有两种方式可行。如果我们真的对辩论此事没有兴趣了，想不出有任何可能改变自己意见的新的证据，我们应该向对手解释清楚，也许就该跳过讨论了。但是，如果我们内心里相信自己有可能错过什么会使自己改变意见的东西，那么，不管用什么方式，我们应该参加讨论，像一个诚实的求真者那样。其结果，很可能是我们说服了对手接受我们的立场，但一旦参加讨论，就意味着我们也愿意被更有力的、更好的论辩说服。

在理想情况下，我们或许只想坚持那些确为真的见解，但要做到这一点，并不容易，因为这需要我们愿意去了解所有的相关意见，以及支持它们的所有论证，不然，我们有可能会错过真理。问题是，我们差不多都愿意自己所认为真的，才是那最后的真，我们想赢，哪怕是靠耍赖。举个例子说，有个人打心眼里相信丰田卡车是市面上最好的卡车，但如果他是在客观地查验相同类型的其他卡车的性能和维修记录之前便做出这一声称，那么很简单，他不是个诚实的人。

真的求真者，不会靠忽略或否认不利的证据来赢得论证。真正的胜利，只能来自遵守规则的游戏当中。在游戏开始之前就宣告胜利，或者不承认游戏规则，对探寻真理是没有帮助的，而且到头来会自己打败自己。

3. 清晰原则

观点的表达，辩护，反驳，都不能有语义混乱，并能够与不同的观点清晰地区分开来。

对问题的任何有成效的讨论，必须使用参加者都能够理解的语言。我们觉得自己说得很简单、很清楚，但听的人不一定也这么认为。一个立场的表达，或对一个立场的反对，如果表述得混乱、含糊、暧昧或自相矛盾，表述的对象只会听得一头雾水，这样的表述，对问题的解决，不会有多大贡献。

实现清晰，最难的事，也许是把注意力放在当前问题的主要方面上。在日常的聊天中，我们通常是做不到这一点的。争议中的问题，通常有若干个相联系的方面，也许每一方面都值得重视，然而，要想把问题讨论清楚，一般来说，我们必须一次讨论一个方面。参加讨论的每一方，都应该努力将有间接或直接联系的其他方面暂时隔离在外，免得使问题更加混沌不清。

13

最后，还有一种人，总是想用一种办法来结束争论，那就是自以为高明地说："咱们的纷争都不过是语义上的。"这种态度害多益少，因为这样一来，一个可能重要的问题，就被他们搅得没结果了。语义上的混乱，不应该是讨论的终点，而通常应该是我们需要向前迈进的起点。如果一个问题对我们来说是重要的，我们不能够让词语上的混乱绊倒我们，而得不到本来可能得到的解决。

练习

1. 良好论证也很少能让人回心转意，你认为是什么原因？这种情况违反了"智识行为规范"的什么原则？

2. 你是否同意在讨论中违反智识行为规范是不道德的，或至少在智识上是不诚实的？如果同意，为什么？如果不同意，为什么？

3. 如果根本不打算改变自己的想法，还继续参加严肃的辩论，是不恰当的，你同意吗？构思一个论证以支持自己的观点。

4. 你是个批评的思想者吗？如果是，请讲述你在最近一年里，在重要议题上，被良好论证说服而改变了立场的经过。

5. 下次你加入一个就重要问题的激烈而无结果的辩论时，停下来承认你的立场有错误的可能性。他人对此有何反应，写一段文字记录。

6. 按照辩驳原则，如果论证人没能有效地反驳可以料及的严重诘难，他的论证就不是完好的。而听从这一指示会暴露自己论证的薄弱之处，那么，你认为这是不是也会削弱你的论证以及它所支持的观点？如果是，为什么？如果不是，为什么？

第二章　什么是论证

概　要

14　**本章将帮助你：**

· 了解论断和意见的区别，明白在论辩过程中，由谁来承担举证责任。

· 公正地构建一个标准的论证，以做出合适的评判。

· 厘清演绎论证和归纳论证的差异，以弄清不同结论的强弱效果。

· 知晓规范性论证的独有特质和规范性前提的重要性。

论点即其他论断所支持的论断

本书所提及的“讲歪理”均发生于论证的过程中。这里的“argument”一词并非是争吵或拌嘴，而是“论证”或“论辩”。它指的是一组陈述，其中的一个或几个陈述给结论（即另外的一个陈述）提供支持。论证中的“前提”（premises），负责支持结论。前提的来源五花八门，可以是之前的论断、事实的陈述、个体的观察、专家的证据、普通的常识，也可以是一些专业词汇的定义、某些原理和规则等。以上种种，和其他的“前提”一道，给结论的“合法性”提供支持。

有时候，某个“前提”未必能得到目标群体的认可，其本身需要得到一些论据支持，这些给“前提”提供论据支持的陈述，我们称之为“子前提”。比如，作为一个大学生，你认为你可以在意大利旅行时饮酒，理由是，你已符合意大利法定的饮酒年龄，即十八岁。如果你能提供意大利旅游部门官网上显示的证据——法律允许十八岁及十八岁以上的人饮用酒精饮料——作为“前提”的补充材料，那会大大增强说服力。

15

因为我已十八岁，符合意大利法定饮酒年龄。（前提）

因为意大利旅游部门官网上声明，在意大利，法律允许十八岁及十八岁以上的人饮用酒精饮料。（子前提）

所以，我在意大利的旅行中，应当被获准饮酒。（结论）

获得“子前提”后，“前提”有了更强的说服力，结论似乎也就顺理成章。但无论“前提”如何有力，也并不一定就能证明这是一个好的论理。为什么呢？听我慢慢道来。

好的论理，可以提供说服别人的证据，证明某种主张的真实性或者“合法性”。只有得到证据支持的观点，才能成为论断。

那么，如何评判论证呢？这确实是一块难啃的骨头。论证得出的结论不能和论题相混，也要区别于论者的立场。比如，媒体上刊登的许多社论和读者来信，表达的都是对某些事件的看法，它们中的大部分并没有提供合理的论证——不能给自己的观点提供坚实的理由，怎么能得出可靠的结论呢？这类社论和来信，只是某些毫无根据的意见而已。我们所讲的结论，是指在论证的过程中，至少得到一种陈述支持的观点。当你无法判断文章中那些云山雾罩的“结论”时，就请试着去找找：有证据支持的陈述，很可能就是结论。

在某些论证的过程中，你会发现不止一个陈述，它们互为支持。其中的一些，仅仅是论证的前提，只不过获得了“子前提”的支持罢了。这种情况下，你就要先弄清楚：在有证据支持的诸多陈述中，哪些是主要的观点，即文章的结论。当然，可能会有几个结论。这种情况常常出现在演讲或非正式的讨论中。一旦你发现有几个论证在同时进行，请务必辨清，分别待之。有时，结论前面会有一些指示词，如“所以”“结果”“因此”“因而”“那么”或“于是”等等；前提的前面也会有一些指示词，如“由于”“因为”“一旦”或“给定”等。不过，在实际生活中，一般都没有具体的提示词，所以只能靠自己对整个过程的结构进行分析，从而做出判断。

区分论证与观点

16

论证和表达个人的意见或信念不是一回事，好多人并不知道这一点。他们常把两者混用。我常征询别人对某事的看法，但对方往往只是简单表述其意见，从不提供相关的论证过程。换句话说，他们只是简单地告知我得相信什么，而不告诉我为什么要信。按照本书所提供的有关原则，信念应当是经得起论辩的结论。对证据进行理性的反思后，我们所获得的判断或观点，往往被称为“结论”。

虽然我们所表达的主张均可算是观点，但问题是：有证据支持这些观点吗？有证据支持的才是论点。我的学生有时会说类似于“好吧，这是他（她）的意见。”——用这类话来批驳他人的论辩，这种时候我会提醒他们：论证过程中要表达的结论，不是普通意义上的观点，是需要证据支持的。批评对方的看法，火力得集中在论证的质量上，看看对方是否提供了可靠的证据支持。

个人观点的表达可能是最常见的口头交流形式，由于这种表达并不要求大家提供支持其观点的理由，所以我们习惯为自己的观点进行辩护，还一厢情愿认为这样做是不需要理由的。我们常说：“每个人都有权利发表自己的观点。”这话没错，但问题不在于我们是否有发表的权利，而在于哪些观点是值得接受的。对于一个空穴来风的观点，我们不可能判断出它是否值得接受。

我们中的大部分人，喜欢分享彼此的观点，可除非出现新的一场论辩，否则大家都会“固执己见”，没人愿意改变自己的立场。而实际上，我们需要调整某些观点，它们互相矛盾，真假难辨。要是我们的某些观点和他人的意见相互冲突，那说明这些观点有待商榷，这一点是非常肯定的。而在某些事情上，也存在相反或迥异的看法，对于这种情况，我们能确定：至少有一方的立场是站不住脚的。是哪一方呢？要想找到答案，我们只能对不同立场得出的各种论断进行评估，从而找出没有证据支持的一方。

4. 举证原则

举证责任，通常由提出主张的人承担。也就是说，当被问及或被质疑时，主张人就应当对自己的立场进行论证。

这就好比说，每个人对自己的行为都有解释的责任，对某件事的看法，不管是消极还是积极的，都需要为此进行解释，即负有“举证责任”。当然，在许多场合，我们不一定非得提供有关的证据，因为我们并不需要时时刻刻为自己辩护。但是一旦有人问“为什么？”或“你怎么知道这是真的呢？”，那就需要从逻辑上证明自己的观点了。也有例外的情况。比如，某些观点本身无可挑剔，且无可置疑。这种情况下，举证责任就落到质疑者那边去了。

17

在特定的语境下，也有多方共享的一些观点，我们无须为之辩护。有时我们会陷入无休止的论证链条中，需要论证的不仅有结论本身，还包括其中的每一个“前提”，以及每一个“子前提”——这在实际生活中根本不可能做到。不过，一旦有相关要求，我们就有责任提供证据，来支持结论和被质疑的前提。

这是应负之责。在我们社会的基本体系中，也遵循同样的原则。如果制药公司打算推出一种新药的话，它就有责任向食品和药品管理局（FDA）提供相关的证据，以便证明这种药品是安全有效的。法律体系里的举证责任，由提起诉讼的原告承担。这两个例子中，无论是新药还是案件，制药公司和原告均需要提供相关的证据，不能只是简单地阐述他们的观点。尤其在一些重要的，或者有争议的问题上，更不应该对观点放任自流，须提供相关的论证。

让对方无凭无据同意你的看法，或者推卸自己的举证责任，或称对方如果提不出相关证据就表示你的观点更可靠等等，类似这类行为，都违反了“诉诸无知”的逻辑错误。因为你的观点根本就是无源之水。是的，你的立论缺乏证据，是“无知”。人们很容易犯这类错误，做出一些荒谬的举动。他们常发表一些完全经不起推敲的“高见”，却从不说明那些所谓的“真理”从何而来。比如，你说“你的爷爷死于艾滋病”，因此认为“同性恋行为是错误的”，理由是“不同意我的观点的话，请证明给我瞧吧。”——把举证责任推给对方，简直就是耍无赖。更可恶的是，有的人知道自己的“歪理邪说”完全站不住脚，故意用“拖延”“缺席”等伎俩，指望“不战而胜”。但是，请记住，论辩过程中，任何一方的无故缺席，都不会有赢家，因为，各方的立场都需要可靠的论据来支持。所以呢，当别人质疑你的“结论”和某些“前提”时，你就心甘情愿、大大方方地拿出证据吧——当然，另一方也得做同样的事儿。不过请别误会，我们强调这些并不是说，只有像刑事法庭上那样正儿八经进行的讨论才是好的。只要参与者的利益和目标是为了找出真相，或解决问题，那就需要对各方的意见进行评估和讨论，这是再正常不过的做法。有时候这种办法相当有效，既不做作，又节约时间。但是，参与者的行为应该符合两个条件：谁提出了有争议的论断，谁就承担举证责任；举证责任也可以转移给他人，对此无可指责。请注意，本书所讲的“证据”，不是指绝对的、一锤定音式的证据，而是有一定回旋余地的，这和刑事法庭上要求原告提供“无可置疑”的证据不同。比如，最近汽车厂家发言人说，“他们目前尚无法证明二氧化碳排放和全球变暖之间的相关性”，我想，他这里用的“证明”一词，就表达了“无可置疑”的意思。在现实生活里，尤其在一些不太正式的讨论中，我们很难发现这类“无可置疑”的“证据”。

在讨论中，想要好好讲道理，避免胡说八道的话，请务必遵守举证责任原则。在大多数情况下，需要的证据与其说像刑事法庭上所要求的，不如说更像民事法庭。换句话说，遵守

“举证原则”，只是要求提供“优势证据”，而非“无可置疑的证据”。好的论理，须得满足这一点。

有时，基于现实的考虑，也可以用正当的方式来逃避举证责任。比如，有时候你找不到理由来相信某个说法时，你可能会说“就是那样的”，甚至会说“我就是不相信这个说法”。当你声称“没理由相信这个说法”，接下来可能你会表示“它是假的”时，其实你已经有了立场。这时，你就需要履行“举证责任”——可能是之前你没法准备的。“我没有理由相信 x 是对的”，“x 是假的”，这两句话的含义截然不同。前一句话不会引申出第二句话。前者是指“无法辨识”，意思是“还没确认或否定某个说法”，仍在举棋不定；后一句就是否定，即已经有了对此否认的立场，需要对这个观点进行举证。举个例子吧。比如，你可能没法证明是否有鬼魂存在。就目前所掌握的证据看，你不相信有鬼魂。如果你说你没有理由相信世上有鬼，你就不承担“举证责任”；但假如你说“世上没有鬼”，那情况就不同了，你就得证明。两个说法一比较，你会发现，前一种表达其实更合适。

论证的标准形式

我们在发表观点时遵守了“举证”原则后，接下来需要做的，是评估这个论证的质量。第一步，用标准形式对其重新进行组织。从原文中提取出相关论证，把它写下来，或在心里盘桓，都可以。这是评判的重要一步。一个结构完整的论证标准形式如下：

1. 因为（前提），

获得“子前提”支持的某个结论（“子前提”）

2. 因为（前提），

获得“子前提”支持的某个结论（“子前提”）

3. 因为（明确的前提），

4. 而且［因为（隐含的前提）］，

5. 还因为（可辩驳的前提），

所以，（结论）。

19 像上面这种格式清晰、特征明显的论证我们几乎很难遇到，但任何一个论证，我们都可以按照有关的逻辑次序，厘清前提（有的还有“子前提”）和结论，对此进行重新构建。到底需要多少个前提，才能充分推断出一个结论呢？这倒没有具体的规定。同样，并不是每一个前提都一定得有“子前提”支持。有时，我们会发现，某些论证的语境中，只暗示了（未明确指出）一个前提、一个结论。我们按照标准形式来重组某个论证的时候，需要把隐藏的部分清楚地表达出来，这一点非常重要。分析的时候，我们用括号把补充的隐藏部分标注出来，可以让大家清楚地了解：原有的论证材料中，到底隐藏了哪些部分。

遗憾的是，我们只在极少数的论证中发现了“可辩驳的前提”，即用来驳斥可预见到的反对意见。大部分论证均缺乏这类前提，但它却是构建一个好论证的必要条件。尤其在解决某些有争议的问题时，如果不对可能遇到的反对意见做好应对，备好“答案”的话，不太可能有较好的论证效果。在重构他人的论证时，如果你认为，原论证和按照标准形式重新组织的论证之间，毫无关联，无法融合，那就在新组建的论证中，摒弃原来的论证。但你认为无关，而对方却认为有关的部分，务必得保留下来。假如在材料中存在多重论证的情况，那么就请你分别对待每一个论证，要么重建，要么驳回，要么留待以后处理。

对任何一个论证而言，当我们对其进行重构时，得用自己的话阐释原有论证中的每个部分（前提，补充前提，结论等），如此才能更简洁地展示它们。有时候，我们会把一段或几段原文缩减为一句话。不过，请记住，当我们重新组织他人的论证时，务必挑拣出原论者用来支持其结论的证据，作为你构建标准格式的前提。就我们所遇到的大部分论证来说，如果在重组的论证中列出四五个以上的“前提”，可能就无法抓住原论证中最关键的支持条件，导致的结果可能是：我们重新组织的论证材料里，有一些根本就不是支持原有结论的前提条件。下面将要讲的一个例子中，你会发现，我们不一定要保留立论者原来的言辞和表述风格，但一定要“坚守”他（她）原有的立场。比如，原论证材料中某个反问句隐含了一个“前提”条件，在重组论证的时候，就得把这个反问句转换成陈述句。还需注意的是，重组后的论证中，已经被排斥在外的原有材料，将不能再被质疑或批判。按照标准格式重构的论证，是唯一被评判的对象。

20 **定义：用清晰简洁的语言对原有论证进行重构，与立论者的意图保持一致，明确地表达出原论证中隐含的部分，并按照先后顺序依次列出前提、子前提和结论。**

下面我们以一个具体的论证样本为例，按照标准形式对它重新组织。这是某地方报纸刊登的一封读者来信：

亲爱的编辑：

贵报昨日（10月2日）刊登了一篇有关艾滋病方面的文章。我觉得那篇文章没有说清楚：为什么我们对艾滋病的认识会如此执迷不悟。其实，如果你愿意倾听上帝的话，你会发现，关于艾滋病的起因，《圣经》已经说得非常清楚了。上帝厌恶同性恋行为，但他不讨厌同性恋患者。上帝爱所有的人。毕竟，是他，创造了世人。但同性恋行为是一种罪恶，上帝会惩罚罪人。科学家可以做他们想做的所有研究，不过，要是他们只在实验室里寻找的话，他们是不会找到艾滋病治疗办法的。

这封信被重构后的标准形式是：

1. 因为上帝不喜欢同性恋行为，（前提）

这个结论得到《圣经》里的相关文章支持，（子前提）

2. 因为上帝会惩罚那些做他不喜之事的人，（前提）

（这个说法同样得到《圣经》里相关文章支持，）（子前提）

3. 因为（艾滋病显然和同性行为有关联，）(隐含的前提)

4. 还因为科学无法找到，而且永远不会找到治疗艾滋病的办法，（可辩驳的前提）

所以，艾滋病是神对同性恋行为的惩罚。（结论）

你会发现，在我们重新组织后的论证中，剔除了那些不相干的材料，如“当然，上帝不讨厌同性恋”，以及原文中提到的报纸所刊之文。“上帝不喜欢同性恋”的这个前提，由一个子前提所支持，即“《圣经》里相关章节的内容”；上帝会惩罚有同性恋行为的罪人，也隐含了同样的“子前提”——这个证据似乎隐藏在文章中，所以用括号加以标注。接下来的隐含前提也用了括号标注，虽未明示，但非常清楚地给出了一个假定：艾滋病是同性行为所导致的疾病。可辩驳的前提建立在一种预期，即科学界可以通过研究找到艾滋病的治疗方法，所以提出这个前提——科学不能，且将来也无法解决艾滋病问题。根据这些前提，由此得出的唯一结论是：艾滋病是神对同性恋行为的惩罚。

我们所关注的焦点不是这条论证的好与坏，而是想表达：用一种更简洁的方式来重新构建这个论证，会大大节约评估的时间。如此一来，我们便可以非常清晰地了解这个论证的结构，从而对其进行评估。

就论证本身而言，不管其代表何种立场，都可以用标准形式对其重新组织。——假定这个能做到的话，我们就可以进入智识行为规范的第二部分。就像下面这个名字所暗示的那样，善意原则要求我们在重构论证时，竭力公正，杜绝歧视。

21

5. 善意原则

重新论述他人的论证时，请务必尽最大的可能小心翼翼地表述论者的原意。如果对原论证中隐含的部分无法把握，那么请给原论证人足够的质疑权力，以及修订机会。

在我们用标准形式重构他人的论证的时候，关注的焦点已经转移为：我们的重构是否公正、毫无偏颇？为公平起见，应当允许原论证人对重构后的论证进行纠错，甚至完善，唯如此，我们才可能获得最合适的版本，以供仔细审查。

对他人的论证进行重构，务必尽你所能，明确地表达出立论者真实的意图。你不必改变，也无须对原来的论证进行完善，但对立论者的意图要充分质疑。也就是说，你要把原文中隐含的部分呈现出来，剔除啰唆的无关材料，用更清晰简洁的语言对其重新描述。不过，需提醒自己，切勿为了提高论证的水平，想当然地添加一些原文中没有的材料。

在论辩过程中，只要你把对方的论证用标准形式梳理出来，抛却无关的材料，你就会发现，对方的毛病一目了然。也因为如此，对方可能会指责你篡改其本意。所以，为了避免这种情况出现，你最好在指出其错误之前，让他（她）确认一下你的修改。用标准形式呈现的论证，会让其中的错误显露无遗，有时原论者会马上修改。如果你心怀善意，那就请你在这个过程中助其一臂之力吧。

现在我们已经非常清楚：在一般的讨论，尤其是论辩过程中，各方都要有一定的道德标准。公平对待对手的论证，还有一个非常实际的原因。如果我们刻意把原有的论证重构成一个较弱的版本，那就失去了讨论和论辩的初衷：即通过理性的讨论和论辩来解决问题。要想获得真相，或者找到解决问题最可靠的办法，一定要把各方的论证用最好的形式呈现出来，如此才有助于我们进行评判。所以，如果我们在最初不对版本进行最合适的重构，一旦有立论者或他人对此修改，我们最后也不得不重新调整。与其不得已而为之，不如一开始就做好，尽可能用善意的原则，重构原来的材料。

22

演绎论证 VS. 归纳论证

谙熟演绎论证和归纳论证的区别，有时候会帮助我们公正地评判某个论证，因为，每种论证，根据其所属的范畴，我们均可以辨识出其要点所在。一个格式正确的**演绎论证**，是指结论必然从前提得来，换句话说，如果前提是真的，结论必然也是真的。我们可能不知道前提是否为真，但一旦前提为真，结论则必然为真。有时我们称之为有效论证，意思是，在这种结构中，不可能会出现前提为真，结论为假的情况。换句话说，我们不可能只接受前提，不接受结论，否则会自相矛盾。例如：

1. 因为美国所有参议员起码都是35岁，（前提）
2. 约翰·摩根是美国参议员，（前提）

所以，约翰·摩根已经35岁，或者超过35岁了。（结论）

上面这条结论，或其他一些演绎论证，均是简单地把前提里的隐含部分清楚地说明罢了。如果有人能让别人接受其前提，而结论中已包含了该前提，那么他的论证已经成功了。如此立论非常有力，其结论无可辩驳。

在论辩中，有时我们可用演绎推理的方式来进行立论，这种策略非常有效，因为一旦立论的前提被认可，结论也就被认可了。这样的话，我们就能用安全可靠的论证来支持自己的立场。事关道德的论辩中，我们常常会看到演绎论证的身影。比如，下面这个例子：

1. 由于性别歧视的做法是错误的。（道德前提）

2. 性别歧视的做法是指区别对待男性和女性，这和生殖能力毫不相干，（定义性前提，明确的前提）

3. 适用男性中心话语是性别歧视的行为，（前提）

因为它区别对待男性和女性，在语言上把女性当作男性一样（子前提）

所以，男性中心话语是错误的。（道德结论）

立论者如果让对手接受第一个前提的话，基本上结论也就无可挑剔了。不过，这并不是说，第二个前提，即上文中的“定义性前提”完全正确；这也并不意味着，第三个前提的说法不会引起争议。最重要的是，这段论证中，最关键的，也是最有争议的可能是第一个前提，一旦这个前提被接受，那就意味着大局已定：结论成立。

归纳论证，前提只给结论提供部分证据。归纳论证中，即便所有的前提为真，结论也未必为真，也就是说，结论未必从前提得来，因为在这种论证结构中，前提里并没有包含结论。所以，和演绎论证相反，归纳论证中，真实、可接受的前提并不一定保证结论的真实。比如：

23

1. 因为斯通参议员是参议院最受欢迎的民主党人，（前提）

2. 她很有魅力，表达能力强，（前提）

3. 在许多问题上她能保持温和适中的立场，（前提）

4. 她总是能在参议员选举中轻而易举获胜，（前提）

5. 她的巡回演讲非常受人欢迎，（前提）

6. 不少名记和民主党的其他人经常称她是民主党总统候选人，（前提）

所以，民主党很可能会选斯通议员为下一届总统候选人。（结论）

许多归纳论证得出的结论，至多是一种可能发生的情况，上述这个例子亦如此。因为提供的前提并不能完全支持其得出的结论。在这类论证的前提中，很可能会缺失结论所必需的核心信息。如，斯通议员假如不想角逐总统之位呢——这个事实会直接影响结论的真实性。

一个格式正确的归纳论证，是指结论未必从前提得来，换句话说，前提可以为结论提供好的证据，但是，即便前提为真，结论也未必成真。

我们日常生活中遇到的大部分论证，都属于归纳论证。所以，你会发现，这些论证往往并没有起到应有的效果。但如果我们用演绎论证的形式对之进行重构的话，结论就很有说服力了。先看下面这个归纳论证的例子：

1. 因为罗兹喜欢烹饪，（前提）

2. 她一直梦想开一家法国餐厅，（前提）

3. 她厌恶现在的这份工作，（前提）

所以，罗兹应该辞职开一家法国餐厅。（结论）

如果你认识罗兹，你可能会认同所有的前提，但是并不意味着这些前提会导致结论的成立。可能出现的情况是，前提可接受，而结论不可接受。不过，我们可以用演绎论证的方式重新组织这段话，让前提看上去包含了结论所需要的信息，如此就保证了结论的可靠性。如：

24

1. 因为罗兹喜欢烹饪，（前提）

2. 她一直梦想开一家法国餐厅，（前提）

3. 她厌恶现在的这份工作，（前提）

4. 一个人应当追随自己的梦想，（附加的道德前提）

所以，罗兹应该辞职开一家法国餐厅。（道德结论）

一旦我们把归纳论证所提供的材料用演绎论证的形式进行重构，论辩会更有力，因为按照演绎论证的结构，前提为真，结论必然为真。

规范性论证的演绎本质

正如我们前面所提，想要起到一个合格论证产生的效果，某些演绎论证得**有规范性前提**或**价值前提**。如道德、法律以及审美方面的论证，便提供了相关的例子。在一个结构完备的演绎论证中，要想得出一些符合道德、法律以及审美或规范的结论，就须提供放之四海而皆准的规范前提或价值前提，以及相关的事实前提，如此才可确保得出一个价值判断。在道德论证中，评判标准可能是一些道德规范，比如："人们应该帮助那些有需要的人。"法律论证中的规范原则，可能是某个宪法权利、某部毫无争议的法律，或者是某个法律判例等，加上一些相关事实前提，就可以得出可靠的法律判断。审美论证，指在对某人某物进行审美方面的判断时，结论应当以普遍的审美原则和艺术标准为基准。在上述每一种价值论证或规范论证中，只要我们找准了可接受的规范前提或价值前提，假定其他部分达到一个好论证所需的标准，那我们就很有可能找到容易被接受的价值判断。

道德论证

由于规范性的论证可赋予自身演绎论证的形式，所以似乎可以明确：在所有论证中，道德论证被认为是最有效的。但

25

是，许多参与道德讨论的人却认为，涉及道德问题的争议，不能通过辩论来解决。他们常常认为，道德判断只是个体的私人意见，没办法对此分出优劣。我们应该摒弃这种想法，我们应该同等对待价值诉求和其他诉求。否则，对我们多数人而言，就没有多少值得讨论的话题了。没有相关证据支持的道德诉求，事实上仅仅属于观点范畴。不过，一旦成为某个道德论证的结论，道德观点就不只是观点了。

道德论证的主要构件和其他论证基本相似。比如，许多论证中拥有的事实和定义性前提，在道德论证中同样重要。但是，和其他论证相比，一个结构完善的道德论证，必须得有一个道德前提，通常有一些提示词，如“应该”“应当”“正确”“错误”“好”“坏”“道德”或者“不道德”等。比如，“我们应该尊重他人”“性别歧视是不对的”，就属于道德前提。

道德前提提供了一些行为标准、行为规范和行为原则，这些行为可以帮助我们得到道德结论。换句话说，道德前提给我们得出特殊的道德结论提供了一个保障。没有道德前提，就不会得出道德结论，因为仅仅从“是什么”的事实前提，不可能推导出“应当”的道德结论，否则我们就犯了“实然—应然之谬”。论辩中唯一正当的程序是，在一般的论证中，可从事实观点推导出另一个事实观点，而在道德论证中，所不同的是，我们需从道德观点得出另一个道德观点。

得出一个道德结论，除了其他的前提外，必须还得有一个道德前提。这意味着，当我们就某个行为、某个政策进行道德论证或者做出评判时，须记住：论证所得出的结论得建立在更普遍的道德前提上。如果论证中提供的道德原则自相矛盾，或者得不到认同，那么论证人就需要提供足够多的子前提，来支持其道德前提。

论证人也可能需要说清为什么这些规范和原则同当下的案例相关。我们看看下面这个观点：人们开香槟的时候，应该一只手抓住软木塞，另一只手则使劲扭动瓶身。开瓶方法的相关论证如下：

如果你用手紧紧地抓住软木塞，扭动瓶盖的话，你的手会不得不数次离开软木塞，然后持续扭动。但一旦你的手离开软木塞，哪怕一会儿，塞子也有可能蹦到你的眼睛上，造成伤害。

用标准形式重构这个论证的话，我们可以非常清晰地发现具体的道德前提，以及为什么这个例子中要用到该前提。

1. 由于一个人开香槟时不停扭动软木塞，手会不时离开塞子，所以会有失手的风险，（前提）

2. 由于手对软木塞的失控，可能会导致本人或他人受伤，（前提）

26

3. 由于你不该有伤害自己或他人的行为，尤其是有其他选择的情况下，更不该有如此行为，（隐含的道德前提）

4. 由于有其他的开瓶方法，（前提）

可以转动瓶身，而不必扭动瓶塞，（子前提）

5. 一旦习惯，这个办法简单而且很自然，（隐含的反驳前提）

所以，开香槟时候，我们应该扭动瓶身，而不该扭动瓶塞。

虽然这种重构有些过于周全，但现在的这个道德前提已经一目了然了，同时也说清了为什么要用于该例子的理由。请注意，这个论证已具备了演绎论证的形式和优势了。一旦你接受了这前提（有足够的理由相信你会如此），以后开香槟的话，很可能你将不用转动软木塞的这个法子。

可遗憾得很，你会发现在许多道德论证中，至关重要的道德前提往往是深藏不露的。如果我们按照善意的原则重新组织那些道德论证的话，我们自然就得确认：重构后的论证，是否清楚地呈现了原材料里隐含的道德前提。让隐含的道德前提"现形"，对重构论证以及做出相关评判，非常重要。这至少有两个好处：首先，有助于我们从纷繁杂乱的争论中辨认出关键材料，直指问题核心。其次，对明确清晰的道德前提进行反思，有助于我们激发思维的火花，在道德规范之外找到合理的解决办法，同时也不悖行于其他有关的道德原则。我们会因此对进行中的论证不断审查和反思。通过对以下这个例子的分析，我们对道德论证的复杂性会更有体会：

我们应该在全国限制手枪，只允许持枪证的人在需要时使用。因为有太多的枪击惨案发生，不管大人们如何谨慎小心，孩子们一旦手中有枪，悲剧就上演了。

我们要做到第一步，是用标准形式重新安排上面这个材料：

1．由于手枪随处可得，导致许多事故和不必要死亡的发生，（前提）

2. 大人们不可能完全阻止未成年人通过非法渠道获得枪支，（前提）

3. 我们应采取一切措施减少事故和不必要死亡事件，（隐含的道德前提）

4. 限制手枪，只允许持证者拥有，这样的做法会减少枪击受害者数量，（隐含的前提）

所以，我们应当限制手枪，只允许持证者在需要时使用。（道德判断）

27

从这个例子看出，重构后的论证中，最关键的是隐含的道德前提。但在原有的论证中，这个前提是隐而不露的，需要清楚地把它表达出来，以便对它进行仔细地审视。如此做，是因为，大部分反对者会认可这个论证中的事实前提，最容易有分歧的便是其中隐含的道德前提。而且，这是以演绎论证的标准形式呈现的论证，也就是说，一旦前提被接受，结论就被接受。但问题是，大家接受了这个道德前提吗?

让隐藏的前提清晰化，可以暴露真正的分歧所在。反对者或许对道德前提有不同的看法，但一旦问题得以解决，分歧也会烟消云散。而且，道德前提的清晰化，可以让论证人再次衡量，是否真想在自己的论证中使用相关的前提。比如，在有关汽车的论证中，把“我们应采取一切措施减少事故和不必要的死亡事件”作为道德前提的话，会得出同样的道德判断——“由于汽车导致了事故和不必要死亡的发生，应当限制汽车，只允许持证者在需要时使用”？诸如游泳池、骑马等等议题的讨论，是否也可用同样的道德前提呢？它们也导致了一些事故和不必要死亡事件呀。这条前提是普遍适用的道德原则吗？如果不是，为什么它作为道德前提在枪支适用的论证中是合理的呢？这些问题说明，在重构论证时，那些被论证人隐藏的道德前提很容易产生误解。也就是说，需要一个不同的或者细微差别的道德前提。不管怎样，在我们评估一个道德判断时，一定要清晰地表达出相关的道德前提，这一点很重要。

法律论证

道德论证中的道德前提，类似于法律推论中的**法律标准**。如果我们的论证中，缺少一个起主导作用的道德前提，那我们就没办法从逻辑上得出一个道德判断。假如没有相关的适用法律、法律先例，或者程序标准，我们同样也无法解决法律争端。和道德前提一样，用法律标准来解决法律争端，并不容易。相关的适用法律是什么？哪条程序标准更合适？相关的法律先例中，哪一个对眼下的法律争端更适用？……这些都是亟待解决的难题。

虽然有时不得不处理这些痛苦不堪的问题，但法律专家们并没有甩手不干，他们没有宣布法律争端是无法解决的。对优秀的律师和法学学者来说，他们会认真对待自己的工作，构建他们心中良好的法律论证，也就是说，让法官、陪审团，以及上诉法院接受他们的结论。像其他论证一样，一个好的法律论证必须符合良好论证的所有标准。连这一点都做不到的话，如何让那些资深法官们心怀慈悲地评估你的论证呢。某种程度上，智力上的技巧和情绪感染等招数（法庭外常见的伎俩）短期有效，但从长远来讲，最终获胜的往往是最好的论证。唯一有效或合法地得到良好论证支持的决定，是唯一有效或合法的结论。

28

我们接下来看看这个关于孩子监护权的例子。让我们一起瞧瞧一个律师是如何通过好的论证，得到一个有利于孩子的判决。一个好律师应该知道，在家庭关系法庭上，目前主要援引的法律判例都是“孩子最大利益原则”，所以聪明的律师会劝说其当事人明白，该原则也是他们的标准。当事人考虑这类案件的相关标准，不是追究谁是破坏婚姻的罪魁祸首，或者谁怀胎九月生下孩子的。律师和当事人应当提出一个符合孩子最大利益的监护计划（如果被采用的话）。下面是律师对该案件进行论辩的基本结构：

1. 由于孩子监护权的认定必须符合孩子利益最大化的原则，（法律前提）

2. 我们提交的监护计划能让孩子的利益最大化，（前提）

我们对此提交了相关证据X、Y和Z，（子前提）

所以，法庭应当采纳我们的监护计划。（法律判决）

显然，这是一个简单的法律辩论，但同样解释清楚了一件事，即：在界定论证的范围及指明论证的方向时，采纳相关的法律标准何其重要。

审美论证

除了道德、法律论证之外，有明显特质的第三种规范性论证或价值论证，是审美论证。这类论证，是指论证人在审美和艺术旨趣方面论证自己的判断。每天我们都会遇到审美方面的判断（不管是独立的判断，还是混杂于其他论证之中），比如：关于一件特别的自然物品、某个人的容貌特征、某个艺术创作等，我们会被问到对这些东西的看法。当我们表示相左意见时，对方会用诸如“情人眼里出西施”这类陈词滥调来结束讨论。但这并不能阻止他们说服我们的企图，即我们得承认自己的判断是错的。

也许对方确实想让我们分享其审美方法，只是不知道怎么做而已。这种情况和某些情况下的道德论证如出一辙，即有人想让大家接受他的道德判断，但却不知道如何在论证中有效运用道德前提来实现。同样，许多人可能不太清楚，在劝说别人接受自己的审美判断时，怎样在论证过程中运用审美标准。

不过，和其他论证一样，假如没有经过恰当的建构，审美论证也就仅仅是一个有说服力的观点罢了。让别人接受自己对某个文学作品的看法上，文学评论家做得相当成功。艺术史学家在争辩某个艺术家杰出的作品时，总是果断放言，激情四射。他们非常善于此类论证。好的审美论证，不仅得符合本书提供的良好论证的五大原则，还需提供大家广泛认可的审美规范作为前提，加上其他可接受的前提，才可推导出靠谱的审美

29

方面的结论。审美标准在审美论证中的作用，类似于道德前提之于道德论证。而且，像其他规范性论证一样，形式上须以演绎推理的方式呈现；一旦前提为真，且采用的审美标准合适的话，就必然会得出可靠的结论。

下面我们以保罗·麦卡特尼和约翰·列侬作品的好处为例，看看如何进行相关的审美论证。就艺术作品而言，公认的审美标准和原则是，对听众和观众来说是否有持续的吸引力。另一个标准是，这件作品是否得到了同领域专家的一致肯定。当我们把这些标准当作审美前提，运用到甲壳虫乐队曲作者的作品时，相关论证大致如下：

1. 因为判断好乐曲的主要决定因素是这首曲子是否得到多数人长期的肯定，（审美前提）

2. 评价音乐作品好坏的另一个标准，是作品是否得到该领域专家的一致赞扬，（审美前提）

3. 音乐领域的专家们一直称赞约翰·列侬和保罗·麦卡特尼写的歌曲，（前提）

4. 在鉴别音乐家作品的时候，许多音乐赞助人有一致的审美体验，（前提）

所以，约翰·列侬和保罗·麦卡特尼的音乐非常优秀。（审美判断）

虽然甲壳虫乐队的音乐迄今不到五十年，但至少已经达到了判断优秀艺术作品的两个基本标准。

我们试图证明：对良好论证演绎发展的关注，对问题的探究会有所帮助。一旦建构得体，规范性论证会和其他论证形式一样有力（甚至更有力）。但我们要记住，规范性论证有其特别之处，这也使得它和其他论证形式区别开来。具体来说，道德论证必须有一个精心设计的道德标准，法律论证必须有一个妥帖的法律标准。审美论证也必须采用一些审美规则和标准。假如没有这些标准作为有关的前提，那么任何道德的、法律的或者审美的论证都非常可疑，站不住脚。

在所有的事件中， 我们最关注有争议的价值问题，所以，知道如何有效地构建和评判规范性论证，就非常重要了。确实，在一堆论证中，你要很快找到哪些论证值得你耗时耗力去做。在对付这些论证时，你不必手软，拿起你的论辩武器，回击吧。

30

练习

1. 列举你最近遇到的一个论证，这个论证可以来源于一次谈话、讲座、演讲，也可以来源于杂志、书籍、报纸，还可以来源于网络。请解释：这个论证何以成为一个论证？它与一个观点有何不同？用自己的话将这一论证重新组织成为标准形式，并标示出重组后的论证的各个部分。

2. 在杂志、电视或网络上选取一则关于某件商品或某类服务的广告，试着将其中隐含的论证组织成为标准形式，并标示出这则论证中的各个部分。

3. 列举对某一特定道德议题所持观点进行辩护的一个论证，并将其重新组织成为标准形式，注意明晰该论证的道德前提。标示出这一论证的各个部分。

4. 为你自己对某一道德议题所持的观点构建一个标准格式的演绎论证，注意明晰该论证的道德前提。标示出你的论证的各个部分。解释该论证何以是演绎论证。

5. 将你最近遇到的一个归纳论证重新组织成为标准形式，标示出重组后的论证的各个部分。解释该论证之所以是归纳论证的原因，并通过将其转换为一个演绎论证来增强该论证的说服力。

6. 为有关法律或审美议题的某一特定观点构建一个标准形式的演绎论证。请留意论证中所使用的规范标准。标示出论证中的各个部分。

7. 用你自己的话翻译以下论证的前提和结论，并将该论证重新组织成为标准形式：我们这一代人成长于体罚中，无论在学校还是在家都是如此。你可能没有注意到，今天的儿童是我们国家历史上表现最糟糕的一代。我们的司法系统中尽是些从未经历过“教训”——意即体罚——的青少年。青少年持枪并伤害他人这种事在我们那时从未耳闻。据我所知，同我一级的高中毕业生里从未有人进过监狱。我们那代人大多可以很好地适应社会，自立自足，并且认真工作报效社会。而现在这代人又有多少是这样的呢？

8. 用你自己的话翻译以下论证的前提和结论，并将该论证重新组织成为标准形式：作为一名退役军人，我三十年来都在捍卫祖国独立，并为外来移民移居我国、体验自由而进步的生活提供机会。现在，政治正确大行其道，我发现我在取钱或者使用信用卡的时候都不得不回答我是想用英语还是西班牙语。要求移民学习我们的语言是否有些太过分了？

第三章　怎样才是好的论证

概　要

31　**本章将帮助你**

·通过将良好论辩的五条标准应用于实际论证，判断出论证的价值。

·善于推理的人知道什么条件使前提可以接受或不可接受；学会使用这些条件。

·有一系列已知的策略用来将虚弱的论辩伪装为强大的论证；掌握这些策略的名单。

·到了某些条件下，应考虑议题到此终结或应该暂停；学会运用这些条件。

好的论证必须符合五项标准

论证与良好论证之间的区别，是很明显的。某人做出一项声称，如果它被至少一项别的声称支撑着，那么，他就是做出论证，但这不一定是好的论证。有五项标准，决定着论证是否良好，分别是：

（1）结构的组织良好；

（2）前提与结论的真实性相关联；

（3）前提对理智的人来说是可以接受的；

（4）前提足够支持结论之真实性；

（5）前提对各种可以预见的异议构成有效的反驳。

一个满足了上述所有要求的论证，便是良好的论证，良好的论证的结论应该是可接受的。如果一个论证未能满足这些条件，它多半不是好的论证。 32

当然，同样是有缺点的论证，某一些比另一些缺点要少一些，正如在良好论证中，有一些比另一些更加出色。评价论证的价值，在很大程度上是判断力的问题，因为这些标准，有着相当宽泛的实现程度。有不同程度的相关性，也有不同程度的可接受性、前提的充分性和反驳的有效性。不过，在这些标准的应用中，可有一些特别的标志，帮助我们鉴定论证的价值。这一章便要谈到每一项标准的重要特性。

6. 结构原则

良好论证的首项规范要求，不论是主张还是反对一个观点，其论证应该满足形式完美的论理对基本结构的要求，即结论要有至少一个理由的支持，如果论证是规范性的，至少要拥有一个规范性前提。这样的论证，不使用相互冲突或与结论相矛盾的推理，也不预先假设结论的真实性，更不进行不合逻辑的演绎推导。

决定什么是良好的论证，第一项标准，是看它是否拥有坚牢的逻辑结构。既然是论证，看上去要像论证，功能也要像论证。它的结论必须由至少一个前提支持着，它的结构形式则必然是下面两种情况之一：如果是演绎性的，结论必然地从前提导出；如果是归纳性的，结论或然地从前提导出。另外，如果是规范性论证，必须有一个规范性的前提。

一个好的论证，还得使我们有理由相信，它的结论值得接受。在悬而未决的问题上，争论之发生，多在于论说的结论尚未令所有的人信服，论证者需要做的，是使用比结论更容易接受的前提，如果这些前提被人接受了，而它们又能导向结论，那么结论的接受便是可能的了。

由此可以看出，好的论证所使用的前提，不应该假定结论的真实，结论所宣称的东西，前提便不能宣称。如果犯了这种错误，便是人们所说的“丐题”，因为前提并没有提出什么独立的理由来让人们接受结论。这样的论证，违反了论证的本义，因为所谓论证，便是由至少一个其他声称所支持的声称。丐题论证没有提出任何别的声称来支持结论的声称，所以，它有结构性的缺陷，无助于我们决定做什么或相信什么。

对论证来说，另一种有可能是致命的结构缺陷，是前提互不相容。这样的论证，什么结论都可以从中产生，无论看上去有多荒唐。前提彼此矛盾的论证会产生荒谬的结论，这一点就说明，它简直就不是一个论证，遑论好的论证，它当然也无从帮助我们决定做什么或相信什么。结论与前提相冲突的论证也是如此。如果结论与论证中的其他声称相冲突，就违反了矛盾律（A和非A不能同时为真），那么，产生不出什么符合逻辑的结论，或者，说得精确一些，根本就不存在什么“结论”。

33

最后，演绎逻辑的定律已经建立得相当完好，不论是在假言推理还是三段论推理中。违反其他的任何一种规则，都只会带来演绎性论证的结构缺陷。例如，有这样一条定律，在全称肯定陈述（所有的X是Y）中，不可以变换主词和谓词，然后认为转换后的陈述（所有的Y是X）的真值与原来的相同，因为尽管“所有的土豆都是蔬菜”为真，“所有的蔬菜都是土豆”却不为真。所以，在论证中从原本的声称转移到变换后的声称，是违反演绎逻辑的。而既然对这一或其他任何演绎逻辑规则的违反，所造成的局面是任何结论也不能，且不应合乎逻辑地导出，那么，任何违反逻辑定律的论证，便无法没有结构缺陷了。

把结构性原则运用于特定的论证中，有几个方面是我们应该考查的。这一论证是否提供了至少一种声称（前提），其真实性比别的声称（结论）更有可能，从而符合论证的基本结构原则？论证的关键性前提，可否有与结论相同的声称？前提是不是与别的前提冲突？结论是否与前提矛盾？如果论证是演绎性的，论证的结构是否有违任何已知的演绎逻辑定律？

7. 相关原则

良好论证的第二项规范，要求论辩中只能提出其真实性对结论的真实性有所贡献的论理。

判断论证是否良好的第二条原则，与前提的相关性有关。好论证的前提，一定与结论的价值或真实性有关，如果一个前提与结论的真实与否两不相涉，那么，有什么理由去花时间考虑前提是不是真实、能不能够接受呢？一个前提是相关的，意指如果人们接受这个前提，就会相信结论，至少，这前提对结论的价值或真实性有所贡献，有所支持。一个前提是不相关的，是说即使人们接受它，它对结论的价值和真实性也无所支持，无所证明，甚至毫无联系。许多情况下，某个特定前提的相关性，部分是由它与其他前提的关系来决定；适当的强调，会使特定前提与结论之真实的相关性更加显豁。大多数人都熟悉的一种情况，是律师通过提供进一步的证物与证言，来说服本来有疑问的法官同意某一看似无关的提问或证言其实是与案件有关联的。

34

分析别人的论证，重要的第一步，是检查它有没有明显的不相关性。在非正式的谈论中，我们通常都会听到不少声情并茂却离题万里的话。其中的多数，本来也没作为论证的一部分而提出，所以忽略之并无不妥。然而有时候，要想弄清楚说话的人做出一项声称的意图，还真不大容易——他是把它作为使结论更加可信的相关联的理由呢，还是有别的用途？比如说作为重要的背景信息，以使他对该事项的议论更易理解。如果情况是后者的话，便还是论证的一部分，从而没必要把它作为论证的成分来分析；如果情况是前者，便不能放过，即使后来发现它其实并不相关。

用传统逻辑的术语来说，如果结论通过某种方式产生于前提，那么，前提就是相关的。如果论证是演绎的，结论与前提之间的关系是必然的，只要这一论证在逻辑上没有错误，形式正确。这些情况中，前提与结论之间的相关性是显而易见的，因为对一个格式完美的演绎性论证来说，结论不过是把已经暗藏在前提之中的事明说而已。

如果论证是归纳性的，结论也由前提产生，只要那些前提支持或加强结论的真实性。不过，除此之外，判断归纳性论说的前提对结论真实性的支持是否有力或充分，还需要看这些前提是否满足符合良好论证的其他标准。

论证不符合相关性规范，有若干种情况。有的论证诉诸与主旨无关的事，比如诉诸大多数人的意见，或诉诸传统观点，还有的使用错误的、没有支持性的理由去支持结论。

判断某一特定的前提或理由是否相关，我们可以向自己提出两个问题。第一，如果前提为真，是不是会使人更加相信结论为真？如果回答为是，前提就很可能是相关的。如果回答为否，前提就多半没什么相关性了。第二，即使前提为真，当我们判断论证的结论是否为真的，需要参考那前提的真实与否吗？比如说，一部新电影拥有史上最高的票房纪录，当我们判断这电影的质量时，需要把其票房纪录考虑进去吗？如果回答为否，自称支持结论的前提便实为不相关。如果回答为是（在前例中不太会是这样），我们便认为前提是相关的。

8. 接受原则

按照良好论证的第三项规范，论证中提出的论点，必须是对成熟、有理智的人来说是有可能接受的，从而符合可接受性的规范。

35

判断论证是否良好的第三项规范，与前提的可接受性有关。要支持一个结论，那理由必须是可以接受的。理由是可以接受的，意思是说，对理智的人来说，在所有能够获得的相关证明面前，当能接受那声称。

我们使用“可接受的”这个词，而不是传统的术语“真”，有以下几个原因。第一，可接受性的概念，来自争辩性的意见交换活动的本质。在绝大多数论争中，达到对结论的一致同意的关键，在于达到对前提的接受。典型的过程是，论证人从多疑的人也可能接受的、理性的人应该能接受的前提开始；一旦这些前提为人接受，如果论证也符合其他标准，对方就会逻辑地转向对结论的接受。

第二，把任何陈述确立为绝对的真实可靠，已经是出了名的艰难，那么，要求良好论证的前提在任何绝对的意义上为真，就是不合实际的苛求了。实际上，如果强加了这种要求，良好论证就会十分罕见了。我们所合理期盼的，至多是它对理智的人来说是真的。

第三，语言分析告诉我们，在大量的日常语言文本中，我们所用的“真”这个词，如果要表达得更恰当的话，就是“可信其为真”的意思。例如，试想一下法庭上证人彼此抵牾的证词，每个人都自称在讲“真话，全部的真话，除了真话没有别的”。这到底是怎么回事呢？更好的假定是，每个证人都在讲他确实信其为真的话。

第四，即使一个前提在绝对的意义上是真的，从有些人那里来看，仍然是无法接受的，因为他们所处的位置无从判断其真伪。例如，某一证明可能因为技术性太强，对有些人来说不易理解，因而无法得知其证明力。这样一来，前提虽然为真，却在实际上对论证的力量无所助益。只有当前提是可接受的或能够被认为真，论证才是良好的。

在所有这些理由中，看起来，要理解良好论证的第三标准，“可接受性”的概念要比“真”的概念更加妥恰。不过有一点是非常重要的，那就是我们不能有这样的印象，以为一个前提是可接受的，只因为有人接受它并能让别人也接受它。我们知道这是多么容易实现，比如用持续的宣讲来灌输“获救者”、不成熟的人或容易上当的人。另外，“可接受的”也不是指人们觉得某种说法相信起来比较省力或令人舒服。尤其是，“可接受性”绝不是指碰巧让人接受。“可接受的”只能指有理智的人应该能够接受的。一个前提是可接受的，当且只当它会被成熟、有理智的人在普遍承认的标准下接受。

当然，对一些人来说是合理的，在另一些人看来可能又不合理了。由于这个缘故，我们提出一些指标，可以用来帮助我们决定哪些前提是可接受的。帮助我们了解哪些前提的可接受的指标，叫作可接受性的标准，帮助我们判定哪些前提是不应该接受的指标，叫作不可接受性的条件。打算自己来评价前提的可接受性的人，有必要严格遵守这些标准，如同在法庭上律师和法官要严格遵守证明原则，实验科学家要严格遵守实验计划。

36

前提的可接受性标准

一个前提，对成熟的人来说，如果为下述情况之一，便是可接受的：

1. 所声称的，是在有能力的关注者那里没什么争议的成熟观点。

2. 由个人的观察，或由其他有能力的观察者的无争议的证词来确认的声称。

3. 在论证中辩护得很好的声称。

4. 相关权威人士的无争议的声称。

5. 另一个良好论证的结论。

6. 一个相对来说不那么关键，而在论证中看起来是合情合理的假定的声称。

一项声称，如果参加讨论、探究的人都无实质性的质疑，那对成熟、有头脑的人来说，就是应该接受的。阿司匹林能够降低体温，对这一声称没有特别的争执；而喝咖啡对健康是不是有害，就有很激烈的争执，所以，前一声称才算满足了可接受性的第一条标准。对常识性声称的概念，要避免某些误解。多数人的看法，并不一定都是常识，比如说，百分之九十五的美国人相信或接受上帝存在的声称，但上帝是否存在的问题，在学者那里一直有尖锐的争议。所以说，上帝存在的声称很适合做论证的结论，然而，它不能作为前提出现在论证中，因为上帝的存在不是毫无争议的常识。

多数时候，一个成熟、有理性的人，应该也接受由自己的认真观察验证了的声称。见证人的证词，就是出名的不很靠得住。经验告诉我们，对他们的话多存一分疑心，总不会错的。我们都遇到过一种情况，对同一事件，不同的见证人所述，简直是五花八门。然而，如果见证人的证词又不与别人的冲突，符合你自己的观察，对之又没有靠得住的反证，那就没有理由不接受。同样，对来自权威方面的未受质疑的声称，也没理由不去接受，除非你亲眼看见复活节兔子下了一只蓝粉色的蛋或看见魔术师真的把女人劈为两半。

同样，对相关领域的权威人士做出的没什么争议的声称，也没有理由不去接受，除非另有足够的原因去质疑其动机、资格或对所涉问题是否全面了解。

一个前提在什么时候可以认为是“在论证过程中被辩护得很好”？这是个不容易回答的问题，因为这多半得看一开始时对声称之价值的怀疑程度。我们已提到过如果需要的话，用尽可能多的子前提去支持前提的可靠性。在任何论证的过程中，论证人必须就某个声称是否已辩护完全做出决断，如果声称被对方接受了，或者论证人相信自己所做的工作足以说服成熟、有理智的人。总之，这是一个个人判断问题，论证人有责任自行决断。

37

按照智识活动的终论原则，我们还应该接受良好论证的结论，因为既为良好论证，便是符合了所有的规范，包括可接受性规范在内。如果这结论在另一论证里用作前提，我们没理由不去接受它。

最后，如果我们遇到相对而言不那么重要的而可能相关的声称，在论证中作为并非重要的前提而出现，而对之我们没有合理的怀疑，那么，接受下来是明智的。尽管我们对它们的真没有把握，由于没有反证，我们宁可务实地接受其为真。这种接受，能使论证继续下去，不至于随时卡住。如果最后发现它们在论证中的作用比我们原先以为的重要得多，我们总是有机会折返，令它们重新接受可接受性标准的检验。

前提之不可接受的条件

如为下述情况中的声称，成熟、有理性的人便不应该接受：

1. 与另一有理有据的、在有能力的关注者那里没什么争议的声称相悖的声称。

2. 与值得依赖的权威相悖的声称。

3. 与个人的观察或其他有能力的观察者的无争议的证词不一致的声称。

4. 一个有疑问的，且在论证中没有或无法得到充分辩护的声称。

5. 自相冲突或语言混乱或关键词项意义不明的声称。

6. 基于另一隐含的，但相当可疑之假定的声称。

自相矛盾或表述混乱的前提，也是不可接受的。如果我们听不懂一个声称，我们——这是不言自明的——自然无从判断它的可接受性。如果决定声称意思的关键词语未经定义，令我们无从知道其用法，我们自然也不会接受。

还有一种前提是不可接受的，那就是基于所谓的无根据的假设，也就是某一假设似乎使前提显得可信，而它自己却是非常可疑的。例如，如果有论者声称“丹一定是个很好的歌手，因为他是一个非常出色的合唱队的队员”，说话人使用了——作为一个没有展开的前提——另一假定，“对整体而言是真 38

的，对其中的每个成员也是真的”，而这一假定是没有根据的。基于它的声称也就是不可接受的。

与可靠的证明、另一充分成立的声称、可信的权威或个人经验相违背的前提，或者尚未在论证中得到维护的声称，有可能最后发现是能够接受的。但是，在进一步的探究解决了前面所说的矛盾之前，这一声称应该是存疑的，不能认为是可接受的。然而对有些前提来说，进一步的探究也无济于事，因为所需的证据根本就找不到，这样的前提也是难以接受的。

当将可接受性原则运用于实际的论证中时，我们应当发问的是，对支持结论的每一个前提，成熟、有理性的人愿意接受而没有严重的疑问吗？说得再精确一些便是，是否符合前提之可接受性的六条标准中的至少一个，同时不符合不可接受性标准的任何一项？

9. 充分原则

良好论证的第四项规范，要求论证应努力提出相关的、可接受的论点，从而在数量和质量上使结论成为可以接受的。

从前提的相关性和可接受性方面考察了论证是否结构牢靠，仍剩有许多工作要做。一个论证的前提是相关的、可接受的，仍不足以成为良好的论证。一个论证，还必须满足良好论证的第四项标准的要求，那便是充分原则。论证必须有数量和质量都充足的相关且可接受的前提，才能使我们觉得这论证足够有力，可以接受它的结论了。

不走运的是，充分性规范与可接受性规范有时会发生混淆。但区别是明显的。可接受性规范是用以判断某一前提自身是否可接受，至于其分量能否构成对结论的充分支持并不在考虑之内。尽管有时单独的一个可接受的、相关的前提足以导出结论，然而在绝大多数情况下，是否满足充分原则，要看所有相关、可接受的前提的联合力量。看一下这个例子："汤娅，我们既然相爱，就该结婚。"假设在这里"相爱"的前提是相关且可接受的，对多数人来说，仍然会觉得充分原则没有得到满足。仅仅是相爱，不太像是足够的理由来合乎逻辑地导出结婚的结论；更多的情况下，除了"相爱"之外，还需要其他一些相关的、可接受的前提，才能让成熟、理智的汤娅得出应该结婚的结论。

39

充分性可能是最难运用的实际论辩中的规范，因为对一个结论的真实或价值来说，要怎样才能构成充分的基础，我们没有简易的指标。大多数论证的内容是各不相同的，带来的充分性的要求也不一致。例如，投票选举一个或几个人的政治职位，与要决定买车还是租车的人来说，需要的充分性是很不一样的。

对充分原则来说，使其难于运用的一样特质是估定每个支持性证据的分量。日常争论中的麻烦，可能有一大部分来自这方面的意见不一。有人觉得是很重要的证据，另一个可能认为与别的比起来无足轻重。在争论中，就算对证明的相关性和可接受性没有异议，但除非我们对其相对的分量也达到某种一致的看法，否则我们没办法摆脱争执不下的局面。

在某些门类的科学中，充分性标准建立得十分成熟。比如，统计学家能够判断样本怎样才算充足，能够支持牢固的结论。但在日常的谈论中，要决定什么时候证明才算恰当、充分，几乎总是相当困难的。在这种情况下，我们唯一能够建议的，是我们越拥有评估论证的经验，对怎样才形成论证中的充分证明，我们就越有所感觉，这也许多少能令人安心一点。对小孩子来说，他们想要一件东西，便是满足这一要求的充分理由了。但我们相信，父母和绝大多数大学生的经验要丰富得多，知道这样的雄辩不足以充分支持去给小孩子买他们想要的一切东西。经验教导我们，特定的一些证明，实能为结论提供充分的基础。例如，一个在购买不动产方面很有经验的人，肯定熟悉买卖房屋或土地的相关知识，从而知道需要什么样的证明，才能说服他相信某一不动产交易是很好的投资。

论证有违充分原则，可能有许多种表现。例如，前提中的证明，可能基于非常少的样本，或使用了不具代表性的数据。证据可能只不过是些零碎事件，只基于论说者个人或他认识的几个人的经验。论据还可能基于对某种情势的错误解释。而违反充分原则最常见的方式，或许是论证干脆就缺乏关键性的证明。

在具体论证中运用充分原则时，有几个问题是我们应该质疑的。第一，给出的理由，虽然是相关且可以接受的，足以导出论证人声称的结论吗？第二，证明是否有误判因果的瑕疵？最后，使人接受结论所需要的最关键的、不可或缺的证据，论证中会不会压根就没有呢？

10. 辩驳原则

40

按照良好论证的第五项标准，提出论点的过程中，对这一论点或其所支持的立场的所有可以预见的关键性非难，应该有所辩驳。在批评对方的论证时，不应回避对方论证的最强有力之处。

确定良好论证的最后一项原则，是辩驳原则。对所有论证来说，满足这一原则的要求，也许是最困难的。对我自己，以及对我的学生、孩子、太太、朋友、亲戚、同事来说，都恰恰是论证上的弱点。论证之所以发生，必是有与己不同的意见，那么，一个良好的论证，就不能回避这些异议。一个论证，如果没有预计到并且有效地驳回或削弱针对它以及它所支持的立场的最有力的诘难，就不能说是良好的论证。一个完整的论证甚至需要一一驳回有利于反对立场的多种论证。

大多数有头脑的聪明人，只要那是他相信的或希望我们也相信的，他就能设计出看起来很不错的论证。例如，刑事审判中公诉人的论证，总能令陪审员为之动容。如果在法庭上这是唯一的论证，差不多所有的被告都得被判为有罪。使陪审团对事件有整体的了解，有更充分的定谳理由的，是辩护律师的反驳以及公诉人的回应。

看一下大多数那些有争议的问题，那些提出的辩护，我们会每每注意到，两造的论证，看上去都符合良好论证的头四项规范。它们结构稳固，都有相关的、可接受的前提，而且似乎都在性质、数量和分量上颇为充分地支持着结论。这意味着，支持一方和反对一方，都可能拥有同样良好的论证。但实际上不可能如此。如果两造的结论是相反的或互相抵牾的，其中只会有一种结论是真实正确的，而我们的责任，就是判断哪一个才是。这时我们唯一能做的事，是去发现哪一个结论是由着最好的论证来支持的。如果运用前四项规范仔细核查了双方的论证，而仍然无所适从，那么，答案或许就藏在辩驳原则的运用之中。我们要看是不是一方或双方的论证忽视了对自己的主要疑问，或者没有良策来回应这些疑问，或者，是不是有一方或双方的论证人忽略或不能发现对方论证的弱点，或没有能力就此进行盘诘。

支持相反或相抵牾的立场的两个论证，根本不可能同时是良好的论证，因为在它们中间，至少有一个论证没能满足辩驳原则。只可能有一个，能够有效来驳回对方的质疑。不然的话，我们就将发现，两种相矛盾的立场都是可接受的。但无论是在逻辑上，还是实际上，我们不能忍受有这种没道理的处境。简单地说，事情就不能是这样的，比如说，某一次流产，或者是对的，或者是错的，必居其一。要解决那种“你对我也对”的两难，就要去发现哪一个论证能够有效地回应对其立场

41

的最严重的诘难，能把对方最有力的辩护驳得体无完肤，或两者都做到了。

什么是严重的诘难？如果一个有理智的人，基于智识行为规范的指标，认为某些诘难足够有毁灭性，不能置之不理，那就是严重的诘难了。虽然论证人自己认为对诘难自有有效的反击，如果不予驳回就无法最终说服诘难人或别人，他也应该视之为严重的诘难。可以肯定的是，良好的论证，会预先料想到最严重的诘难，并使用辩驳原则来削弱反对的力量。这不仅体现出论证人有所充分准备，还提前解除了对方的武器。所谓的“大炮”，如果不开火，便一无用处。

什么是有效的回应？如果一个有理智的人，依照智识行为规范的所有指标，如果认为某一回应，对对方的批评或反论构成毁灭性的，或至少是破坏性的反击，那么这一回应就是有效的了。换句话说，对严重诘难的有效回应，能令成熟的、有理智的人不再觉得那诘难是严重的了。

对每个论证的构成来说，反驳应是背后最主要的驱动力。一个出色的论证人应该念念不忘的，是直到每一种批评或反驳都哑口无言，自己的论证才算完成。大多数论证在这方面都有所缺失，可能有如下几种原因。其一，我们想不出对诘难的有效回击，便避而不提。其二，我们担心提及反面的证据会让对手有所发现，会削弱自己的主张，便避而不提。其三，我们太自以为是了，打心眼里不相信还可能存在别的什么主张。不管原因为何，缺少辩驳性的论证，不会是良好的论证，因为要正当地相信什么，我们必须首先考察所有的证据。而如果我们没有考察反面的论据，就不能算考察了所有的证据。

论证有违辩驳原则，可能有若干种情况。那些希望偷偷避开辩驳责任的人，常用一些花招来转移注意力。例如，歪曲反面的意见，大谈根本无关紧要甚至毫无相干的异议，或者想用玩笑和嘲笑蒙混过关，这些手段都明显地不能算作有效的回应。另外有些论证，对反证不是视而不见，就是否认其存在。还有，有些论证人对批评人进行人身的攻击，以为这样就可以逃过正面回应那些批评本身了。所有这些手段，都显然背离了在论证中诚实回应批评的责任。

42 运用辩驳原则，有几个问题是我们应当提出和回答的。其一，对正在辩护的主张，什么是最有力的异议？其二，论证是否有效地回应着反论？其三，有什么潜藏的严重弱点，是对方有可能发现的？其四，论证本身是否清楚自己可能的弱点并有所阐述？最后一点是，论证是否表明为什么同一问题上的其他观点是有缺陷的、不成功的？

改善你的论证

有违良好论证的五项规范的论证，是有缺陷的。但这并不意味着我们不能修订它，使之成为很好的论证。很有可能出现的一种情况是，论证绝非软弱无力，能够说服一部分听众，只是不能说服另一些人。这是因为一部分人比另一部分人更乐于接受论证者的前提。另外，一部分听众可能比另一部分更懒得质疑论证者的立场。无论是哪种情况，总有一些办法来完善论证，使之更加有力。你会注意到，几乎所有的改善论证质量的办法，都直接来自五项规范中或隐或显的各种标准。因此，下面将要给出的建议，按照相应的规范排列起来。至于更具体的对加强论证的建议，将出现在后面的讨论谬误的章节中。

有几种办法来加强论证的结构。如果可能的话，将归纳性论证转化为演绎性的，办法是引入普遍性的声称，使结论可以必然地从中导出。规范性的论证，如果缺失了清晰的规范性前提，你也可补上。

在相关性规范方面，确定所有在论证中提出的材料都是有某种重要性的。如果你的一个前提是相关的而且很重要，然而你担心听众不买账，运用额外的子前提来支持其相关性。如果你的一个前提与论证无关，但多数听众可能觉得它对你的论证构成支持：弃掉它，因为别人会发现你的错误；指出来，即使使你的论证受到损失。良好的论证不需要“花招”。

在接受原则方面，在面对特定对象的论证中，若更少争议的前提能够完成使命，就用之代替掉更有争议的前提。或者用额外的子前提来支持有争议的前提。尽量说清资料的来源，使人可以验证。尽量柔化所有的使用绝对口吻的声称，使之更易接受。例如，把“所有的政客”换为“绝大多数政客”。定义所有的意义不清晰或易受误解的关键词语。

43 要使你的所有前提的联合力量更加充分，增加额外的前提，提供在种类、数量、分量上充足的证据，因为那可能是特定听众接受结论所必需的，即使对你来说并不是那样。要判断自己的前提是否充分，看看自己是不是能够基于已经表述出来的前提而接受结论，抑或是还需要某些未宣于口的前提才算充分。如果是后面的情况，将隐含的前提明说出来。

在辩驳原则方面，驳论要详尽，算无遗策，正如你在立论时做的那样。对一些目标听众来说，一个有力的论证，或许只需要应付一种严重的质疑；但对另一些人来说，有力的论证可能需要应对多种批评。作为论证的一部分，坦承自己论证中的薄弱环节，这不仅展示了你的探求真理的客观精神，同时也给对手的反击泄了气。

当然，某一些论证，没有办法改善了，不是因为已经完善，而是因为对它们所支持的立场来说，不大可能有什么好的论证。既然以探求真理为己任，我们就应该避免把时间和精力浪费在把一个没什么指望的糟糕的论证改善那么一点点之上，除非我们是辩护律师，为客户提供尽可能好的辩护是我们的职业。

运用论证的规范

我们对良好论证五项规范的强调以及改善有瑕疵的论证的

一般性建议，已经清楚地描述出良好论证的面貌。我们已经做好了准备，可以将这些规范试用于实际的例子中了。

评估论证的第一步，是做好精神准备。我们必须记得，真正的问题不是一个人是否乐于接受结论，而是是否应当基于论证而接受结论。一个结论，即使我们最后发现它是真的，相应的论证也可能是不合格的。

现在让良好论证的规范发挥作用吧，来评估一些读者来信中的论证。

【信A】

亲爱的编辑：

不管那些共和党人怎么攻击，我觉得赖卡德州长干得不错。就在上个礼拜，唐·拉普兰在新闻发布会上说，他认为赖卡德州长是南方最好的州长之一，她把州里的复杂问题处理得相当出色。他当然知道啦，他可是民主党的州主席呀。

我们先来把这一论证改写成标准形式。也就是说，我们必须辨认出哪句是结论，再找出用来支持结论的前提，还有所有的对前提的支持性陈述。重构过的关于赖卡德州长的论证，大致是这个样子的：

44

唐·拉普兰，民主党的州主席，说民主党的州长干得不错。（前提）

所以，赖卡德州长干得不错。（结论）

我们的下一步工作，是用良好论证的五项规范来检查这个论证。论证的结构，看上去没什么问题，所以我们从相关性标准开始。在最简省的表达形式中，我们面前的论证对州长的政绩只提供了一条积极评价的理由。这个前提，不符合相关原则，因为州长所在的党的主席，对她政绩的评价，多半是不大客观的；有倾向性的权威人士的证词，对声称真实性的支持是稀薄的，所以他的陈述，只能看成是不相关的。也许有人能够构成一个出色的论证来支持这个结论，但那不是此处讨论的问题。此处的问题是这一论证能否通过良好论证的考核。我们的评估结果是，它不能，因为它唯一的前提还是不相关的。因为没有别的前提可供考察，它在可接受、充分和辩驳方面也是不合格的。

【信B】

亲爱的编辑：

安全带法根本就不公平，是对政府权力的滥用。我们不使用安全带，并没有危及任何他人的生命，除了——也许——我们自己。在有些情况下，使用安全带倒还会危及生命。最近，在杰克逊郡的一次事故里，汽车撞在树上，彻底毁掉了，除了方向盘底下的一小块地方，那位司机违反了安全带法，倒救了自己一命，因为他给抛到那个地方了。

重新表述这个论证，要比前一点更费点劲。虽然写信人声称政府无权强求我们使用安全带，但他并没有提出什么支持这一声称的理由。所以，这无法成为论证的结论。这一论证中唯一获得支持的声称，是使用安全带有可能是危险的，不应该成为法律要求。重构过的伦理性论证大致是这个样子的：

1. [法律不应当强求有害我们生命的事，]（隐含的伦理性前提）

2. 系安全带可能危害我们的生命，（前提）

因为有一个人曾因没有使用安全带而保住了命，（子前提）

[所以，法律不该要求我们系安全带。]（隐含的结论）

按照善意原则，我们可以认可第一前提及结论都是隐含着的；所以我们把它们放在括号里，表示它们没有清晰地表述出来，但还是可以理解为重新组织后的论证的一部分。我们相信以这种形式展示的论证要比原来的看上去更眉目清楚，不过，这也不能使之变成好的论证。

45

这个论证，符合良好论证的规范吗？看起来似乎结构是完整的，前提与结论之间的相关性似乎也很明白。第一前提看上去也是可以接受的，因为政府不应该通过危及我们生命的立法，这是有理智的人都会接受的道德观点。但是，第二前提无疑是不符合接受原则的，因为这一声称很可疑，没有恰当的论述，也与反面的可信证据相矛盾。

用来支持第二前提的子论证，也是颇可怀疑的。为支持安全带会危及我们的生命这样一个前提，给出的是一个小故事，这很难算得上是充分的支持。论证也没有符合辩驳的原则，因为它压根没想去有效地回答来自反方的质疑。这论证违背了良好论证的接受原则、充分原则和辩驳原则，它不是个好论证。

【信C】

亲爱的编辑：

我是华盛顿郡门罗县的居民。令我心存感激的，是我们拥有艾丽丝·莫顿这样智慧、勤恳、经验丰富的人来做本县的监事，她甘于为本县的公民服务，愿意把自己的时间花在上面。

有一天晚上我从家中给莫顿女士打电话，得知她已出城，去郡里公干已有两天了。又有几次，我想找她说话，发现她正在郡里办公。

我的理解是，有人正与她竞争门罗县监事会里的位子呢。莫顿女士的经验与能力俱已得到证明，深受市民喜爱，我可不想让其他没有她那样的经验和热情的人来代替她。

多数人会同意，这一论证未申明的结论是，在即将来到的选举中，我们应该都把票投给现任监事。这个结论是暗含的，所以我们把它放在括号里。重新表述之后，论证是这个样子的：

1．因为艾丽丝·莫顿是有经验的，（前提）

2．而且她献身于为市民服务，（前提）

3．而且她愿意，且有时间为市民服务，（前提）

4．而且她努力工作，（前提）

5．而且她很有才智，（前提）

6．在监事这个工作上，门罗县再没有别的人能比她做得更

出色了，（辩驳性前提）

[所以，本县居民应该把票投给艾丽丝·莫顿。]（隐含的结论）

若从基本的结构要求上来看，这个论证是很让人满意的。出现的所有前提，看起来都与推选县监事代表这一议题相关，而且，因为莫顿女士是现任监事，第一前提毫无疑问，是可接受的。接下来的四个前提，是对竞选地方公职的人公平、合乎标准的描述，大概没有理由认为它们是难以接受的。虽然在这些前提中，有的可能在支持性证明的充分性上引起质疑，但在这个论证中，那并不是至关紧要的。然而，最后一个前提，却是非常可疑的，实际上，要找到对它的支持，几乎是不可能的。如果这一前提并非至关紧要，那还好些，可是政治竞选人的品质问题，恰恰是为他们而进行的论证的关键问题。所以说，这第六个前提，没有恰当的辩护，是不可接受的。

46

要为写信人说句话的是，这第六个前提大概是想反驳那些反对莫顿女士当选的论点，然而，这不太像是个有效的反驳。事实上，它说得如此夸张，倒显得荒唐可笑了。这样看来，该论证没能符合辩驳原则。

不过，要说这论证的最严重的问题，还得说是它对充分原则的违反。如前面的章节提到过的，论证的内容经常决定着声称需要怎样的证明才算充分。在这个例子中，采取行动去投票给某个政治候选人，需要进一步的信息作为基础，至少，如果你打算给某人投票，你得知道他的施政目标和理念。在这个论证中，这些信息却全部阙如。既然这个论证违背了充分性、可接受性以及辩驳原则，它就不是一个好的论证。

【信D】

亲爱的编辑：

美国心脏协会正在讨论要不要资助拟议中的一项研究。这项研究，牵涉到州立大学要将四十二条狗淹死。大学的医学院已经接到许可，可以从收容所那里获得流浪狗，用于判断海姆立克急救法是否适用于溺水者。

海姆立克医生本人已经谴责了这项研究，说它是“不必要的试验”，“只能说是残忍”。还有人说，狗的气管及横膈膜与人的完全不同，不能用来判断口对口复苏术和海姆立克急救术哪个更有效。关心此事的读者，应当敦促美国心脏协会拒绝这一研究。

来信人希望读者联系美国心脏协会，表达自己的关切，但是并没有给出这样做的具体理由，所以，我们可以推论，这不是论证的结论，尽管读者如果相信了论证的实际结论，有可能行动起来。实际的结论，是美国心脏协会不应当赞同这一拟议中的研究。重新组织过的论证，是这个样子的：

1. 州立大学医学院向美国心脏协会申请资助一项使用狗的研究，他们相信这项研究有助于弄清海姆立克急救法是否可以用于对溺水者的抢救，（前提）

2. 在这一研究中，使用狗无助于弄清上述情况，（前提）

原因是有些人说了，狗的呼吸器官与人类的没有可比性，（子前提）

3. 而且海姆立克医生自己也说，这样的研究是没必要的、残忍的，（前提）

47

4. [不应该进行任何无用和残忍的实验，]（隐含的伦理前提）

[所以，美国心脏协会不应该资助这一用狗来实验海姆立克急救术的研究。]（隐含的结论）

虽然没有清晰地表达出来，结论是明确的，所以我们把它放在括号里。第一个前提是可接受的、相关的，因为它通过平直的叙述将事情的来龙去脉解释给我们。第二个前提与其子前提一起，或许不那么容易接受，因为很难相信医学院的人不知道狗与人类在这方面是否有决定性的、会使他们提出的实验毫无价值的生理差异。不管怎样，第二个前提的子前提不能通过相关性的检验，因为这一证词的来源不明。我们不知道“有人”是不是生理学的专业人士，也就无法知道他们就狗的呼吸器官所做的证词对前提的支持有多强，值不值得认真对待。

第三个前提声称海姆立克医生对实验持否定态度，也可能无法接受，因为我们无法验证他真的说过这些话。另外，他的评价的分量有限，因为没有人告诉我们他为什么觉得实验是“不必要的”。前提给人这样一种印象，海姆立克医生同意“有人”对器官之不可比性的看法，然而这只是印象而已。隐含的第四个前提是可以接受的，因为它是不言自明的伦理原则。至少这一条，是大多数成熟、有理性的人会接受的。

这是个结构完好的论证，但只有一个相关且可接受的前提，所以，它很难跨过充分原则的门槛去支持结论。如果能够有效地辩驳医学院认为实验是有价值的这一宣称，这论证或可自救于严重的缺陷。但并不存在这样的反驳性前提，而且它没有满足相关性、可接受性和充分性的规范要求，这不是一个好论证。

【信E】

亲爱的编辑：

有一件事引起了我的关心。有些人正想发起提出宪法修正案，来禁止焚烧美国国旗，作为对最高法院判决的回应。最高法院先前的判决是，焚烧国旗可视为一种意见的自由表达，而言论自由是受宪法第一修正案保护的。

我热爱我的国家和作为她的正式象征的国旗，我不喜欢看见有人亵渎国旗。例如，看见有人把国旗做在衬衫或浴衣上，我总是很生气。但是，我也热爱我们在这个国家里拥有的自由，包括以自己所选择的任何和平的方式批评政府的自由。我当然不会采用焚烧国旗的方式，也希望别人不要这么做，然而批评政府及其政策，是宪法保障的权利。如果我们开始改变宪法，去限制以这种方式表达意见的自由，用不了多久，大概就有人要限制用其他方式表达意见的自由了，比如禁止在联邦办公场所批评政府，或禁

48

止往独立宣言上吐唾沫。难道我们要逐一使用宪法修正案来禁止这些行为吗？那样的结果，对健康的民主制是没有好处的。

有些人，对我们的总统或其他领导人说各种充满仇恨的、虚假的、伤人的话，但他们有权这样做呀。尽管我可能不喜欢一些人在表达对领导人及其政策的反对意见时所说的话，我毕竟看不出这些表达能对这个国家造成多大损害。在某种意义上，这甚至使我们的国家更加强大，因为没有对现状的批评，就不会在领袖和政策方面有积极的改变，无论那批评是以哪种形式出现的。我们不是一直教导人们彼此互相尊重吗？我们也可以教导人们尊重国旗。不过有的人偏就是什么也不尊重。尽管如此，我们不想只因为有人不像我们希望的那样懂得尊重，就把他们关到监狱里去。

这一论证的结论，始终没有明确地说出来，但非常清楚的，是作者反对修正宪法以禁止焚烧国旗。重新构造后，论证是这个样子的：

1. 宪法保障言论自由，（前提）

2. 最高法院判决，焚烧国旗可以理解为一种言论自由的表达方式，（前提）

3. 拥有不受限制的意见表达的自由，比用限制的办法来使言论表达有和平的内容与形式更加重要，（前提）

4. 通过对焚烧国旗的限制来实施对言论自由的宪法限制，

会导致其他一批限制言论自由的宪法修正案，（前提）

原因是存有许多种批评或不尊敬政府的不讨人喜欢的方式；（子前提）

5. 建立诸如此类的额外的宪法限制，对健康的民主制是不利的，（前提）

[原因是构成了对言论自由的进一步限制；]（隐含的子前提）

6. 使用焚烧国旗甚或更可恶的方式来批评政府，不会对国家带来严重的损害，实际上反而会加强我们的国家，（反驳性前提）

7. 原因是通过对政府的批评，我们得到了积极的改革；（子前提）

[所以，我们不应该修正宪法以禁止焚烧国旗。]（隐含的结论）

这个论证的结构是没有问题的，就焚烧国旗一事修正宪法是否良策这一问题，所有的前提看上去也都是相关的。头两个前提是无可争议的事实，它们的可接受性是毋庸置疑的。至于言论自由对民主制的重要性，很少有人怀疑这一点，所以，有理性的人大概都认为第三个前提也是可接受的。

我们中间的大多数，包括“烧旗修正案”的支持者，也会接受第四和第五个前提（包括其子前提）中表达的观点，那就是，世上还有别的同样令人厌恶的言论自由表达形式，也有人想加以限制，然而那限制的结果对健康的民主制度来说不是好事。

49

最后两个前提，试图反驳修正案的支持者的主要论点。

第六个前提所针对的观点，是认为焚烧国旗对国家造成伤害，然而没有谁能确认出明显的伤害，所以对这一声称简单的否认，在这个论证中大概就足够充分了。对伤害举证的责任，要落在声称有这种伤害的人身上。这一前提和它的子前提所辩护的观点，是政治批评不管其如何表达，经常算得上是一种公共利益，这种说法也很难去批评。第七个前提（第二个辩驳性前提）及其子前提，试图建立的类比可能是这一论证的薄弱之处，但也起着积极的作用，指出我们不大想只因为不尊重人就惩罚某些人，那么，因为不尊重某种无生命的物体而惩罚人就更显得奇怪了，这个道理对修正案的支持者确实构成了诘难。

这一论证结构完好，使用的前提相关、可接受，在品类、分量和数量上充分地支持了结论。在反驳来自反方的预料之中的批评上，也颇有成效。因为论证满足了良好论证的所有五项规范，我们认为这是一个很好的论证，因而同意它的结论。

面对有争论的问题，发现某一立场有一个良好的论证，一个合格的支持，使我们朝着解决分歧迈进了。但智性讨论中最困难的任务之一，是清楚什么时候、如何结束争论，认为问题已经解决了。我们中间的许多人，到了该叫停的时候犹豫不决，该遵从最好的论证时吞吞吐吐，特别是当自己的论证不是那最好的论证之时。我们盘算暂停论证，换一天再来讨论。然而，依照智识行为的规范，搁置判断只有在特定条件下才是适当的。

11. 延迟判断原则

如果一个良好的论辩不能支持任何一种立场，或均衡地支持不只一个立场，那么论辩人应该——在多数情况下——延迟对议题的判断。如果当时的情况需要尽快决定，应该权衡是在现有基础上做出判断更合适一些，还是继续延迟判断更合适一些。

如果相应的证据十分缺乏，我们做任何决定都没有很好的基础，那么，最合适的办法可能是就该事项延迟判断，等到有更充分的判断基础时再说。然而，这一变通不应当视为一种遁术，以躲过做出困难决定或进入不熟悉领域带来的心理上的不快。

延迟判断的第二种情况，也是如此。那是当两造势均力敌时。这种情况其实是很少见的，因为从能够适用的五项规范上看来，几乎总有一种论证比其他的更好。

当然，有些议题不允许搁置判断。如果判断至关紧要，不得不做，比如决定要不要进行流产，我们必须要考虑不做决定的实际后果。

50

12. 终结原则

在下述情况下，一个论题应视为辩论终结：如果不同立场中的某一种论辩是结构完满的，使用着相关且可接受的推理，为相应的结论提供了充足的基础，并且包含着对所有关键性异议的反驳。除非有人能够证明这一论证不是最能满足这些条件的，参辩人便有义务接受它的结论，认为议题已经辩决。如果该论证在后来被人发现有缺陷，以至它所支持的观点重新变得可疑，参辩人便有责任重开议题，以做进一步的思考和解决。

如果说智性讨论的目的是最终决定做什么和信什么，有始有终应该比实际中的更经常发生。有许多很好的论证在那里，而如果好的论证能够解决问题，为什么还有那么多的问题没有解决呢？例如，前面讨论过的就“烧旗修正案”的论证，我们发现它是很好的，难道不应该平息争议吗？其他的争端，诸如同性恋权利，全球变暖，创世与进化之争，还有性别歧视的问题，都应该有所平息。有论证，有好的论证，然而争议继续，再继续。只因为有些人拒绝承认良好论证的力量，就要无休止地争论下去吗？

不幸的是，只有很少的争论能有理性的结局。你如果不信，不妨问问自己，你上一次服从于论证的力量而改变自己对某个重要问题的想法，是在什么时候——虽说对一个真诚的求真者来说，在良好论证面前改变心意应该不是件困难的事。

为什么会这样？为什么争议得不到解决？可能有多种原因。一种可能是，争论的某一方有盲点，也就是说，对特定的问题，他就是无法做到客观。还有一种可能，当事人的理性可以被论证说服，但情绪却难以说服。另一个可能的解释是，争论中的一方或多方在理智上粗心大意，没能做到把事情想清。有时有人有个隐藏的目标，他想辩护的问题并不是他嘴里说的那一个，这也是有可能的。或者，也许某一方干脆对自己不诚实，更想赢得争论而不是追求问题的解决。最后一个原因，各方之间也许有所谓的“深层分歧”，也就是说，他们的分歧，起于某些根本性的、隐藏的、迄未涉及的信念。但不解决争端，虽然有了这些解释，仍然是没什么道理的，因为我们看到，每种原因里面，都涉及至少一种对智识行为规范的违背。

当然，也有可能的是，把问题搁置起来是出于更可敬的动机。也许手边的证据目前来看还太稀少，不足以跳到结论；也许争论的某一方真心相信还有更好的反论，正在寻找。还可能 51 有其他的理由，使我们对接受结论、终止论证不那么有信心。但还要怎样？百分百的信心是可能的吗？一般来说，不太可能。完全满足所有的五项规范的论证，是很少的。然而，在我们遇到的顶重要的一些议题上，到了某个时刻，我们只能做出决定：是做还是不做，是信还是不信。无论是从逻辑上还是实际上看，如果某个论证最成功地满足了良好论证的条件，我们就有义务接受它支持的结论。不然的话，我们几乎总能宣称没有见到绝对的证明，而所有的争论，就没一样有希望解决了。我们（以及他人）总想显示，从良好的论证出发，决定事务时是有客观标准可用的，那么显而易见，通过论证的力量来解决争端是可能的。法官和陪审员每天都在这样做，别的人又有什么理由不那么做呢？如果你的对手发出的论证比你的好，请心怀感激地接受他的结论，终止争论吧。

不过，任何论证的成功，都不能看作永恒的。永远有可能的是，新的证据出现了，对从前认为是可靠的立场，又发生了新的怀疑。这时，进一步的检验永远是正当的。坚持由先前的良好论证捍卫着的立场，这种骄傲不应当成为后来在新的条件下重新探索的阻碍。或谬原则和寻真原则在此时与在最早的探究中一样重要。

当然，新的疑问，不应是旧疑问的改头换面，卷土重来。重开议题，只应是因为有了新的证据或对证据的新的解释，而那是在早先研究这议题时没有考虑到的。没有这些条件，重新检查议题是对终结原则的最恶劣的一种违犯——在同一块地上没完没了地乱挖。

练习

1. 提交一份论证，是你上星期里听到或读到的，有关当前有争议的某个社会、政治、伦理、宗教或审美问题。这样的论证，可以在报纸和杂志的读者来信栏中找到，还有社论、专栏、演说、广告、讲座、与同学的谈话等。或剪下或复印，或从录音中整理出来，自己写的分析放在单独一页上。原初的论证可复印给班里的同学，供讨论和进一步的分析。按照善意原则，用你自己的话将论证重新组织成为标准格式，前提与结论各居其位，使论证尽可能眉目清楚。隐含的前提或结论放在括号里。将论证的每一成分标示出来。

2. 使用本章中“运用论证的规范”一节里的程式，指出练

52

习1中重新组织后的论证有什么地方违反了良好论证的规范。然后，运用本章中对改进论证的建议，提出办法来更改或加强前提。评估论证总的质量，定为五级（出色，好，尚可，差，坏）中的一级。

3. 在课堂上讨论为什么我们似乎都很容易犯不遵守终结原则的错误。如果一个论证符合了良好论证的所有原则，难道不是所有参加辩论的人都该接受结论吗？

4. 你是否同意本章中的“烧旗论证”符合良好论证的所有规范？如果不同意，你认为它违反了哪条标准？如果你认为它没有违反任何标准，你打算接受它的结论吗？为什么接受，或为什么不接受？

第四章　什么是谬误

53

概　要

本章将帮助你：

· 明白违反良好论证五大原则的任何一条，即为谬误；根据其违反的具体原则，从而划分有名称的谬误的种类。

· 熟练掌握驳斥歪理的几种办法，即自毁论证、荒谬反证。

关于谬误的理论

违反良好论证的任何一条标准，我们都称为谬误，也就是说，谬误是论证方面的缺陷，其中包括：

论证结构有缺陷

前提和结论不相关

前提不能被接受

提供的前提不足以支持结论

不能对可预见的质疑进行有效反驳

对谬误概念的这个解释，是我自己多年研究的结果，并非普遍盛行的理论。我发现，那些无法得出结论的论证，不仅违反了一条或几条良好论证的五大标准，而且在违反其中的一条标准时，尽管方式上花样百出，但呈现出共同的谬误特征。这些“违反”如此常见，乃至冠得大名。传统上，逻辑学家们专注于把已经命名的谬误分成几个类别，但分类的依据并不可靠，仅仅根据一些共享的错误的性质来定。对他们而言，似乎谬误只是论证过程中所犯的某个错误；他们认为，对好的论证人来说，在自己“不该做”的名目上，谬误只是其中之一。而我坚信，这种办法根本抓不住良好论证的本质，且语调消极，各种谬误之间还缺乏相关逻辑。

建构良好论证的核心，在于适宜得当的谬误理论。这不仅让我们知道什么是不好的论证，更重要的是，会让我们明白什么才是好的论证。而且它涉及良好论证的本质，也就是说，谬误理论在语气上是积极的，逻辑上涵盖了违反良好论证五大标准（不管是违反其中一条，还是几条）的各种谬误，包括已命名的和未命名的谬误。

54

谬论一般拥有一副迷惑人的外表，看上去完全是好论证的乖模样。事实上，“谬误”（fallacy）一词来源于拉丁语和古法语，原指“欺骗的”“虚伪的”等意思。这或许能解释为什么我们常常被谬误所误导。当然，对论者来说，谬误带来的欺骗性，可能非有意为之。但不管是否刻意犯错，错误就是错误。

大多数情况下，我们认为谬误是那些构建或提出论证的人所犯之错。但是，对于接受这些谬论的听众或读者来说，如果非但不能意识到说理中的错误，反而接受由此得到的结论，那他们也有过错。假如他们错把“歪理”当“好论”，也意味着，他们也犯了同样的论证错误，需为此担责。接受好论点的人，同样意味着他经历了一个良好的论证过程，是一个好的思考者。

有名称的谬误VS.未命名的谬误

给错误的论理“戴顶帽子”，即通过命名的方式，是识别谬误的一种有效的方式。对于那些已被广为知晓的逻辑谬误而言，当我们在论辩中再次遇上“它们”时，会更加自信地辨识其误。在论证中，发现已被专家们冠之以谬误的论断（哪怕仅仅是通过命名的方式），可以消除理性上的疑惑。

只把论断简单归因于“不合逻辑”，或“似乎有点不对劲”，对解决问题而言，无济于事。这种归因方式过于简单。就好比你身体不舒服，去看医生，结果对方仅仅告知：“你病了。”有效解决医疗问题的第一步，是诊断。假如医生对可确认的症状非常熟悉，或者非常了解已被冠名的病症，那他们给病人做出正确诊断的可能性就更大，更能对症下药。

发现并纠正说理的错误，也是同样的道理。要想有效对付那些歪理，首先得确定问题所在。在“处方单”上，我们得精准地列出犯了哪些错误。一旦我们熟知那些说歪理的谬误特征，就能准确地识别错误，有效反击。

但要注意一点，并不是所有的谬误都有名有姓。我们发现，在实际生活里所发生的各种论辩中，大部分谬误都没有相应的名字。我们也不必为了评估论断的正当性而熟知每一种谬误名称。在第三章中，我们曾评估了写给编辑的五封信，在判断这些信的逻辑时，我们并没有考虑任何一个有特别称谓的谬误——尽管信里所犯的错误中，有的已经有名字了。所以，你瞧，并不是一定要认识或熟知每一个谬误的名称，才能评估相关论断。熟悉各种谬误名称，只是让你更容易做出判断，但只要能够辨识出谬误的某些特征——即违反良好论证五大标准的特征——就足够派上用场了。本书所列出的谬误，即使你一个也记不住，也没关系，只要你知道论辩的五个标准，就能理解这里所提出的谬误理论，也就掌握了终生受用的技能，足以评估任何一个论断了。

55

谬误的结构

本书中所谈的谬误结构，正如我们之前解释过的那样，是由良好论证的标准所决定的。这里提及的每一种谬误，要么是论证结构有缺陷，要么是前提和结论不相关，或是前提不能被接受，或是提供的前提不足以支持结论，或者不能对可预见的质疑进行有效反驳。但这些“有名分”的谬误中，有一些存在相同的特征，因而可被列入同一个子范畴。比如，有许多丐题谬误，尽管呈现的方式有显著差异，但都犯了同一种基本错误。

违反良好论证的五大标准，囊括了每一种常犯的谬误。一般而言，丐题谬误、不一致的谬误（即有矛盾冲突、自我推翻、不一致等性质的谬误），以及演绎推理的谬误等等，均属于和结构有关的谬误。无关前提的谬误、诉诸不当的谬误属于关联性方面的谬误；语义混乱的谬误和无理预设的谬误，都犯了可接受性方面的错误；缺失证据的谬误，以及因果谬误涉及充分性原则；反证、诉诸人格，以及转移等谬误，则违反了可辩驳原则。

某些谬误，违反了一种以上的论证原则。这种情况下，一般会以其中违反最明显的那条原则为目标，来解释其所犯之谬。如，人身攻击的谬误违反了好论证所必需的几条标准。所谓人身攻击的谬误，是指在论理过程中，不针对辩论的内容而把目标指向论证人。论证人的声明，无论真假，都无法对结论本身产生影响，不能用来支持或反对结论，属于无关前提。所以人身攻击可被看作是违反了相关原则。假如目标盯着辩论者而非论证的内容，那所犯的错误更严重：要花招，避免对手质疑或批驳自己的论断。因此，与其说人身攻击与相关原则相悖，不如说它属于无效辩驳，违反了辩驳原则。

结　构	关联性	可接受性	充分性	辩驳的有效性
违反结构原则的谬误 丐题谬误 复合提问谬误 丐题定义谬误 前提不兼容的谬误 前提和结论矛盾的谬误 规范性前提不明的谬误 **演绎推理的谬误** 否定前件 肯定后件 中词不周延的谬误 端项周延不当的谬误 不当换位	**无关前提的谬误** 起源谬误 合理化谬误 得出错误结论 使用理由不当 **诉诸不当的谬误** 诉诸不当权威 诉诸公议 诉诸强力或威胁 诉诸传统 诉诸自利 操纵情绪	**语义混乱的谬误** 模凌两可 暧昧 强调误导 不当反推 滥用模糊 貌异实同 **无理预设的谬误** 后来居上 连续体谬误 合成谬误 分割谬误 非此即彼 实然 / 应然之谬 一厢情愿 拒绝例外 折中谬误 不当类比	**缺失证据的谬误** 样本不充分 数据不具代表性 诉诸无知 罔顾事实的假设 诉诸俗见 片面辩护 漏失关键证据 **因果谬误** 混淆充分与必要条件 因果关系简单化 **后此谬误** 混淆因果关系 忽视共同原因 多米诺谬误（滑坡谬误） 赌徒谬误	**有关反证的谬误** 否认反证 忽略反证 毛举细故 **诉诸人格的谬误** 人身攻击 投毒于井 彼此彼此 **转移焦点的谬误** 攻击稻草人 红鲱鱼 笑而不答

本书接下来的五章将会一一阐述良好论证的五大原则，以及详解违反这些原则所导致的各种谬误。虽然同属一类的谬误有其共同性，但仍需仔细了解它们之间的差异。对每一种谬误，我们都给出了明确的定义。记住相关概念没错，但最好是在理解的基础上，用自己的话来阐释——用那些能突出谬误明显特征的词。

57

对已有的传统的谬误种类和名称，我对其吸纳很少。比如，以传统的拉丁文命名的谬误，我只保留了两个：“后此谬误”和“人身攻击”——因为在普通用语中，这两个词相对熟悉。总而言之，我尽量用一些能体现错误特征的词来命名相关谬误，这也是让我放弃一些传统谬误名称的原因。

回击谬误

在论辩中如何避免谬误，有不少办法。接下来你会发现许多避免各种谬误的具体招数。不过，在此之前，需特别注意三种办法。

自毁论证

第一个办法是让论证走向自我毁灭。就攻击某个论点来说，有时最容易的方式是按照论证的标准模式对其重新组织，让其所有的缺陷暴露无遗。很多时候，即使是对所评估的论断完全陌生，也能看出逻辑有缺陷。

【例一】

凯特：这首勃拉姆斯第二钢琴协奏曲，我觉得丽莎的演奏太糟了。

莉兹：为什么？

凯特：因为她演奏的方式，不是作曲家所希望的那种方式。

我们只需简单地重新组织这段对话中的论证过程，很容易发现逻辑问题。

1.（不符合作曲家本意的演绎，就不是好的演奏）（隐含的审美前提）

2. 丽莎演奏的勃拉姆斯钢琴协奏曲不符合作曲家本意，（前提）

所以，丽莎的表演不好。（审美结论）

正如我们清楚标注的那样，凯特显然把隐含的审美前提用来支持其结论，但这个前提如此不靠谱，连凯特本人也想“弃之不用”。因为，几乎没有人会认同这个隐含的前提，即“不符合作曲家本意的演绎，就不是好的演奏”，许多人都期待艺术家带有自己风格来演绎作品。更何况，大部分时候，我们根本无法知晓作曲家本人的意图。所以，对一个成熟、理性的人而言，凯特所持的第一个前提就不能被接受。一个无法被接受的前提，所导致的结论自然也就站不住脚了。这个论证违反了

58

可接受原则，因而不是一个好的论证。

【例二】

哈罗德刚结婚三个月就开始抽大麻。一定是他太太让他吸毒成瘾的。

用论证的标准模式重构后，这段话变成：

1. 因为哈罗德刚结婚，（前提）

2. 有了新太太后开始吸大麻，（前提）

3.（发生在前的事情必导致后一件事发生，）（隐含的前提）

所以，哈罗德的太太导致了他吸大麻。（结论）

只有当“发生在前的事情必导致后一件事发生”这个隐含的假设成立时，“哈罗德吸大麻”和“新太太”之间的关联才能说得通。但这个隐含的前提一旦被提出，连论证人自己都觉得有问题，不愿意清晰地说出来，因为只要一说出，他们会立即意识到这是一个错误的说法。只是因为某些事情发生时间的先后，就认定它们之间具有因果关系，有人会信这种逻辑吗？就哈罗德这个例子来说，既然支持结论的关键前提不成立，那么结论也就不成立了，这是典型的自毁论证。

【例三】

教员们和教授们不应寻求集体谈判的方式。毕竟，目前几乎没有几个教师参加这类事。在我们这一行，没人对这类事有兴趣。

对这段话进行重构后的标准模式是：

1. 因为教员们和教授们目前没有参加集体谈判，（前提）

2. 没有教师对此有兴趣。（前提）

3. （现在的惯例也是将来的惯例，会持续下去，）（隐含的道德前提）

所以，教员们和教授们不应当寻求集体谈判的方式。（道德结论）

当我们用标准模式对原话进行重构后，就会找出第三个前提，即隐含的前提：“现在的惯例也是将来的惯例，会持续下去”。在一个成熟、理性的人看来，这种假设疑窦重重。而这条隐含前提恰恰是支持结论的主要前提，所以也属于自毁论证。

无须评论，只要用标准模式重新梳理对方的论证过程，就能让其弱点清晰地暴露出来，这种方式尽管如前面诸例中一样，属于典型的自毁论证，但并不一定都能有效。这也是我们为何需要介绍下一种方法的原因。

荒谬反证（The Absurd Counterargument Method）

59

第二种办法，我们称之为“荒谬反证”，一种无须借助专业术语和规则，而是非常具有想象力，并能有效地让谬论“露丑”的方式。对那些不熟悉逻辑学家们常用的专有名词和概念的人来说，这个办法特别有用。

使用这个法子，可让对手的缺陷原形毕露，只需按其论证的失误依样画葫芦，“生造”一个论证即可。想得出荒谬有缺陷的结论，你得自己“建构”一个论证。好的论证一般不会导致明显的谬论，所以你只需要稍微“用力”，对手便会轻易地发现你论证中的错误。你构建的论证是有问题的，也就意味着对方的论证也是有问题的，因为你的论证是照着对方的论证模式克隆而来的。只要你指出你的论证和对手的论证之间并无二致，那他（她）在逻辑上就不得不承认，自己的论证是有缺陷的。

这个办法几乎可以用来对付所有的歪论。如，对方的论证中存在中项不周延的谬误，即违反了良好论证中结构原则的一种谬误，在论证中采用了无效的演绎推理方式。

【例一】

丹肯定是个马克思主义者。为什么？好吧，他是个无神论者，我们都知道马克思主义者都是无神论者；无神论是马克思主义意识形态的一部分。

用论证的标准模式重构后，这段论证如下：

1. 因为所有的马克思主义者都是无神论者，（前提）

2. 丹是无神论者，（前提）

所以，丹肯定是马克思主义者。（结论）

这段论证中，所有的前提都是正确的。如果这是一个演绎论证，那意味着必须符合一个好论证的所有标准，即正确的前提不可能导致错误的结论。可这个结论是正确的吗？我们没法回答这个问题，除非我们能确保这个论证在结构上是可靠的。这里我们不需援引演绎逻辑中那些冠冕堂皇的奇谈怪论，只要按照有明显错误的原有论证模式，重新构建一个反驳的论证，便可轻而易举地证明原论证的结构不合理。例如：

1. 因为图书馆所有的书都是纸做的，（前提）

2. 丹的风筝是纸做的，（前提）

所以，丹的风筝是图书馆的书。（荒谬的结论）

风筝的案例，运用了和马克思主义者一样的论证逻辑，即，尽管两个前提都是正确的，但因为推理过程的不合理导致其结论的荒谬。一个结构良好、符合规则的演绎论证不可能出现前提正确而结论荒谬的情况，所以在反驳这类论证的时候，必须建立一个有同样结构缺陷的论证。就拿风筝这个例子来说，它的论证结构是模仿马克思主义者这个论证的，“风筝是图书馆的书”这个荒谬的结论不成立，也就证明“丹一定是个马克思主义者”的逻辑错误。

60

下面给出的案例，违反了更为微妙的连续体谬误，也就是说，支撑这种论证的，是没有明确说明且极不可靠的假设，违反了好论证所必需的接受原则。

【例二】

胎儿一出生即为人，对吗？反正肯定不会是分娩时突然变成人的。换句话说，胎儿一出生就是人，但在从母体出来前一分钟，一个小时，或前一天，或前一个月，就不是人——这种说法是很愚蠢的。在胎儿成长期间，并没有一个特别的时间点可以被理性地判断为人类，这是它从非人类变成人类的时刻。

所以，就如分娩时一样，从母亲受孕的那一刻起，胎儿就已经是一个人类了。

根据标准模式，这段话被重新安排如下：

1. 因为孩子出生前那段时间的起止点，即受孕和分娩，其间差别很小，（隐含的前提）

2. 从怀孕到分娩的九个月里，没有特定的具体时刻可以断定是胎儿突然变成人类的时间，（前提）

（因为这个过程从开始到最终，其间的差别非常小，变化也小，）（隐含的子前提）

3. 坚持认为从受精卵到分娩期间在某个时刻突然发生变化，是非理性和武断的。（前提）

4. 分娩时胎儿是人类，（前提）

所以，受孕时的胎儿是人类。（结论）

这段论证的结构看上去颇有道理，但要判断其结论是否正确，得先瞧瞧相关的前提是否能被接受。办法之一是按照此案例提供的论证方式，构建一个有相似逻辑，结论却荒谬的新论证，并以此来反驳原有论证。

我们可以提供一个荒谬的反证，具体如下：

华氏100度的气温算热了，对吗？可气温不是突然在华氏100度的那一刻变热的。换句话说，气温比华氏100度低1度，或5度，或10度的时候，天气不能算热——这种说法很愚蠢。在气温从华氏0度升至100度期间，并没有一个特别的时间点可以被理性地断定：这是它突然变热的时刻。所以，我们可以得出结论说，华氏0度和100度的天气一样热。

假如论证人没有立刻意识到这两个论证的相似性，也没注意到这个论证有严重的缺陷，那就有必要按照标准模式重新组织这个用来抗辩的论证。

1. 因为从华氏0度到100度，这段过程的起与止，差别很小，（隐含的前提）

2. 在气温从华氏0度升至100度期间，并没有一个特别的时间点来断定是从不热到热的临界点，（前提）

（因为这个过程从开始到最终，其间的差别非常小，变化也小，）（隐含的子前提）

61

3. 坚持认为从0度到100度的过程中有一个突然变化的时间点，是非理性和武断的。（前提）

4. 华氏100度的气温是热的，（前提）

所以，华氏0度的气温是热的。（荒谬的结论）

除了主题不同之外，以上这两个论证的前提也都一模一样。抗辩论证里的“华氏0度”和“华氏100度”，代替了原论证中的“受孕”和“分娩”。但有关气温的论证导致了一个荒谬的结论。那是哪个前提出错了呢？给第二个前提提供支持的隐含的子前提，似乎难以被接受，即“（因为这个过程从开始到最终，其间的差别非常小，变化也小）”。是什么原因呢？因为关于首尾没啥区别的说法，我们能很快举出一大堆反例。比如，虽然他们拥有的中间过程可忽略不计，可矮个和高个，哲学成绩得了A和得了F，差别可就大了。这个说法一旦被挑明，大概稍有理性的人都不会同意有关“毫无区别”的前提。在气温的例子中，这个荒谬的前提导致了结论的荒谬或错误。明白了这一点，就不会认为在“胎儿是人类”的论证里，同样荒谬的前提会得出正确的结论。因而，尽管关于人类的那个论证中，其结论表面上看起来不如气温结论那样荒谬，但也有致命的缺陷。

【例三】

科特雷尔参议员：安德鲁斯参议员没有在削减阿富汗战争经费的提案上签名。所以我们假定他是反对该提案的。

按照科特雷尔这段话中的逻辑前提，我们可以得出许多一致的结论，如，安德鲁斯参议员反对红十字会、反对婚姻、反对母亲们、反对上帝、反对书法等等，因为，在这些事情上他都没有签名。可得出这些结论是很荒唐的，这也反映出科特雷尔参议员的论证犯了一种“诉诸无知”错误。

自然而然地举出一个谬论常常很难，所以聪明的法子是记住大部分谬论的案例。也是基于这个原因，本书接下来会在每一章“回击谬论”的部分，均会给出相应的例子。

当我们面对推理中所犯的错误时，并不容易掌握这个荒谬反证的办法。需要大量的练习和丰富的想象力，并且要完全理解各种谬论的最基本模式。但是，当你试图用专业的术语向对手解释其所犯的逻辑错误时，你会发现，这个办法有时更容易，也更有效。

反证方式

62

对付谬论的第三个办法是，找出其论证中最重要但最可疑的前提，毕竟，结论是否成立，关键在于其论证的前提是否被接受。支撑结论的某个关键前提，一旦被证明不可接受的话，那么其结论就不可能成立。换句话说，这个办法就是摧毁对方论证中前提的信用度，或提出有关前提可信度的问题，从而质疑其结论。

削弱前提的可接受度，大致有几个办法。如：就论证中的主要支持论据，找到或提出相反的例子；对论证的错误主张提出反证；找到和对方论据相反的、由某个相关机构和来源可靠的证言；或提供所讨论事件中相反的目击者证词。

【例一】

假如对手提供了如下的论证：

猎取或诱捕美国秃鹰不再违法了，因为2007年联邦政府已经把美国秃鹰从濒危物种名单上“除名”了。所以你上周伤害鹰的事儿不可能会惹上麻烦。

就此论证，你可以向论证人指出，1940年颁布的《秃鹰与黄金鹰保护法》（上一次修订是在1978年）仍在生效，案例中的行为违反了该法，可处以十万美元的罚款和一年的监禁。你提供的这个法律证据“摧毁”了对方论证中的主要前提，即前提的说法有悖于法律，因此对方的结论不能成立。

【例二】

如果你在海边被卷入回旋流或离岸流时，不管你是否是一个游泳高手，都应该用最快的速度直接向岸边游去。这是你逃离险境的唯一办法。一旦你被激流送进大海，即使游泳技术再好，也会因与激流“抗衡”而力竭，最后可能溺水。

反驳这段话，只需挑出其主要支持论据的错误即可。对游泳者来说，直接游向岸边能逃离险境——这简直是胡说。研究激流安全的专家认为，遇到这种情况，游泳者恰恰不能游向海边。再好的游泳健将也常常不能战胜离岸流，激流会以更快的速度（超过游泳者的速度）将其带入大海。向岸边游去只会让游泳者体力耗尽，溺水而亡。更合适的办法，是游泳者选择与海岸平行的方向游，直到“逃离”离岸流后，再安全地游回海边。指出原论证中的错误前提，不仅否定了对方的结论，还能挽救海滩游客的生命。

概括起来，有三个对付谬论的法宝：其一，用标准模式重构原论证，让其论证的缺陷“现形”，从而自我毁灭；其二，“以彼之道还施彼身”，即按原有论证存在的问题，构造一个相似的新论证，重现其论证如何得出谬论的整个过程；其三，针对原论证的主要论据，找到或提出相反的例子，或提出相反的证据，以证明原有论据的虚假。

63

谬误游戏规则

就像运动或其他活动一样，辩论也必须按照一定的基本规则行事。但我所考虑的规则，不是指那些能有效掌控理性讨论的法则——我们已经据此提供了12条原则。我这里所指的基本规则，是良好的运动精神的原则。如果你希望和辩论对手保持良好的关系，建议你按以下指南行事。

首先，千万别做“谬论贩子”。有那么一些人，略懂谬论，却养成了一种陋习，沉湎于挑出每一个说话者每一句话的逻辑错误。他们不放过每一个论证，不放过每一个争论点，总是满怀狐疑地嗅来嗅去。这类抓住他人失误不放的行为，常常造成自己和他人之间的疏离感。好几个学生告诉我，说他们在上我的逻辑课时，会经历人际关系不顺的时期，和朋友、父母，以及其他教授的关系陷入困境。这些关系困境也许是因为他们变成了“谬论贩子”，也就是说，在这段时间里，他们会用一种卖弄式的学究气，“攻击”亲友们的任何一句评论，哪怕是一句非常随意的话，也会成为他们挑刺的目标。

其次，只有在确信你的对手由于违反良好论证的一条或几条原则，得出的结论经不起推敲的时候，你才能和他/她直面其谬，或者只有在这种情况下，你才能向对方阐明你认为其结论不可接受的理由。质疑那些对论辩的主旨不会产生重大影响的论证，可能既会耽搁辩论的进程，也偏离了讨论的主题。

第三，当你发现自己犯了逻辑错误时，那就承认，并做出相应的修正。千万别找借口，也别大呼冤枉，别用这些法子来否认或解释相关的“指责”。不要做一个输不起的人。

最后，可能的话，别总用“谬论”一词。在指出对方某个逻辑错误时，并不一定非要大叫一声，“哈哈，这里有个谬论！”可用一些更微妙的告知方式。因为每种类别的谬误，名称都不相同，也因为人们常会反感专业术语，所以最明智的做法，是找出聚焦于谬论模式本身的办法。尽情想象吧！找到合适的办法，既能质疑他人的推理过程，同时又不疏远对方，或置其于尴尬之地。毕竟，我们的目的是帮助人们思维更清晰，而不是在谬论中“逮到”他们。

64

练习

1. 回忆最近你参与的一次讲座或演讲，想想看，演讲者是否犯了某个逻辑错误。然后试着重新组建这个有缺陷的论证内容，看它违反了良好论证五大原则中的哪一条，并试着给相关的推理模式命名。

2. 阅读第五章结尾部分“给吉姆的信”系列（见第五章练习7，以及后面几章练习）。信是以吉姆父亲的名义写的，是我虚构出来的，均是基于我这些年来有关宗教哲学考察方面的经验。严格来说，这些信是以一种令人愉快的练习方式来呈现的。讲歪理的五个延伸部分，覆盖了本书中列出的60种谬误。每一种谬误均在信中出现一次。信中标注的每一个数字，都表示前面出现了某个谬误。对你来说，吉姆父亲的这些说法是否可靠？假如你觉得吉姆父亲的说法没什么问题，那么你可能已经被这些谬误所迷惑，因为他所说的每一个观点，在推理上都不成立。

3. 在父亲给吉姆的第一封信中，即使你不知道他犯的谬误名称，也请试着用你自己的话描述一下他所讲的11种歪理，错在哪里，并给这些谬误命名。

第五章　违反结构原则的谬误

65

概　要

本章将帮助你：

·用自己的语言定义或描述各种违反良好论证之结构规范的已命名的谬误的特性。

·在平时的课程或讨论中遇到各种谬误时，辨认，说出名字，解释其错误推理的类型。

·当他人出现这些谬误时，用有效的策略反击或帮助他们改正错误推理。

6. 结构原则

按照良好论证的第一项规范，不论是主张还是反对一个观点，其论证应该满足形式完美的论理对基本结构的要求，即结论应拥有至少一个理由的支持。这样的论证，不使用相互冲突或与结论相矛盾的推理，不预设结论的真实性，更不进行不合逻辑的演绎推导。

本章将要讨论的各种谬误，都违反了良好论证的结构原则，都有结构上的缺陷，使结论无法必然或或然地从前提中导出。因此，这些论证都无法完成良好论证应该完成的工作——令人们有好的理由去接受结论。在讨论每一种结构性谬误的例子时，我们将解释为什么可接受的结论不能或不应从有谬误的论证中导出。

每一个例子中的缺陷都是结构性的，我们并不是靠着论证的内容去发现它们。如果把论证的主要成分换以符号表达，我们会看清论证的结构或形式。只注意结构性因素，我们能够判断出来，从论证的前提中导出任何结论都是不恰当的。 66

本章将论述结构性谬误的几种不同类型。不当前提谬误的缺陷，是其前提不符合论证结构的要求。归纳推理谬误的缺陷，是它们违反了归纳逻辑的完善规则。

不当前提的谬误

违反结构完善的论证对前提的要求，至少有六种形式。丐题谬误是将本打算树立的结论当作同一论证的前提来使用。在复合提问谬误中，论证的提问，对某一未决事项的未经发问的问题暗中预设了一个特定的答案。丐题定义谬误，是在前提中使用对关键词的可疑定义，其效果是使自己的结论“被定义为真”了。前提不相容的谬误，是论证的前提彼此扞格，而结论便不可能得出了。前提与结论矛盾的谬误，顾名思义。最后，规范性前提不明的谬误，是在为规范性判断而作的论证中，没有提供可辨识的规范性前提。

- **丐题谬误**

定义：或明或暗地，将本应是论证结论的声称用作同一论证的前提。

丐题的论证，看起来颇有支持性证据，但那证据是伪造的，因为所谓的“前提”，不过是把结论换句话重说一遍。从定义上说，一个论证，便是一个被至少一个其他声称支持着的声称。如果我们把“其他”理解为“不同的”，便能看出，在丐题谬误中，并没有什么支持结论的前提，这不是因为前提是不可接受的或不相关的，而是因为那根本不是一个前提，也就是说，并不存在“其他”声称。所以说，丐题论证在结构上是错误的，不符合良好论证的要求。

丐题谬误也叫循环论证，在我们遇到的所有诡辩中，这种谬误或者是最常见的了。例如，讨论某个道德问题，如你的好朋友可不可以约会你的前男友或前女友，你很可能遇到这样的对方，断然宣称那样做是“错的，就因为那是不对的”。这样的循环论证，拿未决之事当已决之事使用，预先假定某一观点，而不是去辩护该观点，等于是在没有理由时，乞求你接受

67

他的观点。形式良好的论证要求支持性前提，而丐题论证没有那样的前提。

如前面提过的，这种错误因为没有提供任何新的信息，一眼就能看出来。它的标准形式是这样的：

因为A，（前提）

所以A。（结论）

当然，很少有人这样赤裸裸地循环论证，在真实情况中，更常见的是前提偷偷地预设结论的真。例如，设想有这样一个人，他声称上帝是存在的，理由是他不想下地狱。如果不是假定了存在能够把人送进地狱的上帝，人怎么会担心下地狱的事情呢？但是“存在着惩罚无信仰者的上帝”这样一种前提，并不构成对“上帝存在”的结论的支持。

当结论显性地成为论证的前提时，它得化身为面貌不同而意思相同的词句。因此，论证的循环性并不是那么容易发现的。如果可疑的前提或结论分散在论证中，彼此离得很远，就更难察觉了。不妨想象一下循环论证发生在整篇文章、整章甚至整本书里。

另一种丐题的方式，是论证人在讨论问题时，或有心或无意地，使用丐题性的语言在该问题上预设一种观点。假如你加入对人工流产在伦理上是不是可接受这样一个问题的争论，而主要的分歧点是胎儿是否应该被当作人来看待。如果某位讨论者不停地将胎儿称作“婴儿”，那他就是在这一事项上丐题。他的论证实际上是在说，“因为胎儿是人的婴儿，所以胎儿是人”。把论证如此一转换，我们也就能清楚地看出为什么在论证中使用这类语句是有缺陷的。论证的目的是用道理来支持结论，所以，通过对语言的微妙利用将结论偷偷装扮成支持性的前提，是不正当的。

这种谬误的一种形式，是我们大家都相当熟悉的，那就是，论证人通过提问的方式，将安排好的答案“植入”议题中。语句丐题谬误的这种变形，有个自己的名字，叫作引导性提问。比如斯克拉格斯教授对学生说：“你们提名莱夫教授为‘年度教授’，不是认真的，对吧？”斯克拉格斯教授希望学生得出的结论是不应该提名莱夫教授，她把这一结论植入提问中，而除了“不该提名他”这一隐藏性的前提，又没有提出任何不该提名的理由。

68

【例一】

循环推理最简单，也是最容易发现的形式，只使用一个前提，而那实际上只是把结论换几个词重说一遍。看一下这个论证：“使用里边有渎神、淫秽字眼的课本是不道德的，因为让孩子们听到粗俗无礼、丑恶的话是不对的。”因为“不对的”与“不道德的”在这里同义，而“粗俗无礼、丑恶”与“渎神、淫秽”所指也相同，那么，这一论证的格式便不难看出了：“因为A所以A。”

【例二】

迪兰：在学生管理方面，这家学院完全是家长制作风。

罗曼：你为什么这么说呢？

迪兰：因为他们把学生当小孩子看。

在这个论证中，迪兰大概以为自己给出了学院是家长制的原因，但其实他只是勉强解释了“家长制”这个词的意思，而罗曼问的并不是家长制的定义呀。他问迪兰的，是做出这一声称的理由。然而迪兰，没有给出什么理由。他只是把关键词定义了一下。这儿没有什么论证。

【例三】

古斯拜先生算不上是个够格的乐评人，因为他对所有的现代音乐形式，特别是无调性音乐，都心存偏见。而他不喜欢这些音乐类型的原因，是他干脆就缺乏正确评论它们所需的知识背景和能力。

这个论证的循环性，一旦分析出其结构，就一目了然了。

古斯拜先生对现代音乐心存偏见，（前提）

原因是他不具备正确评价所需要的背景知识和能力，（子前提）

所以，古斯拜先生不是个够格的乐评人。（结论）

支持第一前提的子前提声称古斯拜先生“不具备正确评价音乐所需的背景知识和能力”，这与“不是个够格的乐评人”是同义的。所以，对前提的丐题性支持，不当地将所声称的古斯拜先生之不够格当作他不够格的理由。

回击谬误

迎击循环推理，可以直截了当地指出结论已经被前提假定为真了，让大家都看到这事实。你需要向对手周密地指出有问题的前提是怎么在论证中身兼二职的。如果需要的话，把论证改组为标准形式，能帮你完成这个工作，让人们都能看到前提与结论实际上在说同一件事情。

你可能还需要举出个显然荒唐的反例，来展示对方循环论证的谬误。例如，如果你论说“阅读是有意思的，因为阅读带给我许多享受”，你的对手能够很清楚地看出，这一论证没能建立任何声称。在此“因为A所以A”的结构是很清晰的，对手使用的论证也是一样，只是不那么明显而已，所以他的论证也同样不能建立任何结论。

69

也许，对使用这种谬误的人，最好的抗击办法是指出对方的语言对真诚、开放的讨论形成了妨碍。如果对方不承认自己的语言使人无法客观、合作地评估声称的品质，那在所讨论的问题上，他大概就根本无法客观。例如，如果讨论的是某人的行为是否不道德，参加讨论的某一方坚持将该行为形容为“过分的”“可悲的”或“不可原谅的”，而还真心以为自己只是在使用描述性语言，那么，你可以指出其语言的丐题特性，并且坚持，当涉及重要问题时，需要格外努力确保论证中只使用描述性的或中性的语言。

特别重要的是，不要被丐题者使用的词汇吓住，特别是当对方做出声称时使用“显而易见”“每个十岁以上的人都知道”或“连傻子都清楚”之类的话。这种语言表明，说话的人认为事情不值得多说，不值得查究。这样的措辞，是对任何批评的拒斥，而如果你不想受这些花招的欺负，你必须冒着给人看成天真无知甚至弱智的风险，斗胆说道：“呃，对我来说并不那么显而易见。”

迎击引导性提问这一丐题谬误的形式，你应该找出些办法，来让提问的人明白，他想让你同意的，正是悬疑的问题，还需要更多的证明来支持。

在许多情况中，丐题或循环论证的人，会欣然同意自己确实预设了结论为真，而声称那是因为自己打心眼里相信那是真的。但应该有人去提醒论证者，在论证中，个人对结论真实性的信念或信心不能成为声称之真实性的证明。

- **复合提问谬误**

定义：陈述提问的方式不恰当预设，在某一未决的事项上有一未经说出的疑问，而对它已经有了明确的答案；或提出一系列问题的方式是好像对这问题系列中每一个的回答都是相同。

几乎所有的问题都在做出假定，在这一意义上，这些问题都是复合的。例如，如果我这么问：“他们什么时候公布奥斯卡奖的提名？”我是在假设他们会宣布提名，不大会有人批评我进行复合提问或做了一个有缺陷的论证。一个问题，如果提问人有充分理由相信被问的人颇为乐于同意问题中的假设，那它就不是谬误的。提问是谬误性的，只当它针对的事情是悬而

70 未决的。比如这个问题："你现在还逃税吗？"如果对方没有逃税或至少没承认逃税，他怎么回答这个问题都是在承认那可疑的假定。

复合提问的另一种形式，是不恰当地假定被问的人对一系列问题都会给出相同的回答。"今晚你可不可以把我捎回家，并且让我在路上去杂货店买点东西？"在这个问题中，提问人假定对这一混合问题的不同部分的答案是相同的。发问的人如果没有理由相信一个回答会满足两个问题，便是在复合提问。

两类复合提问都有结构上的缺陷。论证人或提问人在争议事项上自设了立场，然后用这设定去支持同一有待证明的立场。可以看一下刚才"逃税"和"送我回家"的例子，重构为标准格式后是什么样的：

因为你偷逃所得税，（前提）

所以你偷逃所得税。（结论）

和

因为今晚你送我回家与送我去杂货店在各方面都是一回事，（前提）

所以今晚你送我回家与你送我去杂货店在各方面会是一回事。（结论）

这样的论证，很明显，有结构的缺陷，没有提供对结论的任何证明，因此不会是良好的论证。

【例一】

这种谬误最常见的形式是提出两个问题，其中的一个是清晰的，另一个是暗含的。比如一个二年级学生问自己的同学：“你打算加入哪一个兄弟会？”或者一位操心的母亲问自己三十岁的儿子：“到底什么时候你才会安定下来，娶妻生子？”在每一例中，发问的人都预先假定了对隐含问题的肯定性回答，前一个是那同学已经决定要加入兄弟会，后一个是儿子已经决定要结婚。

【例二】

看一下复合提问的一种版本，即提出一系列问题，却好像那只是一个问题：“听说你和南希，尽管没收到邀请，要在下星期六参加凯勒·特伦特的婚礼和招待会，是吗？”

这个提问看起来没什么毛病，实际上牵涉了至少七个不同的问题。你要去观礼吗？你要去招待会吗？你妻子南希要去观礼吗？她要去招待会吗？婚礼和招待会是在下个星期六吗？你接到邀请了吗？南希接到邀请了吗？情况很可能是，对其中有的问题，我的回答是肯定的，对另一些，又是否定的。而原先那个提问的方式，要的只是简单“是”和“否”作为回答。当然，一个人可能对这七个问题都回答“是”或“不是”，但琢磨一下对藏在原先那个问题中七个不同问题的所有答案的各种可能的组合，会发现一共有128种，如果加上婚礼和招待会也许不在一天的可能性，就一共有256种组合。算一下吧。如果不是

71

分开提问，对被提问人的可疑的假定是，对每一问题都有相同的回答。

【例三】

“为什么离异家庭的孩子要比完好家庭的孩子在情绪上更不稳定？”这是一个复合提问，因为提问的人在有疑问的声称上预设了观点，在此处是，父母离了婚的孩子，在情感上要比父母没有离婚的孩子更不稳定。这一声称，应该在询问对这一现象的解释之前，就建立起来，不然提问就是不恰当的。显然，如果隐含着的可疑声称可能不成立，要求解释就次序错乱了，然而在案例的提问中，没有考虑到隐含声称可能并不成立的可能性，所以，那是在“乞求”被提问人同意那假定为真。

回击谬误

迎击复合提问的谬误，你可以有若干种办法。第一，是对这类问题拒绝做出径直的肯定或否定回答。如果提问人不理解你为什么沉默，反问：“你现在还给邻居的猫下毒吗？”他会明白你的意思。

第二，指出提问中造成麻烦的是什么假定，指出那件事是怎样还不一定呢。不过你得弄清楚自己是不是准备好了随时讨论那个事情。

第三，如果必要的话，坚持把问题恰当地分开，这样每一个问题就可以单独地回答了。毕竟，就连议会的程序规则，也给“把问题分开”的动议以优先地位。

- **丐题定义谬误**

定义：使用极为可疑的定义，假装那是经验性的前提，去支持一个经验性的结论，用意是通过定义使经验性的声称为真。

丐题定义谬误，指望的是将经验性前提和定义性前提混淆起来。定义性前提，就是一个简单的声称，说的是某一词语在当前讨论中的意思。如果这定义是适当的，它会基于那词语的通常用法，相关的权威人士的看法，或两者，而一个可疑的定义，不是不符合通常的用法，就是不符合权威意见。

而经验性的前提，做出的是与观察或实际情况有关的声称。它声称的是事情在真实世界中是怎样的，服从于经验性证明的纠正或确认。一个经验性声称的真实性或可接受性，要看它是不是符合诸如我们的感官经验、相关的权威方的证词、相应的实验结果等。

72

在形式正确的论证中，经验性的结论必须有经验性的前提做支撑，而出现丐题定义谬误的人，有意或无意地，把论证中按说该是经验性的前提，置换为可疑的定义性前提。定义性前提装扮成经验性的，通过定义确定经验性结论“为真”。发生这种问题的论证，在结构上是有缺陷的，因为定义性的前提对结论不能提供经验性的支持。

至少有两个线索，能说明论证人是在进行丐题性的前提变换。其一，如果论证人拒绝将他的“经验性”前提的反面证据纳入考虑，就有理由怀疑，他的前提并不是经验性的。其二，如果在讨论事情时，有人在关键词前面使用“真实”“真正”

之类的修饰语，如“真正的纽约人才不会用叉子吃比萨饼”，那么很有可能，他在耍花招。辩说人可能满心相信那一词语的定义是无可争议的，但只要前提中的这一定义有只通过定义便使经验性的结论成立的效果，那就犯下了丐题定义谬误，那出身不良的结论也就无法成立了。

【例一】

比如说比莉安娜和科沃尔克正在讨论基督徒喝不喝含酒精的饮料。如果比莉安娜举证说作为一种实际情况，很多基督徒都饮用酒精饮料，而科沃尔克不接受这种证据，理由是“如果他们是真正的基督徒，就不会喝酒”，那么显然，这一问题在科沃尔克口中不再是经验性的。相反，他是在把基督徒定义为不喝酒的人。可是科沃尔克的这一对基督徒的定义，既不符合该词的通常用法，也不符合宗教权威的看法。而且，如果他在关于基督徒是否喝酒的论证中声称基督徒不喝酒，而使用这一高度可疑的定义作为前提，那么，便是在丐题了。没有经验性的证据在支持他的经验性声称，他便想用定义性的可疑前提来蒙混过关。

【例二】

埃里克坚持一个经验性的声称：“真正的爱情永远不会以分手或离婚为结局。”有人给他举出例证，真正的爱情也有以离婚收场的，埃里克坚持说，这些都不是真正的爱情。他的“证明”是，这些人既然离了婚，便不是真正的爱情。这里埃里克在使用定义解决论证，因为在他看来任何以仳离来结束的婚姻，都不曾有真正的爱情。这样一来，任何经验性的证据，对他的声称都是没意义的；这类证据提交了，拒绝了，参加讨论的其他人就该明白，埃里克所谓的经验性声称，其实是定义性的。他的论证，一旦化为标准格式，缺陷就暴露出来了：

因为真正爱情的定义便是相爱的人永远不会离婚或分手，（前提）

所以真正的爱情永远不会有离婚或分手的结局。（结论）

如果埃里克愿意将真正的爱情定义为不会以离婚或分手为结局的爱情，那是他的权利，虽然说这个定义是很可疑的。但是，如果他希望引导有理性的人达到一个经验性的结论，那他就不该使用自己那个奇怪的定义，而且假装它是个经验性的前提，又不许别人提出相反的证据。

73

【例三】

几年前有个名气不小的政客退出共和党，加入了民主党，对他的一些批评，特别是来自共和党的，说他显然从来不是“地道的”共和党人，不然就不会改旗易帜了。这种批评中，对他不是“地道的”共和党人唯一的可援引的“证明”，是他改变了阵营。对这一声称，反面的证据不起作用。换句话说，“地道的”共和党人被定义为永远不会离开共和党的人。那么，如果还有什么可讨论的，也只剩这一定义是否恰当了；对这件事情的声称不是经验性的。

回击谬误

如果你怀疑论证的对方在使用丐题定义谬误，询问他的前提是定义性的，还是经验性的。如果他被你问迷糊了，你可以解释一下两者的区别。有一种方法，能帮助检验前提是否为经验性的，那便是询问对方能不能承认与之声称相反的证据的证明地位。如果他举不出一个这样的证据，那他的声称多半是定义性的。

如果发现了那声称是定义性的，很明显，反面的证据与其真伪无关，但是，丐题者至少也该有所准备来辩护自己的定义，因为还有别的更可靠地符合日常用法或权威看法的定义。要使讨论向前继续，你大概得建议性地提出一种更恰当的定义，询问论证人，他凭什么认为自己的定义是更好的。你也许还要询问论证人，他那可疑的词语定义有没有可能被大多数人同意，是否接近市面上任何辞典的定义。如果需要的话，你们可以一起查查辞典，以平息争议。到最后，即使你在一定程度上同意了某个适当的定义，经验性的结论仍然需要经验性的前提作支持，而论证人必须提供这种前提，不然论证就是有缺陷的。

• 前提不相容的谬误

定义：从不一致或不相容的前提中引出结论。

74

在形式正确的论证中，无法从彼此冲突的前提那里导出结论，因为两个相矛盾的前提，总有一个是不当的，这便破坏了论证结构的完整性。这种结构缺陷的特性，可以通过仔细观察论证的格式而暴露出来：

1．因为A，（前提）

2．而且非A，（前提）

[产生不出可以接受的结论。]

前提不相容的论证假定两个前提都是真的，然而按照矛盾律（不可以既A又非A），其中的一个必然是假的，这样的论证不可能是良好的，因为良好论证不能有虚假的前提。

【例一】

“如果上帝是绝对至善的和全知全能的，世界上就不会有邪恶，然而世上有邪恶，因此，或者上帝不存在，或者上帝不是全知全能和博爱万物的，或者世上本无邪恶。”这是哲学家和神学家之所谓“邪恶问题”的一种表述。这里的声称是，如果上帝是全知的，他就知道有邪恶，如果上帝是博爱的，他会阻止邪恶，而如果上帝是全能的，他能够阻止邪恶。但邪恶是确实存在的！这些声称明显是不一致的。邪恶又存在又不存在，有了这种不相容的前提，不能够引出可接受的结论。

【例二】

一种流行的道德理论也向我们展示了不相容前提的缺陷。这种所谓的神谕论说，一个行为是正当的，因为上帝说它是正当的。上帝的认可使其成为正当。按照神谕论者的观点，十诫便是如此，是上帝颁赐给我们的，以按照其训令生活。如果上帝另有赐令，那也是应当遵循的法则。如果有人问上帝是否有可能选择告诉徒众去偷窃和谋杀，一些神谕论者争辩说，上帝永远不会让人们做那样的事，因为那些行为是不正当的。在这里，论说人使用了不一致的前提。一方面，他辩说上帝用宣示来创造或决定了什么是正当的；另一方面，他又说有些行为，上帝是不会宣告其为正当的，因为那些行为是不正当的。我们来看一下这个论证的结构：

1. 上帝宣示一个行为是正当的，这是正当性的唯一基础（A），（前提）

2. 有些行为，比如偷窃，上帝不会宣示其为正当的，（反驳性前提）

因为这些行为在道德上是不义的，（子前提）

3. 这些不义的行为之所以是不义的，因为除上帝的宣示外另有尺度说它们是不义的，（非A）

[得不出可以接受的结论]

论证人不能在两方面都自圆其说。如果像第一个前提里声称的那样，上帝通过宣示决定着什么是正当的，那么，任何行为，只有当上帝说过它是不义的，才是不义的（A）。然而论证人又在第二个试图预驳异议的前提及其子前提中声称，上帝不会宣示一些行为为正当，因为它们是不义的（非A）。这里的不一致不解决，就得不出可接受的结论。

75

【例三】

我们都听到过政客向我们拉票时，许愿说他将维持或增进现在的政府服务，还将减税。如果这位政治家同时承诺不对税收结构做大的改变，那前面的两个声称听着就不怎么相容。一个是减税（A），一个是服务保持在现有状态，后者意味着不减税（非A），但A与非A不能同时是真的。因此，在前提的隐含冲突解决之前，得不出什么结论。

回击谬误

前提不相容的谬误是结构性的，所以迎击的最好办法，或者是将对方自相冲突的前提转化为A或非A这样的符号，这样，为什么无法得出结论，就显现出来了。如果论证人不熟悉矛盾律（不能A且非A），你也许还得简单地解释一下为什么矛盾律是有意义的知性谈话所不可或缺的条件。这之后，对方应该或者是把原先的论证全都放弃，或者想办法去解决里边前提的不相容性。如果对方连矛盾律也不接受，继续讨论也就没什么意义了。

一般来说，做出相互矛盾声称的人不引出明确的结论，也许是觉得暗示性的结论已经够清楚了。但是，对使用冲突前提的论证来说，根本就不存在明摆着的结论。所以，另一种反驳前提不相容的论证的方式，是询问论证人，他到底打算从前提中得出什么结论。如果论证人真的引出结论，那只会是将相冲突的声称中某一个重新叙述了一遍，那么便询问他，为什么选择这个而不是与之冲突的那个声称。如果论证人说不出什么理由，你可以指出他的这种选择是武断的，没有道理的。如果论证人坚持说他的前提没有冲突，他有责任说明它们为什么没有冲突。

- **前提与结论矛盾的谬误**

定义：得出的结论与至少一个前提不相容。

结论与至少一个前提相冲突的论证，其结构是不完善的，因为前提中的声称与结论不能同时为真。与前提不相容谬误中的情况类似，矛盾律不允许得出与前提冲突的结论。仔细观察论证的格式，这种缺陷就无所藏身了：

76

1．因为A，（前提）

2．且B，（前提）

所以，非A。（结论）

论证的结论是非A，但这样一个结论，无法跟随前提。按照矛盾律，这个论证与第一个前提，不可能同时为真。所以，结论与至少一个前提互不相容的论证，是谬误的。

【例一】

关于上帝存在，经典的因果论证似是结论与前提不相容的一个范例。论证是这样的：

1. 万事万物皆有原因，（A）（前提）

2. 对此我们不能无限地上溯，（前提）

因为如果因果链条从未发轫，我们就不会在这里，（子前提）

3. 但我们在这里，（前提）

所以，必然有一个自身并无原因的第一原因，那就是上帝。（非A）（结论）

上帝是自身无因的第一原因（非A），这一结论明显与万事万物皆有原因这第一前提矛盾。除非论证人能想出办法来重构论证的内容，他的结论是不合理的，论证也只能说是有结构缺陷的。

【例二】

安吉拉：作为美国人，我想干什么就可以干什么。自由是我们的祖先为之奋斗和牺牲的东西。任何人也不能支使我做什么和不做什么。

梅恩：但还有法律啊，安吉拉。你是不是得遵守限速的规定？是不是不能把别人的钱放到自己口袋里？

安吉拉：那当然啦，法律是必须遵守的，但政府不能对我指手画脚。

梅恩：你不能两边占理，你不能在前提里声称政府可以告诉你做什么，也就是“遵守法律”，又在结论里声称政府不能对你指手画脚。

【例三】

在人工流产的争论中，有些论证的结论是与前提冲突的。比如金格尔女士说：“一切人类生命是神圣的（A），我们有义务保护而不是消灭之，流产消灭生命，所以流产是不义的，遭到强奸的情况除外（非A）。”把强奸的情况作为例外，她的结论就与前提冲突了。她或许不想否认强奸所生的孩子也是神圣的人类生命，那么，如果要改正论证结构上的缺陷，她必须或者把强奸的例外从中去掉，或者更改第一前提的包容性。

77 **回击谬误**

前提与结论冲突的谬误是结构性的，所以，最好的反击策略是将相应的前提与结论转化为A与非A这样的符号形式，这样，结论是如何明显地与至少一个前提矛盾，就暴露出来。论证人，除非对矛盾律一点儿也不尊重，当能够被你的展示说服，或者放弃整个论证，或至少想办法去解决冲突以求满意。

- **规范性前提不明的谬误**

定义：得出道德的、法律的或审美的判断，而没有一个规范性前提作为支持。

对规范性判断的形式正确的论证，要求有更普遍的规范性前提的支持。我们不能只从就事论事的或定义性的声称引出规范性判断。也就是说，不可能从经验性前提引出规范性结论，即不可能从“是”推论出“应当”来。“应当”或规范性结论只能来自前提中的“应当”。如果论证中没有清晰可辨的规范性前提，对规范性论证来说，结构便是有缺陷的。

【例一】

亲爱的韦尔斯教授：

我刚看到我在您历史课上的成绩。我觉得D这个分数，不能准确表达我在这门功课上下的工夫。我知道有许多节课我没有去上，但我在期中和期末都很用功的。我不知道期末考试我得了多少分，但我相信不会差的。我没有交学期论文，那是因为快交论文时我病得挺厉害，去不了图书馆，然后我想反正也晚了，您不会再接收的。韦尔斯教授，这个学期我真的尽力了，您一定也看到了我的进步。如果我得不到C或更好的成绩，明年秋天我就进不了大学的棒球队了。我知道教学大纲规定缺课四节就要受罚，但我真的觉得您不该因为缺课太多而惩罚我，因为我这个学期总是生病，自己也没办法。谢谢。

约翰 · 哈里斯

尽管约翰没有明白地说出他自己那特殊的道德判断，如果抱着理解的态度读过他的论证，不难看出他想的是韦尔斯教授应当把他的成绩改为C。许多道德论证都没有把道德性的结论明说出来，因为连论证者本人也觉得底气不足。约翰大概知道，如果把暗示性的道德结论明说出来，就会暴露弱点，说不定彻底站不住脚了。这一论证最严重的缺陷，是缺少一个明显的道德前提。他的论证中，哪一个前提是规范性的，根本就不清楚，而如果有一个清楚的道德前提，整个论证就有条理可循了。现在的论证，不过把对成绩的若干种不满意，松散地联系起来，然后放到一起。由于缺少恰当的道德性前提，它不符合形式正确的论证的结构要求。

78

【例二】

法官大人，这所谓的法律体系把我弄迷糊了。您把我孩子的监护权判给了他们的父亲，又让我每月付600美元的赡养费。孩子们的父亲有很好的工作，不需要这笔钱；他的新女友也有工作。他们的收入，养这几个孩子是绰绰有余的。另外，孩子们每隔两个星期来我这里时，我常给他们买新衣服。在我带他们的那九个月里，我把该做的都做了。现在，不该让我再在经济上支持他们了，特别是每个月我只能见到他们两次。

论证是在法庭上发生的，所以我们不妨认为她在试图做一个法律论证。然而她没有提到任何可以支持她的法律性结论的法律。假如她所在州的法律规定父母双方都有对未成年子女提供经济支持的义务，她似乎是在不同意那法律。如果是这样的话，她便该启用对法律的别种解释，或援引能够支持自己诉求的其他州的法律；可是在她的论证中，找不出相应的法律规范的影子，所以作为法律论证来说，它的结构是不当的。

【例三】

1987年的电影《辣身舞》（*Dirty Dancing*），在我看来是史上最好的影片之一。电影的场景设置实际是在弗吉尼亚州的蓝山；电影的主题是年轻人的生活，他们与老一代人的冲突，还有底层生活方式与精英趣味的冲突。音乐棒极了，非常有感染力，舞蹈更是极为出色，参加舞蹈的演员在情感与身体上都极富表现力，特别是詹妮弗·格雷。实际上我觉得，单单她所扮演的角色，就能让整部电影鲜活起来了。我把这电影看了十一遍，还没看够。

这一论证支持的是对电影《辣身舞》之艺术价值的判断，然而会让一些读者满头雾水。作者所喜欢的这部电影，到底有哪些品质，使人可以得出“史上最好的影片之一”的判断？审美判断，是出了名的难以说清，难以解释。也许就是因为这个，许许多多的人放弃（或干脆不曾采取）按说是最安全的“旁观者”立场。

再仔细看这论证，也找不出能够支持判断的普遍性的审美原则。或许，当我们把这个论证转换为标准格式后，便能看出它的前提与结论的缺乏联系了：

79

1.《辣身舞》的场景非常美丽，（前提）

2. 关注了代沟与阶层冲突问题，（前提）

3. 音乐和编舞都非常出色，（前提）

4. 角色在情感与身体上都很有魅力，（前提）

所以，这是史上最好的电影之一。（结论）

结论不能跟随前提，也许问题出在论证中就没有导向审美判断的决定性的审美前提。论证人本还可以使用别的前提，比如有许多人会赞同他的判断，在“烂番茄”网站，这部电影的“观众”打分高达88%；这也算是个普遍的审美尺度，可以支持对电影的正面评价。但是，影迷差不多什么电影都爱看，所以从这一判据，并不能推出特定一部他们热爱的电影，如《辣身舞》，是“史上最好的电影之一”。论证人本还可以援引另一审美准则——若受专业的影评家连续多年的好评，便可以认定是好电影了；然而在“烂番茄”网站，来自影评家的打分则只有68分。但给这论证找个恰当的审美性前提（实际上，还真不好找），不是我们这里要做的事。我们只能得出结论，这个《辣身舞》论证，缺乏能够支持结论的恰当的审美准则。

回击谬误

如我们已经看到的，回击规范性前提不明的谬误的最好办法，是将论证转换为标准格式，以揭示出当缺少普遍的规范性前提时，规范性的结论是不能成立的。

我们遇到的大多数规范性论证都没有显而易见的规范性前提，所以你可能需要自己来把它提炼出来。那些确实拥有可以辨识的规范性前提的论证，又通常将它置于隐含地位，所以你要尽量耐心、与人为善，帮助对方找出那前提，至少这比对付那些连规范性前提的影子都找不到的论证要轻松一些。

无论是哪种情况，即使对方觉得为难，也得要求他为规范性判断提供恰当的前提。要为法律的或审美的判断辩护，最好是让专业人士去做，但道德判断人人有份，并不是有这方面文凭的专业人士才能做出良好的论证。捍卫自己的道德判断，是我们最重要的事情之一，因为我们时时刻刻都会面临做什么、信什么的决定。

练习

80

I. 不当前提的谬误 对下面的每一个论证：（1）指出不当前提的类型；（2）解释推理是怎么违反结构原则的。每种谬误都有两个例子，标以*号的，在书末有答案。

1. 大卫对同事理查说："你什么时候才能显示点儿道德勇气，去抑制沃尔玛呀？"

*2. 肖恩：罪犯的内心是没办法纠正的。监狱就是浪费时间和资源。

珍妮：不是这样的。我认识几个犯过罪的人，住过监狱后，他们都脱胎换骨了。

肖恩：是吗，那这些人一定在内心中不是真正的罪犯。

3. 今晚得有零下二十多度，所以咱们肯定不会去看橄榄球赛了吧？

4. 人类生命是宝贵的、天赋的，任何人也无权夺走。杀人的人，毁灭这天赋圣物。所以对那些犯有谋杀罪的人，我支持死刑。

*5. 参议员费舍的一个选民问："你打算支持我们的军队，并赞同总统的国防预算吗？"

*6. 机场的交通管理局官员没有权力触碰我身体的隐私部位，因为我是个通情达理的公民，肯定不会搞什么爆炸之类的勾当。我的权利不会比罪犯少吧。

7. 塔文纳教授：进化论证明，最适合环境的生命才会生存。

学生：是怎么证明的？

塔文纳教授：这个，如果有机生命生存了，它们一定适合环境，对不对？

学生：是的，但您怎么知道只有最适合的才能生存下来？

塔文纳教授：那些生存的生物，明显比没能幸存下来的生物更适合啊。

*8. 我相信怀疑主义的立场中蕴有人类知识的真相；怀疑主义认为我们无法得知任何事物的真相。所以我们应该放弃对事物的研究。

9. 塞莱斯特：有件事我想了好久了，我已经想明白了，神志清醒的人是不会自杀的。

克里斯：那你的朋友劳拉呢？她的自杀让包括你在内的所有人都大吃一惊。她可没有发疯啊。

塞莱斯特：她看上去是挺正常，不过我想我们不知道她到底是怎么回事。

81

*10. 在抽大麻的事上，谁说我是错的你是对的？每一个人都要自行判断什么是对的，我看不出抽大麻有任何不道德的地方，所以，你是错的。

11. 食品店的雇员会在通道那里向顾客提供食物的样本，我认为如果根本无意去买，就不该接受，因为如果你接受了，你就给人家一种印象，好像你打算买那东西。

12. 本：埃德，你的问题就是不能跳出框框想事情。你总觉得如果想法是矛盾的，就没有道理。

埃德：确实如你所说，我确实认为矛盾律是知性讨论的必要条件。

本：真是胡说。这只是你的西方理念在作怪。自相矛盾的声称就没意义吗？这么想一点道理也没有。

埃德：我同意。如果一个声称是自相矛盾的，就是一点意义也没有。

本：不不，我说的是即使自相矛盾也可以是有意义的。

埃德：我说我同意。自相矛盾是产生不出意义的。

本：你是什么毛病啊，埃德？你是不是没打开助听器呀？你说的都是什么呀？你说的话我听不出一点意义。

埃德：这就是了！

演绎推理的谬误

演绎推理的谬误来自违反已相当成熟的演绎推理定律。演绎谬误有多种类型，我们只选择最常见的一些谬误来分析，分别属于条件推理和三段论推理两大类型。在考察条件推理中的谬误之前，先来看一看条件推理的本性。

条件推理

在一个条件式的或“如果，则”式的陈述中，“如果”后面的部分叫作前件，“则”后面的部分叫作后件。完善的条件式论证的一式，叫作肯定前件，格式如下：

1. 如果A，则B；（前提）

2. A，（前提）

所以B。（结论）

按照条件式论证的正确形式，前两个前提若成立，结论也必然成立。因为在形式正确的演绎性论证中，结论按照逻辑的必然性跟随前提。

82

完善的条件式论证的一种，叫作否定后件，格式如下：

1. 如果A，则B，（前提）

2. 非B，（前提）

所以非A。（结论）

亦如肯定前件，如果两个前提都是真的，我们相信，这一论证的结论也是真的，因为在形式完美的演绎论证中，结论必然地从前提中产生。

- **否定前件的谬误**

定义：否定条件性前提的前件，然后推出后件的否定。

条件式论证的一种错误格式是否定前件，即把对前件的否定作为结论，这样的论证格式如下：

1. 如果A，则B；（前提）

2. 非A，（前提）

所以非B。（结论）

条件推理的一条定律告诉我们，否定条件命题的前件，并不产生结论。这种论证之所以是谬误的，原因在于，否定前件然后否定后件时，论证人没有意识到，A并不是导致B的唯一原因，事实上，除A之外，往往有若干其他原因，都足能导致B，也就是A对B的成立是充分的，但不一定是必要的条件。可是，论证人通过否定A来得出否定B的结论，这是错误地假定A是B的必要条件，也就是唯一导致B的原因。这样的论证中虽然前提有时是真的，也不能有合理的结论，因为论证的结构有致命缺陷。

【例一】

如果我抽烟很凶，吸烟会缩短我的生命。所以我不抽烟。所以我认为我会健康长寿。

在这里，许多种原因会导致B（生命的缩短），但这位论证人看起来是只认可其中的一种——吸烟。他把吸烟当成生命缩短的唯一原因来看待。在这个论证的标准格式中，缺陷是显而易见的：

1. 如果我吸烟（A），我的生命会缩短（B），（前提）

2. 我不吸烟（非A），（前提）

所以我的生命不会缩短（非B）。（结论）

【例二】

如果死刑真能慑阻人去犯重罪，那它就是合理的。但死刑并没有起到慑阻效果，所以死刑是不合理的。

也许我们应当把这种谬误叫作“无视真实原因谬误”。在这个论证中，亦如在所有的否定前件的谬误中，总是有一批原因会导致后件。本例中，慑阻可能只是死刑之正当性的一组原因之一，而在论证人那里，却成了唯一的原因。因此，前提中否认慑阻效果即前件，并不能导致结论中对后件（死刑之正当性）的否定。

【例三】

雷恩教授对我们说，如果我们通过了最后一次考试，就可以完成他的课程。所以我觉得我这门课没有过关，因为最后一次考试我没有及格。

但是，雷恩教授并没有说完成课程的唯一途径是期末考试及格，在那考试之外，也许还有其他一些途径来完成这门课程。因此，否定考试及格这一前件，并不能导向结论中对完成课程的否定。

回击谬误

一个荒唐的例子就能清楚地揭示出否定前件的结构缺陷：

1. 如果杰西是条狗，则杰西是动物，（前提）

2. 杰西不是狗，（前提）（否定前件）

所以杰西不是动物。（结论）（否定后件）

结论是虚假的；但如果这是形式正确、结构坚固的论证，就不会从真实的前提中产生如此虚假的结论。这个例子中，两个前提都是真的，而结论是假的，因为杰西是只猫，而猫确实是动物。狗是动物的充分条件，但不是必要的，还有许多种成为动物的办法呢。因此，杰西论证的形式是有瑕疵的，而论证人应该愿意承认，他的所有类似结构的论证，也都是有瑕疵的。

如以前曾建议过的，用例子来反击谬误，效果往往不错，特别是当对方觉得一些规则过于抽象或学究气的时候。

- **肯定后件**

定义：在条件式前提中肯定后件，进而推出对前件的肯定。

条件式论证的另一种错误格式，是去肯定条件陈述的后件，进而以对前件的肯定为结论：

84

1. 如果A，则B；（前提）

2. B，（前提）

所以A。（结论）

条件推理的定律之一告诉我们，靠肯定条件命题的后件，是导不出结论来的。这种论证的谬误，在于通过肯定后件去肯定前件，论证人没能看到，A不是导致B的唯一原因。事实上，除A之外，可能有多种别的因素，能分别导致B的发生，也就是说，A不是B成立的必要条件。可是论证人通过肯定B来得出A成立的结论，他错误地假定A是B的唯一原因，所以他想，如果B为真，A也就为真了。即使前提是成立的，这一结论也不能成立，所以这论证的结构是错误的。

【例一】

在刑事法庭上，检方不止一次地犯这种错误。"如果被告人谋划杀死妻子，极有可能的是，他要保证自己能得到一大笔人身保险——女士们先生们，他正是这么做的。对此你们自会有结论。”

本案中保险单的存在，便是所谓的间接证据，需要其他证据的加入，才能支持检察官针对被告人罪行的归纳式论证。但此外的论证是演绎性的，检察官的结论并不能必然地得出，因为那不是个良好的论证。相反，它是肯定后件的典型例子。重构后，缺陷便一目了然：

1. 如果丈夫打算谋杀妻子（A），他将给她买人身保险（B），（前提）

2. 这位丈夫确实给妻子买了一大笔人身保险（B），（前提），

所以，他杀死了（或至少谋划杀死）自己的妻子。（结论）

检察官没有看到，给配偶买人身保险还有其他许多可能的原因，他错误地假定谋杀配偶是购买保险的唯一原因。

【例二】

你如果SAT考得很好，你很可能进个好学校。既然你进了很好的中心学院，你的SAT成绩一定很好。

这个论证中的假定是，上好学校的唯一机会是在SAT考试中拿到高分，然而要进入好大学，还可能有其他的充分条件，比如中学里的成绩、运动本领、戏剧方面的天赋等。

【例三】

如果我很长一段时间没有吃红肉，再吃就常会不舒服。今天早上起来，胃里很难受，所以，咱们昨天晚上在那家餐馆里喝的汤，里边一定有红肉。

85

我们来看一下这个“无视其他原因”的谬误形式：

1. 如果我吃红肉（A），会不舒服（B）；（前提）

2. 我不舒服了（B），（前提）

所以我一定是吃了红肉。（结论）

论证人通过肯定后件来得出肯定前件的结论，他是在假定导致胃不舒服的唯一原因是吃了红肉。这明显不能成立。

回击谬误

荒谬反证法，总是揭穿推理谬误的好办法。要迎击肯定后件的谬误，你可以试一下这个荒唐的例子：“如果你读过戴默教授的书，你就能够辨认出谬误推理并有效地驳斥之。你能做到这一点，所以你一定看过戴默教授的书。”且慢！本书的工作，世上果真没有别的著作在做吗？如果这个反例不起作用，再试试前面讲过的杰西那个例子，但反过来讲，也就是说，把否定前件变成肯定后件：

1. 如果杰西是狗，那么杰西是动物，（前提）

2. 杰西是动物，（前提）（肯定后件）

所以，杰西是狗。（结论）（肯定前件）

不管你知不知道杰西是只猫，仅从格式上就能看出这结论是虚假的。

三段论推理

现在我们转入学习演绎推理的第二种主要形式——三段论推理。

要理解和掌握这种推理的特性以及与之有关的两种常见谬误，必须仔细了解三段论推理的几个性质：三段论的结构，三段论的四种陈述类型，周延的特性，以及三段论推理的两个主要定律。

首先，三段论是由三个陈述组成的论证，其中有两个前提、一个结论。三段论有且只有三个词项，所谓词项，就是一个有主词或谓词之名的概念或类名，如在“所有的西红柿都是蔬菜”这一陈述中，词项是“西红柿”和“蔬菜”。在论证中，每个词项出现且只出现两次，或为陈述的主词，或为陈述的谓词。词项中的一个是中词，在两个前提中都出现，把它们联结起来，但不会出现在结论中。另两个叫作端词，一个端词出现在一个前提中，另一个端词出现在另一前提中，而它们都分别以主词或谓词的身份出现在结论中。

86

第二，三段论有四种陈述类型。这些陈述都含有主词和谓词，各有其命名，分别是A、E、I、O类型：

A型是全称肯定陈述，即如“所有学生都有钱”。

E型是全称否定陈述，即如“没有学生有钱”。

I型是特称肯定陈述，即如“有些学生有钱”。

O型是特称否定陈述，即如“有些学生没钱”。

全称陈述的标志是“全部”“都不是”（或同样意义的其他词）这样的词。特称命题的标志是“一些”，意指至少一个但不是全部。肯定性陈述的命名来自拉丁词affirmo（我确认）的第一个和第二个元音；否定性陈述的命名来自拉丁词nego（我否认）的第一个和第二个元音。

第三，如果陈述涉及该陈述中的主词或谓词所指派的类的每一个元素，那么该主词或谓词就是周延的。例如，在A型陈述“所有学生都有钱”中，声称是针对全体学生的，但并不是针对全体有钱人。周延性的情况是这样的：全称陈述（A或E）的主词永远是周延的；否定性陈述（E或O）的谓词永远是周延的，而其他情况下词项都是不周延的。

第四，正确的三段论有两大定律，其一是中词要至少周延一次，其二是端词如果在结论中是周延的，则必须在某个前提中周延。

现在我们对三段论的结构、四种陈述以及周延的性质和两大定律有了一些知识，可以运用一下了：

1. 因为所有的教授都是称职的，（A）（前提）

2. 而且称职的教授中没有报酬过低的，（E）（前提）

所以，教授没有报酬过低的。（E）（结论）

另一个将三段论标准化的方式是把所有的词项转换为符号。中词和端词的符号，通常使用陈述中主词或谓词的第一个字母，在前例三段论中，“教授”（professors）符号是P，“称职”（competent）的符号是C，“报酬过低”（underpaid）的符

87 号是U。在每个陈述的主词与谓词之间，我们使用A、E、I、O这几个传统词来标注陈述的类型。使用这套符号，刚才的论证便是这样的：

P（A）C （前提）

C（E）U （前提）

所以，P（E）U （结论）

转换为符号之后，要判断是否违反了合格的演绎论证的任何定律，就容易多了。这个三段论的中词是“称职”（C），因为它在前提中出现了两次，结论中没有出现。端词是“教授”（P）和“报酬过低”（U），各自在前提中出现一次，又各自在结论中出现一次。大前提（第一前提）是A型陈述，它的主词是周延的。小前提（第二前提）是E型陈述，它的主词和谓词都是周延的。结论也是个E型陈述，主词和谓词也都是周延的。

这一论证是有效的，在结构上无懈可击，因为满足了三段论的两大定律的要求。它的中词“称职”（C），在前提中至少有一次是周延的——它在大前提中并不周延，因为在大前提中它是作为谓词出现，而在A型陈述中只有主词是周延的，不过它在小前提是周延的，因为E型陈述的主词和谓词都是周延的，这样，这个论证符合了第一条定律。论证的两个端词，在结论中都是周延的，因为E型陈述的主词和谓词都周延，且这两个端词在前提中也都是周延的，因为“教授”（P）是大前提的A型陈述的主词，“报酬过低”（U）是小前提E型陈述中的谓词，这样，论证就符合了第二条定律。

- **中词不周延的谬误**

定义：藉由得出结论的三段论的中词，在前提中一次也没有周延。

中词不周延谬误的发生，是在使用三段论式论证时，中词在两个前提中出现时都是不周延的。对三段论的结构来说，这是致命的错误，结论是无法成立的。

【例一】

因为有的哲学家很不善于引导讨论（I），而我们学校的一些教授是哲学家（I），所以我们学校至少有一部分教授很不善于引导讨论（I）。

88

在本节以及下一节的例子中，为了便于阐明，我将论证中的每个陈述都用A、E、I、O标出类型。现在我们这个论证改为标准形式：

1. 因为有的哲学家很不善于引导讨论，（I）（前提）

2. 而我们学校的一些教授是哲学家，（I）（前提）

所以，我们的一些教授很不善于引导讨论。（I）（结论）

如转换为符号，结构就更显豁了：

PH（I）PDL（前提）

PR（I）PH（前提）

PR（I）PDL（结论）

中词“哲学家”（PH）是第一前提的I型陈述的主词，及第二前提的I型陈述的谓词，意味着它在两处都是不周延的，因为

I型陈述中主词谓词都是不周延的。可是三段论的一条定律是中词至少要有一次是周延的，所以，这一论证犯了中词不周延的错误。我们无从知道大前提中提到的“一些哲学家”中，是否有人也是小前提与结论中提到的“我们学校的一些教授”，因此无从推论我们的任何一位教授很不善于引导讨论。

【例二】

民主党想帮助社会中的弱小者（A）。耶稣也总是要帮助弱小者（A）。毫无疑问，耶稣会是民主党人（A）。

D（A）CLA（前提）

J（A）CLA（前提）

J（A）D（结论）

中词“帮助弱小者”（CLA），在两个A型陈述中作为谓词出现，因此两处都不周延，而按照三段论的定律，中词必须至少有一次周延。同样看得很清楚的是，并没有涉及所有帮助弱小者的人的声称，因此，无从知道帮助弱小者且认为自己是民主党人的所有人这一类属，与同样帮助弱小者且为耶稣这一类属，有没有交叉。这个论证的结构大有缺陷，不能推论说耶稣会加入民主党。

89

【例三】

三K党的支持者反对枪支控制（A），共和党也反对枪支控制（A），所以某些共和党人一定是三K党的支持者（I）。

SK（A）AGC（前提）

R（A）AGC（前提）

R（I）SK（结论）

这个论证中，“某些共和党人一定是三K党的支持者”这个结论，是不可能从前提中导出的。事实上，什么声称也无法做出，因为论证的结构是错误的。中词“反对枪支控制”（AGC）是不周延的，因为它是A型陈述的谓词。因为没有涉及全体反对枪支控制的人的声称，我们没有办法将结论中的两个端词联结起来，也就是说，无从得知反对枪支控制且为共和党人这一类属，与反对枪支控制且为三K党人的类属，有没有交叉。

回击谬误

许多犯下中词不周延错误的论证人，或是不了解周延的概念，或是不熟悉有效三段论的定律。因此，简单地指责对方出现了中词不周延的谬误，大概不起什么作用。而且，如果你自己不熟悉这些规则，你可能也拿不准是不是有谬误发生。对这类论证，举出荒唐反例的法子确能有效地揭示出谬误来，然而理解了三段论推理的机制，在使用这个办法时会更机智、自信。你如果能举出一个与对方那有缺陷的论证有同样的类型、前提为真而结论非常明显虚假的三段论例子来，你在论辩中就处于有利地位了。试试这个例子：“教授读书，孩子读书。所以教授是孩子。”

• **端词周延不当的谬误**

定义：三段论的某个端词在结论中是周延的，在前提中却不周延。

三段论推理的第二条定律说，如果一个词项在结论中是周延的，那它出现在任何前提中时，也必须是周延的。也就是说，支持声称的“证据”或前提必须也针对端词指定的类的所有元素做声称。如果论证没能做到这一点，就是发生了结构缺陷。

90

【例一】

那些忽略了与案情相关事实的人很可能做出错误判断（A），而刑事审判中陪审员都不会忽略相关事实（E），所以刑事审判中陪审员都不大会形成错误判断。（E）

重述为标准格式后是这样的：

1. 因为所有的忽略相关事实的人都是容易形成错误判断的人，（A）（前提）

2. 陪审团的成员都不是忽略相关事实的人，（E）（前提）

所以，陪审员都不是容易形成错误判断的人。（E）（结论）

这一论证改写为符号形式，结构更加清楚：

IRF（A）CFJ（前提）

JM（E）IRF（前提）

所以，JM（E）CFJ（结论）

这里的错误是，端词之一——“容易形成错误判断的人”（CFJ），在结论中是周延的，因为E型陈述中的两个词项都是周延的；但它在前提中却是不周延的，因此违反了有效三段论的第二条定律。这个词项，是大前提A型陈述中的谓词，而那是不周延的。还应指出的是，除忽略了与案情相关的事实之外，还有些别的因素会导致陪审员的错误判断。

【例二】

一切在道德上正确的行为，都是正当的（A），但有一些给最多人带来最大好处的行为是不正当的（O），所以，我们不得不认为，有一些道德上正确的行为不是能给最多人带来最大好处的行为。（O）

MR（A）J（前提）

BGG（O）J（前提）

所以，MR（O）BGG（结论）

端词“给最多人带来最大好处的行为”（BGG），在结论中是周延的，因为它是O型陈述的谓词；但它在小前提中是不周延的，因为在那里它是O型陈述的主词。这违反了有效三段论的第二条定律。因此，最后那句结论，是得不到的。

【例三】

91

最近建的房子都很贵（A）。不过，新式房子非常节能（A）。所以，节能房屋都会很贵。（A）

这可不一定——

NC（A）EX（前提）

NC（A）EE（前提）

所以，EE（A）EX（结论）

端词“节能房屋”（EE）在结论里的声称涉及了一切节能房屋，在小前提中却不是如此，在那里它是A型陈述的谓词。由于这个论证的结构缺陷，不能得出结论说所有节能房屋都很贵。

回击谬误

要反驳端词周延不当的谬误，你可以简单地引述端词在前提中不周延则不能在结论中周延这一定律，或简单地指出前提中的声称只涉及部分，结论却涉及了全体。当然，你永远可以使用与对方错误论辩的推理类型一样的反例，前提为真而结论荒唐。下面这个荒唐的反例，结构就是与本节的第一个例子（关于刑事审判员的）一样的：“因为所有的父亲都有孩子（A），母亲不是父亲（E），所以母亲没有孩子（E）。”

- **不当换位的谬误**

定义：颠倒条件陈述的前件与后件，或对调全称肯定陈述的主词与谓词，然后推论这些转换过的陈述与原来的真值相同。

如果论证的前提是条件式即“如果，则”式的陈述，而其结论是将前件与后件颠倒过来，便违反了演绎逻辑的定律。这种情况下，结论不能由前提必然地得出。也就是说，我们不能推论说，如果一个声称是真的，反过来的声称也是真的。例如，尽管“如果合上开关灯就亮了，灯泡就是好的”是成立的，但“如果灯泡是好的，一合上开关灯就会亮的”不为真，

因为要使这转换后的陈述为真，还需要别的一些条件，比如开关正常工作，线路中有电力，还不能有短路等。 92

条件式声称与全称肯定陈述即A型陈述是等值的，所以，如果论证的前提是全称肯定陈述，把主词和谓词对调过来，就此推论说那颠倒的声称是真的，同样是不可以的。如“所有的生物学家都是科学家”为真时，反过来的“所有的科学家都是生物学家”并不为真。特称否定陈述（O型）也不能进行这种对调，但在换位谬误中，那种情况出现得比较少。

然而，在全称否定陈述（E型）或特称肯定陈述（I型）中对调主词和谓词，就不能说是换位错误，这与词项在前提中的周延性有关。如前面解释过的，词项在前提中周延，意思是所做的声称涉及那个词指派的类的所有元素；词项不周延，意思是那前提并没有涉及那个词指派的类的所有元素。在全称否定陈述或特称肯定陈述中，主词和谓词的周延性是一样的，也就是，或者都是周延的，或者都不是周延的。在全称肯定陈述与特称否定陈述中，主词与谓词的周延性是不一样的，一个是周延的，另一个是不周延的。周延性相同时，对调后的真值不变；反之则不然。

【例一】

如果人从父母那里得到很好的教养，他对别人会很尊重。所以，如果一个人尊重他人，我们应当可以推断，他的家教很好。

前提是条件式陈述，而结论不过是将前提的前件与后件对调了一下，我们知道即使前提为真，结论也不能因之成立。

【例二】

如果所有海洛因成瘾的人都是从吸大麻开始的，我们可以得出结论，那些吸大麻的人迟早要成为海洛因瘾君子。

这一论证在标准格式下显得很简单，然而是错误的：

所有海洛因成瘾的人都是从吸大麻开始的，（前提）

所以，那些吸大麻的人迟早要成为海洛因瘾君子。（结论）

前提是全称肯定陈述，即使它为真，也不能得出结论说颠倒过来的陈述便是真的。

【例三】

如果一个人是基督徒，他会关爱其他的人。因此，如果你关爱其他的人，你一定是个基督徒，不管你自己怎么认为。

对此有许多反例，因为有许多人关爱其他的人，但并不是基督教徒或别的什么教徒。

93 **回击谬误**

荒唐的反例当能说服对方，对全称肯定陈述的错误换位在逻辑上是行不通的。从“所有的苹果都是水果”这个陈述出发，大概没什么人愿意反过来声称“所有的水果都是苹果”。迎击条件陈述的换位错误，你可以试用下面这个荒唐的反例，来揭示其谬误：“如果某人是美国总统，他至少有三十五岁而且一出生就是美国公民；但显然，如果一个人有三十五岁且一出生就是美国公民，他可不一定是美国总统。”

练习

Ⅱ. **演绎推理的谬误** 对下面的每一个论证：（1）指出演绎谬误的类型；（2）解释推理是怎么违反结构原则的。每种谬误都有两个例子，标以*号的，在书末有答案。

1. 如果毕加索的“格尔尼卡”有艺术价值，大多数人就会欣赏它。大多数人确实欣赏它，所以我想可以推定它确实是有艺术价值的。

2. 我们知道地球是球形的，原因是球体的投影是圆弧形的，而我们已在月食时发现地球在月亮上的投影是圆弧形的。

3. 我们学校的优秀教师都没有终身教职，我们这里有终身教职的教员在政治上都十分保守，这样我们至少知道了，我们的优秀教师都不是保守派。

*4. 警察不会找守法的人的麻烦。所以可以推定，那些警察没有去找麻烦的人便是没有犯法的人。

5. 如果国会领袖足够强有力，就能够推翻总统对干细胞研究法案的否决。然而，因为国会领袖没有显示出任何力量，国会无法推翻总统的否决。

*6. 大多数道德上正当的行为是非暴力的，大多数公民的不服从也是非暴力的，所以，至少一些公民不服从是道德上正当的。

*7. 谢莉：要是我妈妈发现我在看X级电影，那可太难堪了。

萨拉：咳，你妈妈根本不会发现的。你告诉过我她这个周末出城了，所以你尽管去看电影，不会有什么难堪的。

94

8. 正直的教授永远会给学生打应得的分数。所以，如果你得到了应得的分数，可知你的教授是正直的人。这是让人高兴的事。

*9. 艾丝特对我说，如果哲学课不及格，她就打算退学。因为她已经离开学校了，所以我想她的哲学课一定没有及格。

*10. 真正想获得正确推理能力的人，会认真学习逻辑。认真学习逻辑的人会读这本书。所以，本书的读者对学习正确的推理怀有真诚的兴趣。

Ⅲ. 对下面的每一个论证：（1）从本章学习过的谬误类型中，找出每例所犯的错误；（2）解释推理是怎么违反结构原则的。本章讨论过的每种谬误，各有两个例子。

1. 你应该把电话设置成可以让你的朋友和爱你的人留口信，这样你一回家或一打开电话，就可以回复了，如果有什么急事或大事，你的朋友们非得找到你，也不用没完没了地打电话了。而你没这么样设置，我觉得是缺少道德责任心的。

2. 弗雷德里克先生，我建立自己的专项竞选基金，是无可指责的。如果我把人们捐给基金的钱用在个人开销上，那确实是不道德的，但我一个子儿也没花在个人开销上啊。所以，我没做什么错事。

3. 餐馆的服务生对客人说：“您想要什么甜食？”

4. 总统有权以行政特权为由阻止信息公开，内阁成员不是总统，所以内阁成员都不能以行政特权为由阻止特别检察官获得信息。

5. 如果他盘算枪杀那人，他肯定有枪。而他确实有枪，所以他一定杀了那人。

6. 因为所有的生物学教授的学历都很高，所以，我的高学历使我有资格在您的生物学系里教书。

7. 我认为对别人撒谎会破坏信任，毒害人际关系。我一次又一次地见到，有的父母在孩子的成长过程中对孩子不诚实。所以，永远不要对孩子撒谎是非常重要的，当然，有的事情可以例外，如圣诞老人之类。有的情况下，孩子太年轻，理解不了真相，这时为了他们好，你得编点小瞎话。

8. 对公司的垄断地位加以限制的法律措施，无疑是符合公共利益的，原因是，对单独一个公司完全控制某一服务或产品的生活和销售，如果我们能找到法律手段加以防范，会极大增进全社会的利益。

9. 乔伊：我恨不得马上到夏天，马上去海滩。去年晒出的肤色全都褪没了。

95

丹妮斯：晒太阳时一定得涂上防晒霜，这个你知道吧？

乔伊：当然，我总是涂防晒霜的。不涂防晒霜，就是在冒得皮肤癌的风险。

丹妮斯：看来你也同意，不得皮肤癌要比没把皮肤晒黑更重要，是不是呀？

乔伊：是的，但要是不晒太阳，去海滩还有什么意义？

10. 十八岁的人都有投票权。当然有人并不行使自己的投票权。所以，一定有一些十八岁的人没有行使投票权。

11. 多恩：如果一个男人真爱一个女人，他不会让她在外面工作的。

埃莉诺：可你女儿不是在学校教书吗？而她的丈夫非常爱她。

多恩：哦，他表现得像是非常爱她，不过我可拿不准。如果他真爱她，就会坚持由自己一个人来养家。

12. 我上星期刚刚在互联网上看到，猫吃防冻剂会死的。昨天晚上我把猫留在室外，今天早上，发现它死在车库里了。不知怎么回事，反正它一定是吃了我汽车里的防冻剂。也许昨晚回家时暖气开得太热，防冻剂溢出来了。

13. 股民：那五千块钱，上星期我给你，你又输在股市里了的，你打算什么时候还我呀？

14. 有些不快乐的人自杀了，而且有的富人自杀了，所以，对有些人来说，有钱并不能使自己快乐。

15. 德克：我这一辈子都是浸礼会教徒，我相信《圣经》每字每句都是真义。

格里格：但《圣经》里有若干不一致的地方，比如说，创世纪中有两种迥然不同的造物的描述，以及许多故事或事件在《圣经》中出现了不同的记录。

德克：对事件的描述有不同版本，并不意味着《圣经》不是随处微言大义。

16. 如果善于自我调整的人不会自杀，那么，那些不自杀的人是善于自我调整的。

17. 如果住在郊区，任由院子里的草长得很高，或长出野草，是不道德的。跟周围人家的照顾得很好的草坪相比，你的草坪难看死了，邻居们都不愿意往你这儿看。

18. 司戈特一定不在家，因为他说过，如果我们来时看到他家里的灯开着，他一定是在家的，而现在灯是关着的。

19. 我认为对谋杀和强奸犯适用死刑是完全正当的。有若干充分的理由处死犯下这些重罪的人。

96

20. 支持提高最低工资的大多是民主党，但我国没有一家食品商支持那提案，所以你可以肯定，食品商都不是民主党。

21. 有些事物不能无中生有地创造出来。至少我们不知道有这种事。也就是说，任何存在都生自别的已有的东西。但我们知道在宇宙存在之前，什么也没有。所以，宇宙一定是上帝创造的。

22. 莱森教授：一切哲学问题都是可解的。

圭子：但美的问题呢？人类还没解决啊。

莱森教授：那不是个哲学问题。

圭子：它为什么不是哲学问题？

莱森教授：因为哲学问题是可解的，美的问题是不可解的。

Ⅳ. 提交一份论证，是你上星期里听到或读到的，有关当前有争议的某个社会、政治、伦理、宗教或审美问题。复印下来，或从录音中整理出来，自己写的分析放在单独一页上。在分析中，把论证重新组织为标准格式，用良好论证的五项规范衡量其价值。指出有违结构原则的谬误名字。然后参考第三章中“使论证更强有力”的指南，构思通向同一结论的更好的论证。

Ⅴ. 为违反结构原则的每种谬误找到或编写一个例子，想出自己的办法来反驳之。写在索引卡片上。

Ⅵ. 上一章的作业曾要你们阅读“父亲”给读大学的儿子吉姆五封信的第一封。这些信按顺序出现在本章及后面四章中。在这第一封信中，本章讨论的11种谬误，这位父亲逐个犯了一遍，每种谬误只出现了一次；信中的数字，表示前面的陈述出现了已命名的谬误。识别每个谬误，指出其命名。

亲爱的吉姆：

希望你的功课还好，儿子，特别是哲学课——因为它我想到要写这封信。上周你回家过感恩节，你母亲和我注意到，你的行为有点异样，特别是在教堂做感恩礼拜的时候，还有做过礼拜之后。我们便想，也许是哲学课使你对信仰产生了疑问。

我自己便在大学里教哲学，所以我知道许多哲学家在传播这样的观念：信仰与别的事一样，需要受理性的审核。需要说一下的是，我相信我的信仰是完全合乎理性的，但当理性把我

97

引向某种与我的信仰不谐和的观点，那理性就出错了。（1）真正的信仰，是不需要理性支持的，我的信仰便是这种真正的信仰。（2）

吉姆，随便哪个十岁的孩子都知道，人不能证明上帝的存在。（3）可是许多哲学家还没完没了地纠缠这个问题，不顾一次又一次的失败。多数哲学家质疑上帝的存在，但有信仰的人不会如此，所以哲学家根本不是有信仰的人。（4）这是再明显不过的了。无神论者和哲学家都质疑上帝的存在，所以可以合情合理地推论说，哲学家其实就是无神论者，不管他们自个儿是不是承认。（5）这是个简单的逻辑问题。

为了进一步地澄清，我想提醒你一下，无神论者否认作为善恶之裁决者的上帝。因此，如果你的教授也做这样的否认，那他显然是无神论者。（6）这也是为什么虔信上帝是如此重要。如果上帝不存在，道德就失去了基石。上帝为我们裁定什么是善的，什么是恶的。哲学家会绞尽脑汁去寻找反证，比如他们总爱提起的亚伯拉罕与儿子以撒的故事，亚伯拉罕愿意放弃自己的道德判断，去做上帝让他做的。这些哲学家以为这个故事显示上帝许可杀死一个无辜的人，由此可见上帝是善恶的决断者是荒谬的。但你我都知道，上帝并不会让亚伯拉罕做出不义的事。（7）

这么去想，吉姆，如果上帝存在，上帝会以各种方式向造物显示自己，通过神迹，也通过历史上无数信徒的个人宗教体验。上帝确实显示了自己。所以上帝是一定存在的。（8）

如果那众多的神迹没有出现，成千上万的人并没有产生宗教体验，或许连我也要质疑上帝存在了，但那些是确实发生过的，所以上帝的存在是毫无疑问的。（9）

也许可以归结为一个十分简单的问题，我本不情愿把那问题说出来，但你母亲和我对你非常关心。你只需扪心自问：你真想去冒遭受上帝的永恒惩罚的危险吗？（10）我们知道上帝是慈悲的，但上帝也是严厉的；《圣经》讲得很清楚，人如果不能笃信上帝的存在，上帝就会还以永恒的惩罚。（11）我知道这话题并不愉快，我只是觉得有必要讲出来。盼复。

爱你的

父亲

Ⅶ. 以吉姆的口吻给这位父亲写一封回信，从父亲的信中挑选一段，反驳他那笨拙的推理。尽量驳回每一种谬误，但不要明说谬误的名字。运用你从本章各个“回击谬误”小节中学到的知识阐明自己，但不要失礼或不近人情——不管怎么说，他是父亲呀。

第六章　违反相关原则的谬误

98

概　要

本章将帮助你：

· 用自己的话定义或描述违反相关原则的每一种谬误。

· 在日常的对话或讨论中，辨识、说出，以及解释每种谬误的错误推理模式。

· 利用有效的策略回击，或帮助他人纠正其推理中所犯的相关谬误。

7. 相关原则

良好论证的第二个原则要求我们，无论支持或反对某个立场时，在所给出的理由中，应为结论的真实提供真实的证据。

本章讨论的错误推理模式均属于违反相关原则的谬误，因为这些论证采用了不相关的前提，或者说，它们诉诸的理由，无益于得出可靠的结论。对于可接受的前提或诉求来说，如果能提供值得信赖的理由和支持，以及确保得出相关结论的可靠度，那么，这个前提或诉求就具有关联性了。反之，如不能拿出靠谱的理由，不能支持，也不能对得出结论产生任何影响的话，那前提或诉求就不具备关联性。

这些谬误一般包括两类基本的情况：一、无关前提的谬误；二、诉诸不当的谬误。前提不相关，一般也叫不合逻辑的推理（前后不连贯），即结论不是由前提推论而来的。有时也称之为“论证飞跃”（argumentative leaps），也就是说，前提和结论之间找不到任何关联，跨越太大。无关联诉诸，指前提所依赖的因素或原因，貌似对结论有稍许影响，但实际上毫无用处。

无关前提的谬误

无关前提的谬误，是指论证所用的前提和结论无关，或者不能给结论提供支持。犯这类错的一个原因，在于评估某件事时，只考虑到过去的状态，而无视可能其特征已经发生了变化，却仍然用来支撑现在的结论。无关前提的谬误也叫**“起源谬误”**（genetic fallacy）。某些论证人会用一些貌似有理的前提来替自己的立场辩护，这些前提并非支持其结论的准确论据，他们不过是希望隐藏自己相关言行的真实原因而已，这就是所谓的“合理化”谬误。也有一些论证人列出原因，把大家带到某个观点前，但却得出了一个与所列原因毫不相干的结论，这类谬误即“得出错误结论”。“使用理由不当”的谬误则是相反的做法，论证人会先发某个声明，或断言某个观点，然后再给出原因，不过所给的原因并不支持其先发表的结论。所有的这些情况中，前提和结论的真假完全无关。

- **起源谬误**

定义：无视发生的变化而根据早期的情况来评估某事，并以此作为当下结论的前提。

在逻辑上犯起源谬误的人，试图弱化某种思想、某个人、某个惯例，或某项制度的重要性，往往只叙述其起源和发生，而忽视发展或变化，并按照最初的情形来解释或支持当下的情况。一个很典型的做法是，他们会把对某个事物最初或早期时候的评价移植到目前的情形中。宗教领袖和一些禁止对其假定的宗教进行某些验证的人，有时会犯起源谬误。比如，一些保守的宗教团体辩称其成员不应当跳舞，因为舞蹈作为一种崇拜异教神的方式，起源于异教徒举办的神秘祭祀典礼。即使关于跳舞起源于偶像崇拜的说法是真实的，这和如今参加高中毕业舞会之间，有多大关系呢？

所以，起源谬误所展示的推理模式不能满足良好论证的相关原则——即前提必须与得出的结论有关。某个前提所涉及的事物，假如其价值只存在于原有的语境中，那么和在现有语境下宣布的主张没一丁点儿关系，使用这样的前提来支持或反对某主张，简直是漏洞百出啊。

【例一】

100

我不会投票支持唐·理查德任何事。你瞧，我和他一起长大。我们一起上小学。他那会儿就是个游手好闲之徒。你不能指望他做任何事。一想到他要当我们州长，我就会发抖呢。

发表这个观点的人假定：眼下的理查德和小学时候的理查德完全没有变化，是同一类人。他毫不隐瞒自己对理查德变化的忽视，他也拒绝承认理查德可能已经变得成熟了，变成一个和过去完全不同的人。

【例二】

你不会戴上结婚戒指的，对吗？难道你不晓得婚戒原本是一个象征，表示禁止妇女从丈夫们身边逃走的脚链吗。我想，你不会愿意自己成为一个性别歧视的实践者吧。

人们不喜欢戴婚戒的理由有很多，但新婚夫妇拒绝交换婚戒的唯一理由，竟然是因为婚戒所谓的性别歧视起源，这在逻辑上太不合适了。这段话用标准模式重新整理后，变成：

因为婚戒原本是一种象征，表示丈夫强加给妻子的脚链，（前提）

这样的象征意义一直延续到现在，（隐含的前提）

这些行为会成为性别歧视的某种实践，（前提）

所以，现在遵守这个习惯的话，就是充当了性别歧视的实践者。（结论）

上述论证中，第二个前提明显错误，不可接受；第一个前提即为无关前提。因为就某种事物最初的起源或早期的意义来说，一旦发生了变化的话，那和现在的评估就没有任何关联了。由于第三个前提和第一个相关，因此，我们可以说，这段论证中所有的前提均是无关前提，都和结论毫无关联。

【例三】

是，我听说里德是一个非常棒的妇科医生，但假如我是个女性的话，我不会找他看病。我们曾在一所高中读书，那会儿他就拥有全校最多的色情书呢。

这段话中，论证人把医生青少年时期的负面评价作为证据，以此来评价如今的他。

回击谬误

让论证人对某种思想或某个事物的起源置之不理，并非易事。消除和事物起源密切相关的情感反应，更加困难。比如，评价前恋人给配偶买的一件衣服，要想对此做出客观评价，想想这该有多难呀。我们评价某个事物的时候，特别容易受到其来源的影响。但重要的是，在我们考虑事物的价值时，一定得排除这些因素。遇上对手在论证中发生对某事物“溯源”的情况时，一个较为合适的做法是，询问他/她对这事在目前的看法，即哪些是该反对的，哪些是有价值的。

我们评价某件事时，应当把最初发生时的价值和当下的价值区分开来，这样做更合适。为了说明这一点，我们不妨想想某些感情问题，如配偶的长期关系等等。我们可以问论证人，如果他们发现自己和配偶的第一次见面或约会实际上是一场煞费苦心的笑话，甚至更糟，对方简直就像是一只披着羊皮的狼，这时他们对配偶的感觉是否会发生变化呢。这类令人不快的开始，并不能作为依据来评价他们和配偶目前的关系，因为两者之间并没有任何关联。一旦论证人理解了夫妻关系中的过去和现在的“区别”，那么，他们就能用同样的逻辑去对待其他事情。

如果用荒谬反证的办法来对付起源谬误的话，那就试试这条歪论吧：“你说约翰是个很棒的大厨，但我记得他小时候常用沙子和泥土做馅饼。我才不打算吃他做的食品呢，天晓得他在里面放了什么东西。”没人会把约翰小时候做馅饼的游戏和他现在的厨艺联系起来考虑的，可遗憾的是，好多人们试图让人信服的论证，其采用的逻辑模式和关于约翰的这个例子并无差别。

- **合理化谬误**

定义：运用一些貌似有理却虚假的原因替某个特殊的立场辩护，而真实的原因却不在此，被不体面地掩盖起来了。

合理化谬误违反了良好论证中的相关原则，因为论证中虚假的前提和真实的结论无关。具体来说，由于论证中提供的前提不是得出结论的真实原因，因而属于无关前提。出于一些尴尬、恐惧或其他不得而知的理由，论证人隐瞒了得出结论的真实原因。

合理化谬误，简而言之，就是某个好论证的赝品。在好的逻辑推理中，结论或观点均有据可循。而在合理化谬误中，所谓的“证据”，都来自已被证实的意见。合理化谬误只是简单地运用了那些貌似有理，实际上却不可靠的部分作为论证的前提。

这种谬误中的一些案例，同时也违反了良好论证的接受原则。既然这类谬误中，前提只是为了替某种行为或某种观点辩护，而不是支持其结论的真实理由，那么这类前提也不足以用来支持结论，所以也不能符合接受原则的要求。

【例一】

西维尔在某个规模较小的大学读书，他是高级哲学专业的学生，他告诉巴克纳教授：“我的法学院入学考试考得不好。您瞧，我一直不擅长各种考试。考试并不能反映我真实的能力。而且，法学院入门考试前一天，我收到了家里的坏消息。下次我会考好。”

西维尔大概就犯了合理化谬误。他给自己LSAT考得差找了个貌似有理却苍白无力的原因。这些原因并不能承受其结论之重。他希望这些理由不仅可以掩盖他本人的难堪，而且能抵消成绩给巴克纳教授留下的糟糕印象。西维尔的这段论证，用标准模式重新组织后，如下：

因为我不擅长考试，（前提）

考试不能反映我真实的能力或我对材料的理解，（前提）

考试前一天我接到了心烦意乱的坏消息，（前提）

所以，我的法学院入门考试考砸了。（结论）

如果西维尔是大学哲学专业高年级学生的话，他可能参加过许多次考试，而且考得都还不错，否则他怎么能升到高一级水平学习呢。他没能考好的真实原因，巴克纳教授可能早已知道了，只不过没必要提醒他而已。

一个经验丰富的教授，不会轻易相信学生考得不好的理由竟然是“接到家里的坏消息”，而且他会找出学生为何这么说的原因——即备用的论据，以防“考得不好的原因”不管用了。实际上，在对付合理化谬误时，扯入备用论据是一个发现真实情况的好线索。遇到合理化谬误时，一旦发觉相关分析看起来粗糙且让人无法信服，请务必进行类似分析（即查找备用证据），唯如此，才能越过虚假原因，找到没考好的真实原因。真实的原因可能仅仅是某些题目太难。为了下回考好一点，西维尔需要好好温习这部分内容，这有助于下次获得好成绩。但是，要是他坚持为自己考试失败找借口的话，不仅不能让别人理解这个结果，也可能阻碍他本人的进步。

【例二】

在男友被另一个年轻女人抢走后，索菲亚说：“好吧，我早就要甩掉他的，和他在一起真无聊。我应该早点离开他的；对此我觉得非常抱歉。”

索菲亚试图论述的一个事实是，她和男友分手了。为了让自己对分手这事看起来愉快一些，她找了一些不靠谱的理由，说给自己听，也说给关注此事的人听。

【例三】

我想我真的应该去参加表哥的婚礼，但是我们其实关系一般。我只见过新娘一次。她可能都不记得我了。再说，我都不知道该买什么礼物给他们。听说他们什么都不缺。不管怎样，婚礼现场会有很多人，他们肯定不会想起我的。

我们大部分常会犯同样的合理化谬误。不去参加婚礼的真正原因可能不太体面，比如不想买礼物，或者不想着装打扮，103 或者只是更想待在家里看电视播放的球赛。因此，他所说的理由和做出的最终决定，二者之间没任何关系。

回击谬误

论证时，让正在和你辩论的对手明白，你有理由怀疑他的说法是假的。你甚至可以让对方直接说出得到有关想法或观点的真实原因，不过，考虑到许多人如此做可能是为了面子问题——而这正是他们进行合理化谬误的原因——所以，你不可能直接获得答案。犯合理化谬误的人一般要维护一个隐藏的利益，揭示真正的原因会危及于彼。因此，在对付这类谬误时，你可能只能着眼于对方已经表述的说法，就像西维尔关于LSAT的辩解一样，对其论证的内容本身进行分析。

一旦对方提供的论据被证明是虚假，或与结论不相关，你也可以问对方，是否仍然坚持原有说法。对方回答“不”的话，即意味着已经承认所给出的前提和结论不相干，所以论证不可靠。假如对方说“是”，那么你就得想办法证明对方的论据是假的，和对方的结论（你也可称之为虚张声势）没有关联。如果你拆招成功，最好的结果是对方既放弃了观点，又改变了其行为。

合理化谬误可能是某种刻意欺骗行为的一部分，在当事人被证实是为坚持某个观点或采取某个行动提供了虚假且毫不相关的论据后，他自然得为自己遭遇的道德难堪买单。但是，假如我们主要目的是评估某个真实论证的质量，那就应该努力找出真正的原因，而不是揭露对手的说谎言行。

- **得出错误结论**

定义：得出的结论和论证中所提供的论据无关。

“得出错误结论”常指论点缺失的谬误，因为“没抓住论据的要点”。结论并非从所提供的证据推导而来。得出一个特别的结论需要提供完备的证据，但这种谬论的论证却只是简单地从所给予的前提得出了结论。即使论证人声称自己的结论是从前提推出的，可他提供的证据实际上却得出了其他的结论（也许与结论有关）。由于证据与其表述的结论无关，所以这类论证违反了良好论证的相关原则。

某些情况下，得出错误结论或论点缺失的谬误可能是故意的。比如，公诉人指控被告犯了强奸罪，但其提供的“证据”却支持了另外的结论，即被告的强奸行为是令人发指的犯罪。公诉人当然希望陪审团得出他所陈述的结论，即“被告犯了强奸罪”，而非“强奸是令人发指的犯罪”（虽然他提供的论据更支持这个结论）。但陪审团不应当顺其心意。如果陪审团接受“有罪”的结论，也就意味着他们也犯了“得出错误结论”的谬误。

某些时候，得出错误结论是因为论证过程中的粗心造成的，但大多数情况下则是因为论证人微妙的，或者潜意识的偏见所致。他们可能想证明结论为真的心情过于迫切，以至于采用了无法支持其结论的证据。比如，如果论证人关注社会中女性受到不公正待遇的现象，那么在支持出台权利平等的法律辩护中，他就会把社会上所有的性别歧视行为作为论据。即便证据证明我们的社会存在性别歧视的文化，也不一定能得出这一结论，即应出台权利平等的法律。

【例一】

最高法院对得克萨斯鸡奸案判决后，在总统乔治·W. 布什召开的新闻发布会上，他被问及对同性婚姻的立场。布什回答说，他相信婚姻是神圣不可侵犯的，所以他认为婚姻应当是一个男人和一个女人之间的行为。假如我们把总统这番话看作一个论述的话，其标准模式是：

由于我相信婚姻是神圣不可侵犯的，（前提）

所以，我认为婚姻应该是一个男人和一个女人之间的行为。（结论）

在总统的这段话中，得出结论的过程是一个极不自然的论证飞跃。因为他没有给出理由来证明“婚姻的神圣不可侵犯”和“婚姻是一个男人和一个女人之间的行为”这个结论之间的联系。如果按照清晰的原则，听众应当理解，此处“神圣不可侵犯”的意义上是“圣洁的”或“神圣的”，或者甚至是“上帝规定的”，即便如此，就所谓的“婚姻神圣不可侵犯”与总统得出“婚姻是发生在男人和女人之间的”结论来说，假如没有提供子前提或进一步的解释，这个论证仍不清晰。当然，我们大部分人没那么天真，我们知道，在这个话题上，总统是在和支持者走钢丝呢。但是很明显，总统是从唯一的前提中得出了错误的结论。

【例二】

目前对公立学校老师的评估办法，充其量只是某个管理人员偶尔马马虎虎的检查，是非常不合适的。即使有老师被证明表现不好，现在也没有办法开除他/她。而且，应该把老师们重新放进就业市场，通过正常的筛选程序找到工作后，再按照“服务的条款”进行聘用。

从服务方面考虑聘用老师，可能有好的理由，但这段话的结论却并不来自其提供的论据。这段话提供的前提，可能得出更相关的结论是：应该建立系统的评估办法，以便给解聘不合格的教师提供一个值得信赖的依据。

【例三】

记者有告知公众的义务，我们都知道，公众享有充分的知情权，这对获得任何表面上的公正十分必要。而且，记者可以让官员们保持“诚实”，通过挖掘出其言论背后的事实，以及在他们卷入一些可疑的事件而说谎时，对其曝光。所以，我认为，法庭如果仅仅因为记者没有透露消息源，就把他们送进监狱，这是非常不公正的。

这段论述中所提供的论据非常有力地支持了一个观点：报社记者给读者提供了非常重要且有用的服务；但该论据并不支持法庭对记者不公正的结论。这是从现有证据得出的错误结论。

回击谬误

对付这一类谬误，可能更有用的做法是，为了让对方得出正确的结论，直接指出论据不合适。因为对方不可能同意你的说法，所以最好耐心一点，帮助他们，使其论据和结论相匹配。如果对方对“正确”的结论不感兴趣——也就是所提供的证据推出的那个结论——而是坚持原有结论，那么你就应该表明态度：这条结论需要另外的论据支持。

当然，你也可以用荒谬反证的方式来处理。你可以试试这么说：“我俩喜好相同，两个人一起生活的话，花费比一个人生活便宜，我们可以共用一辆车去上班。所以，我俩应该结婚。”

- **使用理由不当**

定义：用来支持某个观点的论据，与观点本身并不匹配。

这种谬误被称为“使用理由不当”。使用结论不当与使用理由不当的差别，在于强调论证的哪个部分。如果论证人仅仅漏掉论据的要点，那就犯了使用结论不当的谬误。但如果论证人打算为某个特别的结论辩护，却用错了论据，那就是使用理由不当之谬。就使用结论不当而言，错误的结论常常是在前提陈述之后得出的，而使用理由不当，则是先有了结论再给出错误的论据。当我们用标准模式重构后，这两种谬误很容易被混淆，因为它们看起来太相似了。但在重构之前，两者还是有明显的区别。 106

论证人为何要给自己的结论找个错误的理由呢？有时可能是粗心所致。因为论证人非常相信结论的真实，把看似相关的任何证据都可作为支持前提。有时候，论者先说出了结论，却不能找到相关的支持证据。

在政治辩论中，尤其是当某人反对某个项目或政策时，这是最容易犯的逻辑错误。例如，我们常听到一些反对某个政策或项目的观点，反对的原因在于其不能实现某些目标。但假如这些目标本不在该政策或项目的计划和打算之内，那么反对的原因即为使用理由不当。论者随意给该政策或项目塞了些目标和作用，然后指责其未能实现。对于设计者来说，他们很容易理解，设计出的每一个项目、政策或法律，均有其局限性。而且，贯彻执行的时候，它们均不能满足设计者们最初的期望。所以，既然无法得到他们理想中的结果，那么对某个项目的负面评价就属于使用理由不当。相关的评价中，论证人不会提到项目已实现的某些其他目标，或已发挥的其他重要作用，这一点尤其如此。出于一些好的理由或相关原因，我们反对某个项目，但这些理由必须和该项目的现实或预期中的目标具有相关性。不然的话，对其不利的评价或判断就是使用了不恰当的理由。

【例一】

香烟广告不应把某些人群作为目标。香烟致癌，是一种昂贵的嗜好，令亲朋好友和他人厌恶，因为他们不得不忍受吸烟者。

重新组织后的论断如下：

由于香烟致癌，（前提）

香烟很贵，（前提）

二手烟让他人生厌，（前提）

所以，香烟广告不应当把具体的人群作为目标。（结论）

在标准模式中，这段话看起来似乎是使用结论不当，但在原有的论证里，论证人先给出了结论，而且很明显是在支持该结论——只不过用了错误的理由。列出的理由可能都是真实的，都是不能抽烟的好理由，但这些理由放在这里显然用错了地方。“香烟广告不应有具体的目标群体”——得出这个结论的理由，并非论证所呈现的那几条。

【例二】

以下是欧文——一名哲学专业的学生——和他的批评者林恩之间的对话。

欧文：如果你正在选专业的话，我建议你选哲学。哲学能教会你如何更清晰更有效地思考所有的事情。它能给人类面临的基本思想提供深刻的见解，如有关知识、伦理、宗教，甚至审美的问题。

107

林恩：欧文，我觉得哲学简直是浪费时间。你真的认为哲学能解决那些问题？

欧文：可能无法解决所有的问题，但能解决部分问题。

林恩：解决了哪一个问题呢？哲学家们不是仍在试着解决苏格拉底2400多年前面对的问题吗？

欧文：是。苏格拉底确定了许多问题，但好些问题他都没有找到答案。

林恩：那么，你为什么要浪费时间去学一门毫无用处的学科呢？

林恩不知道，她武断给出的哲学目标并非哲学家所要求的哲学任务。同样，“停止一门浪费时间的”学业的理由——这门学科没有完成她强加的目标——完全靠不住。林恩得出的结论，即哲学是浪费时间的一门学科，犯了“使用了不当理由”的谬误。

【例三】

许多反对枪支管制立法的人认为，枪支管制的法律不能阻止罪犯在实施犯罪时使用枪支，所以没有立法的理由。但他们显然犯了使用理由不当的谬误。支持枪支管制立法的人明白，这类立法对犯罪控制作用不大，对于那些重大刑事犯来说，限制枪支销售和枪支登记等法律对他们震慑极小。支持者在完全了解其局限之后，才提出了立法建议，所以反对方把局限当作反驳理由，是不公平的，而且与结论无关。但这项立法能产生其他重要的影响，比如，用枪来解决家庭纠纷，就不那么好使了。控枪也会减少误杀的数量。因为，尽管有局限性，支持者们也有足够的理由通过控枪法案。反对该法案的论证可以是这样的，即说明颁布法律并不能实现立法所规定的功能，或者指出，这项立法建议和其他的某些重要原则相冲突。

回击谬误

我们遇到的大部分使用理由不当的谬误，一般会同意其结论，但不同意其给出的理由。这种情况下，可以使用的办法，或许可以这样说："我觉得你的想法很有意思，可能也有道理，但你得给出一个更好的理由。"你甚至可以暗示一些更有关联、更能支持对方观点的理由。

108

当你提议某个项目或政策时，批评者可能会强加给你他们预设的一些不合适，也不相干的目标或功能，并以此作为反对你观点的理由。对付这种情况，你应竭尽全力地预先制定相关项目或政策的优先目标。尽量频繁地提醒听众，你已经意识到自己这些建议的局限性了，这会很有帮助。用这个办法，你也许可以阻止对手的"偷袭"。如果对方继续纠缠，那就明确告之，他/她歪曲了你的观点，也就是说，他们反对的理由，并不存在。

练习

Ⅰ. **无关前提的谬误** 下面的每个论证：（1）请辨认属于哪一种具体的谬误；（2）解释如何违反了相关原则。每种谬误都有两个例子，标以*号的，在书末有答案。

*1. 我们应该聘用凯伦·考克斯来当新的三年级老师。她住在这个区，孩子在这里上学，也喜欢孩子，而且是家庭教师协会的活跃分子。

*2. 有身孕的新娘子不应该穿白色！白色婚纱象征纯洁。而你呢，黛博拉，你根本不配！

3. 没人邀请我，反正我也不会去的。我只是不喜欢和一群势利鬼在一起。再说，我今年冬天已经去滑过两次雪了。

*4. 是的，我订了《花花公子》了，但我这么做是因为上面有一些很棒的文章。上个月就有一篇好文章，关于伊拉克老兵患了创伤后应激障碍的。

*5. 许多没有博士学位的老师比有博士学位的更出色。有博士学位并不一定意味着他就是个好老师。所以，我们不应该聘用一个有博士学位的人来化学系任教。

6. 亨利：我不想节食了，没有效果。

理查德：但我觉得很有效啊。你不是已经减了20磅吗？

亨利：是，我是减了肥，但我的社交生活并没有起色呀。

7. 不，我不想让我的孩子参加童子军。你知道童子军最初是一个准军事组织吗？他们甚至按照军事侦察手册来训练孩子们。“童子军”这个名字的字面意思，就是军事侦察的含义。

我祈祷我的孩子们千万别参加这类组织。

8. 分数并不能给我们提供很多学生的相关信息。对于雇主和研究生院来说，即使他们看到一个学生的某门功课的成绩是B-，也不清楚这名学生在这门课上的具体表现情况。所以，我觉得我们应该改用“过和不过”系统。

109 诉诸不当的谬误

有一些谬论，会利用和讨论中的事情无关的因素来作为论据，以便获得支持。比如，有的会诉诸权威，尽管其并非真正的权威，或声称这是大部分人的意见。有的会利用情感因素，比如诉诸传统的做法，诉诸胁迫别人接受观点的方式，诉诸他人自利的目标，以及把控制别人的情绪、观点或偏见作为一种手段，以获得对方支持或认可自己的某个观点或行为。

- **诉诸不当权威**

定义：借助某些“权威”来支持其观点的论证，只是其借助的未必是相关领域的权威，或是某个身份不明的权威，以及明显带有偏见的权威。

某领域的权威，是指那些拥有其声称的知识，具备对所学知识的举一反三的能力和素养，且不带任何偏见和利益冲突——否则会妨碍他们诚实地进行判断和表达意见。

在论辩中，援引和议题相关的权威判断作为支持论据，没什么不合适。但是所求助的这个权威，必须符合相关的标准，否则这样的论证就是谬论了。

通常，一旦某个领域的权威被“放置”于他并不擅长的领域时，就容易产生诉诸不当权威的谬误。比如，把某个演艺人士或运动员当作汽车消音器或除草剂方面的权威；把某个生物学家当作权威来获取某个宗教诉求；把政客当作婚姻家庭方面的专家；等等。我们常见到的一个现象是，某些著名的、德高望重的人，往往会不分青红皂白地对所有的话题进行评价，发表高见。这是广告的一部分。

身份不明的权威是不可靠的，我们没有办法来确定他们是否有资格。如果我们不知道权威者的身份，也就不知道他们用来支持相关论点的证据是否值得信任。所谓的权威主张就与结论无关了。

有偏见的权威是另一种不靠谱。某些人由于自己在某个领域的素养、能力和职位等，算得上某个权威，但他们和正讨论的事宜有重大利益关系，或深受影响，如此就有理由对其证言或证据质疑。

如果论证人求助于某个不合格的、不明身份的或者有偏见的权威来支持自己的发言，那就相当于找了一个无用的因素来支持自己的结论。有时候，我们会发现一些矛盾的证言，来自那些貌似合格的、公正无偏见的权威，这种情况下，最好都不要相信，除非有第三方证据可接受一方而非另一方。

110

【例一】

要说政府在环境污染方面是无辜的，显然是谎话。几天前，我读到的材料称，就全国水污染而言，政府部门要负50%以上的责任。

这条诉诸权威的谬误被重新整理后，即：

由于某个不明信源称，政府部门对全国水污染负50%以上的责，（前提）

水污染是坏事，（隐含的道德前提）

所以，政府污染了全国的供水资源，这是不对的。（道德结论）

美国政府对大部分水污染都有责任，这是实情，但这个论证提供的理由不可信，因为是不明信源。很清楚，导致这个逻辑错误的原因并非论证人在说谎，而是论证的水平不够。这段话中，由于我们不能评估其来源的资格，所以第一个前提就不合适。因此，得出的结论是真是假，这个前提都不能提供任何支持。

【例二】

参议院先生，如果你认为FBI参与了一些未经授权或非法的行动，我们为何不请局长和他的下属们来听证会作证呢？这样的话，事情就可以水落石出了。在FBI行动方面，没有谁比局长和他下面的各部门主管更合适作证了。

在关于FBI行动的质询中，诉诸权威可能是一个合适的办法。但是，假如相关质疑是针对联邦调查局的错误行动，那么请该局局长来作证就可疑了，因为这些错误行动可能和局长有关系。

回击谬误

面对一个诉诸不明身份权威的谬误时，首先要做的，是要求对方明确身份。对方照办的话，就按照一定的标准对其权威性进行评估。假如对方不能确认其身份，尤其是涉及较为重要的议题时，你应当视其证言无效。

111

决定对方援引的权威是否带有偏见时，请务必小心，千万别太快称其有偏见，要取消其资格。这种情况太常见了，很容易就能找到或编造一个理由，来解释任何权威都可能带有偏见。只有在偏见存在的可能性非常确定，并且会阻碍真相获得的时候，这类指控才会被记录在案，作为反对某种权威的证据。如果你怀疑某个权威和所讨论的事情存在利益冲突，那就指出他们之间存在什么样的冲突，而不是简单指责其带有偏见或不诚实。至少应该把问题摆到台面上，直接解决。

假如对方的论证中，援引的权威，是另一个领域，而非你们所辩论的领域，你也可以运用荒谬反证的办法来反击，如：“你怎么不找迈克尔·乔丹（篮球明星）来支持Hanes内衣的诉求呢？”除非对方真的认为乔丹是内衣专家，否则他们就会意识到自己的举动不妥。假如对方回答说“这不是一回事”，那就让其解释为什么这不是一回事。

在乱七八糟的诉诸权威的谬论中，千万别被那些伟大的人名所吓倒。威廉·莎士比亚、亚伯拉罕·林肯、葛培理、马丁·路德·金、卡尔·萨根，以及其他大名鼎鼎、德高望重的人，他们曾经或仍然是在相关领域，以及一定范围内的专家，但在涉及人类关怀的其他大部分领域，他们也没有发言权，甚至连权威都算不上。

- **诉诸众议**

定义：让别人接受观点的理由是因为大部分人都已赞同，或者把没人认可当作反对某种论点的理由。

这类谬误还有其他两个名字：主流思想谬误(bandwagon fallacy)，人类同见(consensus gentium)。Bandwagon英文含义是“乐队花车”，用这个概念的意思是，某个观点或行为肯定是真的，或正确的，因为每个人都接受它，就像马戏团大游行时，一辆装满艺人的花车，每个人都会跳上去。“人类同见”的意思是“人们的一致意见”。如果大部分人，或至少相当一部分人接受了某个主张，我们常常就会认为这个主张是对的，或是值得我们信任的。但是，一个观点或主张是否正确，并不取决于多少人支持与否。

然而，当我们看到电影院前排了长长的队伍时，就会得出这是一部好电影的推论；看到饭店的停车场里停满了车，就会得出结论：这家饭店的饭菜肯定好吃。不过请别忘记，人多并不一定意味着他们的判断合理，这家饭店人满为患的原因，不一定是因为其高超的烹饪技术，也许是其他因素导致这里车水马龙呢。

用许多人支持或反对作为理由，来支持某个论断，是一种典型的诉诸无关谬论。这类论证极其糟糕，因为它不符合一个良好论证的要求，即论证人借助的论据，应当对其结论有直接影响。

112

【例一】

如果利用太阳灯照晒棕褐色皮肤的浴床不安全，那成千上万的美国人就不会每周都用了。不是所有的阳光都对皮肤有害。实际上，我认识的人每年去海边的主要目的就是——晒太阳。你认识的人当中，有人会去海边后躲在宾馆或海边房间里不出门吗？

大量的海边游客，大量的晒黑沙龙成员等认可的事情，并不意味着就是事实。他们所做之事也推导不出任何结论。下面我们用标准模式重新梳理一下这个论证：

由于许许多多的美国人使用晒皮肤的浴床，而且每年有大量的游客去海边晒太阳，（前提）

大部分人都做的事一定没坏处，（前提）

所以，使用晒黑的浴床和在海边的日光浴都不会对皮肤有害。（结论）

用标准模式重新整理后，你会发现第二个前提非常清晰地凸显出来。看到这个前提，大概不会有人再相信它所支持的结论了吧，因为我们很容易就找出相反的例子来，比如许多人酒后开车等。这就是重新构建论证过程的好处之一，它可以帮助大家很快找到论证的缺陷。

【例二】

吸食大麻未必就错。昨天《华尔街日报》刊登了盖洛普最新的一次调查，称超过60%的美国人认为，吸大麻没什么坏处。

吸食大麻的好坏不可能通过民意调查来确定。民意调查可以显示人们在想什么、做什么、期待什么，但不可能从调查中得出对某个观点、某个思想或某种行为的价值判断。

【例三】

我要买lady Gaga的新CD。这张唱片在排行榜上的冠军地位已经超过一个月了。肯定非常棒。

对我们来说，许多人的所行或所信，除了意味着“许多人”这个数字外，并没有其他含义。许多人买并不等于说所买的东西是好的，至少，和新唱片的质量好坏没啥关系。

回击谬误

在日常生活中，我们很容易犯这类逻辑错误，或许该时常提醒自己，判断任何事千万别有从众心理。判断一个说法是否有道理，是否值得我们积极响应等，均和有多少公众意见相应无关。

113

你也可以提醒对方，公众的一般性意见是善变的。为了说明你的观点，可以找出某个民意调查，看六个月内公众的意见是如何从支持方转为反对方的。然后你可以问对方，在他们诉诸公众的意见来支持自己结论的时候，是否真的认为自己的结论正确与否是建立在这个11月或4月的民意调查上的。

如对方仍然冥顽不灵，那你就提醒他，在科学和历史上那些曾被大部分人认可的真理，经过时间长河的冲刷后，就露出了虚妄的本质；反之，那些曾被多数人唾弃的歪理邪说，最终却被证明是真理。或许，最好的办法就是，采用你对手之前在评价某些观点时对诉诸大众意见的批驳。比如，你也可以指出他最近曾辩驳过的一个歪理，一个大部分人信以为真的结论，结果被他证明是一个谬论。

- **诉诸强力或威胁**

定义：在论证中，不提供和结论有关的论据，而是用可能招致的不良后果作为威胁，迫使他人接受自己的观点。

指出某种行为或不作为产生的后果，是无可厚非的。实际上，唤起他人注意那些后果，可能会让他们适时改变自己的行为。但是，如果论证人为了让他人接受自己的想法或某种行为，用一些不良行为或事态作为威胁的话，那就违反了良好论证的相关原则，即“诉诸无关”。

这类谬误中，有一种被叫作“威权主义”（Authoritarianism），指用某种权力或影响将自己的观点强加于人，或者说，接受某人观点，并不是因为对方在某领域的知识、技能和专长，而是因为他能控制和左右你。这一类论证中，除了那些要求我们屈服于权威的恐吓之词，我们并不能见到为其行动的正当性或观点的真实性提供支持的论据。

大部分时候，这种诉诸强力或威胁的办法会被用来支持某个特别的行动，而非观点。比如，当“美国退休人员协会”（AARP）的说客游说某个女国会议员支持相关立法时，他会特意提醒对方，（AARP）在佛罗里达选区有一万张选票。这话隐含的威胁条件和相关立法的正当性并不相关。即使这类诉诸强力的方式最后达到了想要的目标，也不能说明这是一个好的论证。这个游说人员没有好好讲理，因为他用了一个和立法本身无关，但却带有威胁的前提。

【例一】

我们大部分人都知道的性骚扰案例中，研究生院主管以博士学位为“诱饵”，要求研究生和他发生性行为。在这个例子中，主管并没有劝说对方接受这个行为的正当性——而是用对方维持学业的必要合作。即使这个论证是糟糕的，这种威胁也起到了效果。我们把这个论证变成标准模式后，会更清楚地发现其糟糕之处。

由于我想和你发生性关系，（前提）

我对你将来的职业有绝对的控制力，（隐含的前提）

你不想让自己的职业陷入困境，（隐含的前提）

如果你不和我发生性关系，我将让你陷入困境，（隐含的前提）

所以，你得和我发生性关系。（结论）

不会有人相信这个论证的正当性，但人们可能会比想象中的更频繁地顺从此类要求。换句话说，这是一种通过强力获得的认可，但这不是一个好的论证，因为其隐含的诉诸因素和结论并不相关。

【例二】

下面的对话也是“威权主义”谬论的例子。

学生：博尔特伍德教授，我们为什么一定要参加今晚的嘉宾座谈呢？这是课外时间，而且又不是课程表列出的课。

博尔特伍德教授：因为这是我要求的。

学生问为什么全班同学都被要求参加嘉宾座谈，但博尔特伍德教授的回答却是一种威权主义的方式。教授简单地诉诸强力来迫使学生服从。教授所言就是一种谬论，因为他并没有给出一个相关的解释，而是暗示了威胁。

【例三】

一个女商人提醒当地一家报纸的编辑说，她在这家报纸投了一大笔广告，她希望关于她醉驾被拘的消息不要出现在报纸上。

很明显，这就是一个企图恐吓的例子。关于报纸为何不能刊登这个消息，女商人没有提供相关证据，而是暗示了一种威胁，即假如这家报纸刊登了这则消息，那就可能失去一笔钱。报纸是否刊登她的这条新闻，和她威胁的内容毫无关联。这种恐吓可能有效，但不应该让其得逞。对讨论中的问题来说，这类恐吓没有相关性。

回击谬误

> 顶住威胁有时候并不容易，特别是来自权力者的威胁，就像往常一样，他们会利用你的脆弱。其实，能不能，是否愿意抵制这种无关诉求，可能取决于你个人的、经济的、职业上的安全感。不过，至少该让那些诉诸威胁手段的家伙曝光。比如，可用的一个办法是，告诉恐吓者："我知道，要是我拒绝你的要求，你会对我做些什么，但你有其他更好的理由让我接受吗？"

115

- **诉诸传统**

定义：利用大家对传统的尊敬和景仰，在劝说他人接受某个观点时求助于传统，而非提供相关论据，在紧要关头讨论某个重要的原则或事件时，更是如此。

某种传统的行为方式会带给我们一种舒服或温暖的感觉，这也是我们尊敬传统的原因，但是感情并不能证明，按照传统行事就是最好的做法，在讨论某些重要事情时，更要注意这一点。几乎对我们所有人来说，对过去的情感依恋是普遍存在的，也是让人愉悦的体验。许多传统也发挥了重要的社会功能。在一定程度上，传统体现了人类早期时候的智慧精华，也让我们在解决社会冲突时有机会卸责，不用自己想出解决的办法。

但是传统也存在消极阴暗的一面。即使是那些本来就有好理由延续的传统，其获得支持的理由可能已经不再是相关的考量因素了。强大的传统能够让不公正得以长存，妨碍人们采用更好的行事方式。指出某个事件符合传统的方式，并不能说明这种做法是明智的，还是愚蠢的。假如我们讨论的事情无关痛痒，诉诸传统的论证既不算是谬论，也不值得我们关注。但是，假如坚守传统会妨碍我们深思熟虑后得出的解决办法，那么我们就应该把传统的积极方面，以及其可能带来的危害加以权衡和比较。假如这个传统本身就有较大的危害和消极面，那么这时传统就无关紧要了；因为在论证中忽视其他更为重要的因素，转而求助于传统来劝说对方，即为无关诉诸。

【例一】

艾米，我不明白为什么你和丹不让你儿子割包皮。你不能抛弃这个传统的。在我们的文化中，即使不是犹太人，男孩也要割包皮的。等丹尼尔大一点，他就会意识到自己和男性世界格格不入了。无论你们有什么理由，都不重要。

这段论证用标准模式重构后，变成如下：

由于我们传统文化中男孩都要割包皮，（前提）

一个没割过包皮的男孩迟早会为此感到自卑，（前提）

除非和更要紧的事冲突，否则我们应该遵守传统，（隐含的道德前提）

116

这里不存在生死攸关的大事，（隐含的前提）

所以，父母应当让他们的孩子割包皮。（道德结论）

这段论证中，非犹太教男孩割包皮的理由竟然是“这是传统”。在这个讨论中，拿传统说事并不合适，因为有几个比传统更值得优先考虑的因素，也更关键。首先，对于一个非犹太教父母来说，源于宗教的男孩割包皮不再是一个值得考虑的原因。其次，基于健康的理由也不存在了，即健康方面的专业人士不再以健康为由建议割包皮了。第三，给小男孩做手术，意味着不仅要花钱，小朋友还要忍受身体上的痛苦。第四，论证提供的第二个前提站不住脚。与传统带来的安逸感相比，以上这几个因素更值得考虑。

【例二】

但是克莉丝汀，我们的家族一直是属于南方浸礼会(Southern Baptists)的呀，你的爷爷过去是南方浸礼会牧师，两个叔叔如今也是南方浸礼会牧师。你妈妈的家族也一直是南方浸礼会教徒。我就是不明白你怎么会想起来加入卫理公会(Methodist Church)的。

克莉丝汀的父亲在这个诉诸传统的谬误里，提到了几个事实。但是，更为关键的宗教或神学方面的理由并没有在论证里出现——父亲把所有的注意力放在了对家庭传统的尊重上。

【例三】

我以前在公立学校读书时，每天上课前都要做祷告。对我来说，这是非常有意义的事情。我只是不明白，为什么我的孩子们没有同样的体验呢。

这段论证假如用一个更重要的原则做论据的话，就无人能反驳了，即援引最高法院的有关“确立宗教”的条款：公立学校必须做祷告，这是国家要求的。但可惜的是，这位孩子家长仅仅用过时的传统作为论据了。

【例四】

弗吉尼亚军事学院（VMI）不该招女生。从斯通威尔·杰克森将军以来，VMI就一直是清一色的男生学校。我父亲从那里毕业后，上了战场，并战死在韩国。要是他知道VMI现在招女人的话，一定在坟墓里翻来覆去躺不住的。

这个论证中，也有几个比传统更值得考虑的论据。首先，弗吉尼亚军事学院是用纳税人的钱筹建的公立学校，所有的国人，不论性别，都有同等的入学权。其次，这个学校过去不招女性，是基于对妇女歧视的招生政策。第三，法院让学校不得禁止招女生。换句话说，这些政治的、道德的、司法的证据，远远超过对传统的尊重，不管那份恋旧的情感有多深，都无济于事。

回击谬误

117

在讨论中，你得向对手说清，用传统的方式本质上没错，甚至你可以承认自己也觉得尊重传统会感到更舒服。在无伤大雅的时候，应该尊重家庭和文化传统。但在重要原则和传统相冲突的时候，就应该改变或放弃传统了。在决定现在该如何做的时候，对过去的眷恋并非一个相关的考虑因素。

- **诉诸自利**

定义：在讨论中，仅用个人处境或自身利益作为论证的唯一理由，让对方认可或反对某种立场。

诉诸自利的谬误，在于其论证中没有呈现和所讨论主题更相关的证据，而是把论据的重点放在对方的个人处境和自身利益上。更值得关注的，是那些对他人，或对社会的当下、将来产生影响的因素。

对我们所有人来说，每天所做的决定和行动，均基于我们自身，以及家人的个人生活和福利考虑，这是正当而合理的。这种出于自身利益考虑的决定，在与其他更重要的因素不冲突，或者不践踏其他重要原则或利益时，或许算得上一个值得考量的理由。但当所讨论之事涉及更大的议题时，诉诸自利就违反了良好论证的相关原则。讨论一个关于公共政策的提议时，某个个体的私人生活状态就对该提议的好坏不起任何作用。比如，达菲参议员正好在华盛顿特区有第二个住所，这个事实不应是他支持或反对相关税收法案的考虑因素，即作为减税的一部分，放弃向第二套住房的抵押贷款征收利息。不过，假如参议员认为该法案的通过要么能促进经济，要么对公众福利有好处，或者两个好处都有，那他就该支持。

具有讽刺意义的是，那些用个人处境和个体利益为理由，博取大家支持其行为或想法的人，竟反对他人用同样的手段——诉诸自利的方式——来获得认可，理由是：这在逻辑和道德上均欠妥。所以，从这里就能看出，即使是那些在论证中违反诉诸自利的人，稍加思考，也明白在讨论更大的议题时，不宜使用这种论证方式。

有人或许会问，这类谬误是否真的属于逻辑上的谬误，把它当作一种道德或品性方面的缺失，是不是更合适呢。我们对此的看法是，把它看作是自利，还是道德利己主义的问题，都可以，事实上这只是一种道德理论的选择而已，而且都是“哲学伦理学”（philosophical ethics）和良好生活的实践者所批评的内容，但是，这也是一种逻辑问题。在论证中，我们要分清所讨论的问题和待定之事的具体内容，是要解决影响大部分人生活的一个社会问题呢，是要制定和大部分人或整个社会有关的某个政策呢，还是逻辑上不相关地涉及某特别人士的个体利益。某些论证却把这部分排除在外，也就是说，论证缺乏相关逻辑。

118

【例一】

我真搞不懂你为什么要反对共和党关于削减收入和资本收益税的提案。从你的纳税级别看，这个提案会让你省下一大笔钱，而且你得明白，减少资本收益税的话，意味着一旦你出售自己名下的不动产和股票，你会获利更多。

这段论证的标准模式如下：

由于共和党的税收提案是削减收入和资本所得税，（前提）

该提案会让你获利颇丰，（前提）

因为你收入高，且面临即将到来的资本收益税，（子前提）

所以，你应该明智一些，支持这个提案。（结论）

这个论证中，减少税收的好处的确存在，但这里涉及的问题远不止于此。削减收入所得税和资本收益税可能造成的影响包括：缩减了更重要的政府项目问题，增加了政府财政赤字，或造成更严重的国家经济问题。潜在的私人利益是让人动心，但确实不能作为评价一个公共政策提案的相关因素。

【例二】

比默教授，你确信你要公开反对这项课程方案？你要知道，校长和系主任都极力支持这个方案，你不想获得终身教职了吗？

这段话中，论证人以比默教授的个人利益为论据，让他放弃对课程方案的反对。比默教授显然很希望获得终身教职，校长和系主任与此干系极大，这段话暗示，反对课程计划的话，会违背校长和系主任的意愿，这不符合比默教授的个人利益。但就课程方案来说，教授支持或反对的理由，绝非从其个人利益出发来考虑。

【例三】

某学校员工，支持学校有关的外语规定，为了获得其他同事支持，称假如放弃外语要求的话，会给他们自身带来何种不利后果："克劳斯教授，难道你不明白，一旦学校放弃外语的相关要求，就没有学生愿意学外语了？没了这项规定，你的西班牙语课能成为主修或辅修课程，甚至能招生吗？你可能会在这里失业。”

对全体学生的外语要求是否合适，和规定的内容相关。这项规定是否让克劳斯教授的西班牙语课程成为主修课、辅修课，或者有更多听课学生，甚至有无工作机会等因素，均不在考虑之列。

119

回击谬误

如果对方在论证中援引和你自身利益攸关的因素，你可以提出另一个和你自己利益无关的替代方案，这样可把讨论拉回“正轨”。这也让对方知道，你关注的是所讨论事宜本身的正当与合理，而非你个人的得失。一旦阐明了这个宗旨，即使所得出的结论对你个人确实有益，也不会让你感到尴尬。

- **操纵情绪**

定义：利用情感因素来劝说对方接受自己的立场。

这种谬误有时也被称为哗众取宠（playing to the gallery）。这里所用的“哗众”是指那些缺乏鉴别能力的公众，也就是情绪或偏见容易被操纵，意见随波逐流的人。这是一种非理性的论证，即论证不是通过呈现相关证据，而是借用一种情绪或激情，让对方不假思索地接受某个观点或行为。但是，利用他人的情绪违反了良好论证的相关原则，也就是说，用来支持结论的理由必须和结论本身的真实和价值有关。

控制情绪或情感误导的谬误有五种常见的方式：诉诸怜

悯，灌迷汤，连坐，诉诸集体忠诚，诉诸羞愧。利用别人情绪的谬误中，诉诸怜悯是最常用的一种。这种论证是以别人的同情心来说服对方，而不是提供更重要、更相关的论据。

解决问题不能指望怜悯，接受或反对某个立场可能会导致某人失望，或难过，甚至某些精神创伤，但这些因素均不是得出结论的相关考量。不过有的时候，在采纳或拒绝某个行动方案时，对他人带来的伤害可在考虑之中。实际上，许多对同情的呼吁均属于道德论证，隐含了相关的道德原则。这种情况下，对怜悯或同情的相关描述仅仅是唤起道德考量的一种手段。然而，在诉诸怜悯的论证中，如果缺少相关且可靠的道德前提，而只是利用大家潜在的、模糊的慷慨之情或对他人的关心来获得我们的支持，这实际上忽视或者至少遮盖了更相关的论据。这种时候，诉诸怜悯就是一种谬误。

120

灌迷汤（Flattery），即用过度赞美的方式来说服对方接受自己的观点，而非提供证据，这也属于无关诉诸。高度赞扬本身不是一种错误，但被用来替换论据，就是谬误了。

连坐（Guilt by association）是一种论证人用来迫使对方接受自己立场的一种策略，不呈现和结论有关的论据，而是称，反对其意见的人不值得尊重，都是一些令人生厌或有分歧的人。这种论证策略是让大家知道，拒绝其观点或立场，可能会成为某种人的私敌或观念上的敌人，会受到相关牵连。但是，没理由让我们如此行事，即为了避免被贴上我们所不喜欢的那类人的标签，我们不得不相信某个观点或做某事，因为这里有一个非常荒谬的假定——我们总是和自己喜欢的人意见一致，而和不喜欢的人意见永远有分歧。

另一种常见的情绪控制是**诉诸集体忠诚**。几乎我们所有的人都会把自己当作一个或多个集体的一部分：家庭，俱乐部，学校，运动队，教堂或宗教组织，公司或国家。我们常常会涌起对集体的忠诚感。但是，当我们在讨论某个重大议题时，我们对集体的忠诚是一个不相干因素。这不仅意味着，有时候为了保持对更大的集体的忠诚度，我们不得不放弃原有的集体忠诚，而且还意味着，当我们面对涉及各个集体的问题时，我们必须抛弃对某一集体的忠诚度。

还有一种是**诉诸羞愧**。当我们的行为方式突破某种社会或道德常规时，我们会常常感到羞愧或尴尬。对手试图通过控制我们羞愧的情绪，来迫使我们同意其观点，也就是说，假如我们不同意他的观点，我们会感到羞愧；但我们没有理由感到羞愧，因为我们没有做错什么，也没有做不当之事。

【例一】

我知道你熟悉股票市场，并深谙其运作之道，所以我不会拿我们经纪公司如何处理业务这类事来烦你。你来找我们，一定是你已经做完相关调研，而且完全了解我们公司的情况了。所以，今天需要我给你提供什么帮助吗？

股票经纪人在告诉某个潜在客户这段话时，所给出的理由和客户选择这家股票经纪公司并无关联。但极有可能的是，在听到这番奉承话后，某个极为自信的客户会问：“等等，你们的佣金率是多少？”或者会问：“佣金率是和最低交易量相关，还是和其他什么条件捆绑？”

【例二】

韦恩：弗雷德，你是我最好的朋友，我真的需要一份工作。六周前，我在电视台的电视烹饪节目取消了，从那时起，我就一直在找工作，但一无所获。那份工作曾让我感觉非常棒——但现在没了。你是新闻部的头儿，弗雷德，你可以让我做新闻记者。我可以做，我知道我能做好。

弗雷德：韦恩，可我不需要新闻记者呀。我们的记者已经够多了。

121

韦恩：好吧。至少在我找到工作前，给我一份工作吧。

弗雷德：韦恩，如果我真要雇一名新闻记者的话，我会去翻我桌子里的那些简历——那些投简历的人都有广播新闻的学位和经验。这两样，你都没有。

韦恩：但你是我朋友呀，弗雷德。作为一个朋友，你就不能为我做这事?

弗雷德：韦恩，我可以给你这份工作，但如果我这么做的话，一定是出于某个错误的理由。

这段简短的对话已经非常清楚地表明，对于某个单位来说，雇佣合适的人，需满足两个条件：正好某个职位缺人，而且找的人必须胜任这份工作。这是这段话所讨论的更重要话题。仅仅是一个需要工作的朋友，显然不是正当的理由。

【例三】

葛洛莉娅，你是否目睹了这起轮奸，这并不重要。当你姐夫被法庭指控时，你只要别出现在证人席上，别把知道的一切原原本本地说出来，就成。很有可能，你会把自己的一名家人送进监狱，坐20年的牢。

这是用家庭忠诚来让葛洛莉娅“听话”：

1. 由于你姐夫是被控的强奸犯之一，（前提）

2. （你知道他有罪，）（隐含的前提）

（因为你在现场或至少你知道他做了什么，）（隐含的子前提）

3. （在法庭作证时你可以说谎，也可以说出真相，）（隐含的前提）

4. 说出真相可能会让你的家人坐20年牢，（前提）

5. （出于对家庭忠诚的考虑，你应该说谎，）（道德前提）

所以，你应该就目睹之事说谎。（道德结论）

这段话中，葛洛莉娅对家庭忠诚的感情属于无关诉诸，但家庭成员却试图利用她对家庭的情感。假如葛洛莉娅没有意识到这是个无关请求的话，很可能她就导致了一个法庭误判，这可比家庭忠诚重要得多。

【例四】

下面是我最近无意听到的一段对话，一个男人和一个女人之间的对话，是非常典型的诉诸羞愧的例子。女人非常生气，是因为男人没给她开车门。她说：“任何一个正派的男人都会给女士开车门！”

除了她是“女士”这个事实，这句话没有提供任何证据来证明：为何一个男人没给女人开车门，就应感到羞愧或无礼。

122

【例五】

你怎么能投票支持威瑟斯参议员呢？全国每一个男同性恋和女同性恋都拥护他呢。

假如这话是对某个憎恨同性恋的人所说的，那这个运用连坐或牵连的论证方式可能就有效果了，但这个论证不应当得到支持。被这种靠不住的理由说服的人，如同那些控制他们情绪的人那样，都应对自己的非理性思维感到内疚。

回击谬误

在不知情或人云亦云的情况下，控制情绪往往很管用，即使是那些有反思能力的人也常常成为情绪控制的“牺牲品”。所以，我们所有的人都有必要做出特别的努力，别让这些不当诉求妨碍我们得出一个合理的判断。不要让那些试图控制我们情绪的发言者得逞，认为他们已经提供了相关的论据来支持其说法。

面对奉承时，没必要去侮辱那些恭维你的人，但你决不让那些奉承话影响你的客观，让你不能正确地判断某个言论或某种行为。即便你相信这些溢美之词是为了某个目的特意设计出来的，你也只需简单表示谢意，然后进一步追问那些需要仔细评估其论点的问题。

遇到诉诸怜悯的谬误时，某些时候较为明智的做法，是坦然承认你被激起的同情，但同时要向对方表达，你不会让怜悯之情干扰自己做出可靠的判断。公开阐明你的想法，即基于怜悯情绪所做的结论，既葬送了当下所讨论的重要事宜，也不能得到有可靠证据所支持的结论。

“连坐”，即论证人认为，假如你的想法和“敌人”一致的话，那你就有麻烦了。对付这种谬误，有两个办法。其一，你可以坦率地表示，你的“敌人们”是否和你的立场一致，并不重要，如果理由正当，你也会同意他们的意见。其二，你可以指出，要是用对方所假定的受牵连或连坐的情况来考虑问题，那会陷入荒谬的处境，因为论证人肯定不会赞同类似的说法，即“敌人”的突发奇想，或某些行为决定着我们的有关想法和行为的价值。如果是这样的话，那就意味着，“敌人”一改变想法，我们就得改变我们的立场。

通过提供相关的考量因素，有时能显著改善那些犯有不当诉诸毛病的论证，所以我们得要求论证人修改其不靠谱的论证。假如他/她不能摆脱相关情绪，那我们在讨论中就得采取积极措施，把他们“带进”严肃的就事论事中来，评估所讨论的话题。

123

练习

Ⅱ. 无关诉诸的谬论 给下面的每个论证：（1）说出具体的诉诸无关的谬误名称；（2）说出为什么犯错的理由。本章所讨论的每一种谬误，下面都给出了相应的两个例子，标以*号的，在书末有答案。

*1. 瑞秋，即使我同意你关于民主党没有任何好转的说法，我也不能投票给他。这只是因为我们一直都是民主党。假如我投票支持一名共和党，我不敢肯定我是否受得了自己，我也不敢肯定我的家人是否会接受我。

*2. 金，我们结婚后你用我的姓，有什么不对吗？如果婚后你拒绝用我的姓，那我真是太难堪了。事实上，我觉得，假如你对我不尊重的话，那就不是我想要的感情了。

*3. 我就是不明白你为何反对联邦政府资助教区附属学校。你知道我们学校多么缺钱吗？假如国会没能通过对教区附属学校的财政支持法案，那就意味着，我们的教会学习可能会关门了。

*4. 一个“时权酒店”（TIME SHARE，指消费者买断旅店旅游设施在特定时间里的使用权）的推销员说：“你的意思是，在我们让你免费飞往佛罗里达，提供你在金皇冠俱乐部度假村附带三餐的三天住宿，在带你去迪斯尼乐园后，你竟然一份时权也不买？”

*5. 法官大人，张伯伦医生是一位受人尊敬的精神病学专家，也是被告家庭多年的至交。对于被告在此案中的心理健康，她有得天独厚的作证条件。

6. 提姆，你不会真的要去安纳波利斯吧！我们全家一直都是军人出身——你的哥哥，你的父亲，你的叔叔们，甚至你的爷爷，他们所有人都是去的西点军校，我们全家也一直为此感到骄傲呢。

*7. 我不明白为什么你婚后不用丈夫的姓。据最新的研究，全国有85%的家庭，妻子在婚后均采用了夫姓。很难相信，这么多人做的事会是个错误。

8. 我完全反对关于分区调整的建议，建议中竟然允许在镇上新开一家餐馆。几乎可以肯定的结果是，这会带走我们餐馆的客人，减少我们的利润。

9. 如果学校的教职员工不支持我在国会的再次选举，很可能你们所希望的闸道——直接连接洲际公路到校园——就会很久之后才能修建了。

124

10. 我认为，我们应该把本年度最佳教师奖颁给雷利教授。去年他太太去世时，他也没能得到这个奖。这个奖会鼓舞他，让他打起精神。他看起来总是那么悲伤。今年对他非常艰难。再说，他也不是一个很糟糕的老师。

11. 马萨诸塞州的选民压倒性地否决了控枪法案的提议，这证明控枪真不是个好主意。

12. 芭芭拉：你知道亲家关系的干扰是导致离婚的头号原因吗？

特丽莎：你怎么知道的？

芭芭拉：我在奥普拉节目中听到的。

Ⅲ. 违反相关原则的谬误 下面的每个论证：（1）请辨认属于本章所提到的哪一种谬误；（2）解释如何违反了相关原则。本章所讨论的谬误，以下各有两个案例。

1. 我不能相信，你的婚礼竟然是让你爸妈一起陪你走到圣坛去的。我家人和我认识的人中，没有任何人会让妈妈陪着走婚礼红毯的。婚礼是有成规的。贝芙丽，你只需简单地照我们以往的方式去做就可以了。

2. 蒙哥马利教练，我的确希望我儿子在这一季有高质量的训练时间。我当然不想重新花费五万美元保证金再找一所新运动场附近的房子。

3. 鲍勃，我原本以为，作为教练，你会喜欢美国大学生篮球联赛的新规则，它降低了运动员第一年的学习成绩要求。这会让你招到更多的队员，对于我们这种不提供任何奖学金的学校来说，我们需要所有的帮助。

4. 克劳迪娅：这一年多来，我一直非常认真地坚持每周去减肥中心两次。

迈克：为什么你要去减肥中心？那里有很多减肥项目吗？

克劳迪娅：好吧。减肥中心说他们的项目是唯一安全有效的减肥办法。

5. 我是不会去艾墨利与亨利学院的。那个学校过去只招男生。我们女生不可能和男生一样享有同等的权利和特权。

6. 卫生局局长说，即使游泳池里有一个感染艾滋的人，艾滋病毒也不可能通过游泳传染。

7. 不管怎样，我都会让马特赢了这场比赛。我最近感觉不太好，也讨厌在烈日下比赛。再说，从早饭到现在，我还空着肚子，什么都没吃呢。

8. 无论我在学校多么努力，我还是考得不好。似乎我一直学得不对。我想我不该总是学习而对考试完全没感觉。

125

9. 我强烈支持死刑。目前改造犯人的这套办法没用。释放后的犯人和假释犯出去后，似乎总在寻找返回监狱的路。

10. 长官，我知道，你拦下我只是在履行公务。实际上，假如有更多像你一样的警察，街上会更安全。但我已经吸取教训了——多亏了你。你觉得，是不是没必要再给我开一张罚单了呢？

11. 我们小区需要建一个新的游泳池，因为游泳是改善心血管功能最有效的运动，也不需要任何特殊的装备，也是一种可以终身锻炼的运动方式。

12. 我这学期伦理学课考砸的原因是老师不喜欢我。可能是因为我在课堂上反对她的观点。我比较了一下自己和几个同学的试卷，几乎是相同的答案，老师给他们的分数却比给我的要高。而且，今年我的父母遇到了一些麻烦事，这也让我分神，影响了学业。

13. 杰夫，我觉得我俩都该给我们的女议员写信，让她反对提高国家公园门票价格的提案。假如国会通过了这个涨价法案，那我们明年夏天去东南国家公园的露营预算就不够了。

14. 凯西，你得明白，任何含有阿司帕坦的甜味剂对你都不好。前几天我听说它甚至会破坏DNA粒子呢。

15. 我妈妈曾经给我讲过她读书时被姐妹会（Sororities）作弄的事情。我不会参加任何一个姐妹会，因为我不想做如此可耻的事。我觉得作弄别人是不对的。

16. 我知道有些人反对死刑，但是你找不到任何理由来证明死刑在道德上是站不住的。毕竟，超过70%的美国人支持死刑。

17. 儿子，我和你妈妈都觉得你应该去上华盛顿与李大学。如果你想我们付学费的话，你最好上这所大学，明白吗？

18. 维生素是非常重要的，我们日常饮食中缺少的维生素成分，需要靠制剂来补充。

19. 头领们说要修改兄弟会（Fraternity）的入会考验项目，这简直是胡闹。我看不出管理层是认真对待这个问题的。考验预备会员勇气和耐力的相关测试，我们已经使用了50多年。30年前我的父亲就经历了一模一样的入会测试项目。你们不能任意限制一个有如此悠久历史的项目。我们不可能改变项目。

20. 艾瑞斯：雪莉，保健费越来越贵，每年都涨。或许我们是时候咬咬牙，出钱加入统一支付方的全国保健计划。医疗保险对老年人是有好处的，就像对老兵而言，加入退伍军人健康管理局是有用的。

雪莉：艾瑞斯，你必须放弃这个主意。那个公费医疗制度，是奥巴马和自由民主党人多年来一直试图塞给我们的东西。

Ⅳ. 举出一个你最近一周听到的或读到的相关论证，即就当下有争议的社会、政治、道德、宗教或美学等问题所捍卫的立场，按照论证的标准模式对其重新进行组织，并按照良好论证的五个原则评估。指出其违反了论证的结构或相关原则的何种错误。然后就讨论的问题，用最有力的论证方式提供一个替代方案。

Ⅴ. 准备供索引用的卡片，写下违反相关原则的每一种谬误的原始例子（找现成的或自己编造的，均可），然后用你自己的办法反驳。

Ⅵ. "给吉姆的信"第二部分，父亲犯了本章所讨论的10种谬误。每一种谬误均在信中出现一次。信中标注出的数字，表示前面的陈述出现了某个谬误。请标出谬误名称。

亲爱的吉姆：

我非常高兴你这么快就给我回信了。得知你的哲学课没有让你放弃信仰，我非常欣慰，我也同意，对地狱的恐惧不是相信上帝的唯一理由。不过在我看来，即使你有可能会钻进死胡同里，也会有非常好的理由走出来，坚持自己的信仰。你不会冒险去犯这么一个代价不菲的错误（指失去信仰）。（1）另一方面，你别小瞧信仰给你的生活带来的好处，主让你的生活溢满美妙（这事可不小），而且保证你终身幸福。（2）

我知道，中世纪时，人们对于信仰曾有过不同的理解，但是我坚信我的判断，因为这是我父母传授给我的，也是他们的父母传授给他们的，而且我希望，你也慢慢会和我有同样的看法。

（3）事实上，我不明白为什么你们这一代人不用经历我小时候那些事情了。在我上学的那些年代，没有任何人会让宗教远离学校或其他地方。我们每天早上都在老师的带领下做祷告，没人为此抱怨。我们没理由在今天就抛弃这些做法吧。（4）

但是许多所谓的知识分子仍然拒绝相信上帝，我就是不明白，问题到底出在哪儿？《纽约时报》上周日刊发的最新盖洛普民意调查称，96%的美国人相信上帝存在。并没有多少人相信地球重力学说！上帝存在对我来说是显而易见的事，是无须用脑子也能想明白的事儿。（5）尽管我对科学知之不多，但用科学来解释发生在我们身上的美妙事情，似乎不可能。牧师在昨天的布道中向我确认了这一点，他说，人类出现的试错验证已经进行了数万亿年，所以人类不可能是进化而来或偶然得之的。（6）

但是，对我来说，相信上帝最有说服力的原因是非常私人化的体验：我和你母亲相互发现了彼此，我们有一个像你一样的儿子，我们一家人在一起享受美妙的生活。（7）即便有时事情的发展并不如我们所期望的那样顺利，或者我们的祷告似乎没有回音，那也不意味着上帝不存在，或上帝没有听我们的祷告，或者他不关心我们的幸福。这仅仅是因为我们还没有被托付更多，或者上帝对我的生活有更好的安排。他知道什么才是我最需要的。（8）

我这一生，大部分时间拥有健康的身体，拥有成功的事业，拥有亲友们的积极支持，一想到这些，我就不由自主地得

出这个结论——亚伯拉罕的神、以撒的神、雅各的神确确实实存在。(9)

当然，这些事也会让你逐渐得出你自己的结论，但是我知道你会做正确的事，你也会给我们适当赞扬你的机会。吉姆，不管你现在怎么想，我相信你终究不会让家人失望，你不会让任何哲学反思改变你对宗教的看法，我对此非常有信心。当昨天我和你母亲谈及此事时，她眼泪汪汪，担心你的生活会发生什么变化。我们期待你回家时仍然拥有坚定的信仰，就像你离家去上大学时一样的坚定。(10)

很抱歉这封信写了这么长。有时间再回信吧。

爱你的

父亲

Ⅶ. 以吉姆的口气给父亲回一封信，反驳邮件中的谬误。但试着不要说出那些谬误的名称，而是运用你在本章“回击谬误”部分所学的知识，对其进行驳斥和回应。

第七章　违反接受原则的谬误

128

概　要

本章将帮助你：

· 用自己的语言定义或描述每种违反可接受原则的已命名的谬误的特性。

· 在平时的课程或讨论中遇到各种谬误时，辨认、说出名字，解释其错误推理的类型。

· 当他人出现这些谬误时，用有效的策略反击或帮助他们改正错误推理。

8. 接受原则

按照良好论证的第三项规范，论证中提出的论点，必须是对成熟、有理智的人来说是有可能接受的，从而符合可接受性的规范。

本章讨论的每一种谬误，都有不符合可接受原则的前提。一个可接受的前提，是讲道理的人应予接受的。为了帮助大家判断特定前提的可接受性，我们在前面提出过可接受性的六条标准和不可接受性的六个条件。

可接受性的六条标准是：

1. 所声称的，是在有能力的关注者那里没什么争议的成熟观点。

2. 由个人的观察，或由其他有能力的观察者的无争议的证词来确认的声称。

3. 在论证中辩护得很好的声称。

4. 相关权威人士的无争议的声称。

5. 另一个良好论证的结论。

6. 一个相对来说不那么关键，而在论证中看起来是合情合理的假定的声称。

不可接受性的六项条件是：

1. 与另一有理有据的、在能力足可胜任的关注者那里没什么争议的声称相悖的声称。

2. 与值得依赖的权威相悖的声称。

3. 与个人的观察或其他可胜任的观察者的无争议的证词不一致的声称。

4. 一个有疑问的，且在论证中没有或无法得到充分辩护的声称。

5. 自相冲突或语言混乱或关键词项意义不明的声称。

129

基于另一隐含的、相当可疑之假定的声称。

如果一个论证的前提满足了至少一项可接受性标准的要求，同时没有出现不可接受的六种情况中的任何一个，就应该视为可接受的。

本章所讨论的违反可接受规范的谬误，分为两组：（1）语义混乱造成的谬误；（2）无理预设造成的谬误。

语义混乱的谬误

论证的前提中关键的词语意义模糊，就会造成语义混乱的谬误。按照不可接受性的条件，语言上混乱的前提，由于不可理解，不会是可以接受的前提。良好论证的规范要求论证的前提是可接受的，那么语言浑不可解的论证是有缺陷的。

一些常见的语言上的毛病，使论证南辕北辙：改变词语的意义，然后在同一论证中使用这两种不同的语义（模棱两可）；使用有歧义的词却不说清自己用的是哪一种语义（暧昧），说话的人故意强调某一词语，误导别人得出没根据的结论（强调误导）；听讲的人对说话人的某个词语施以强调，然后推论出反意的声称（不当反推）；从含混不清的表述中得出明确的推论，或使用含混不清的表述辩护某一观点（滥用模糊），还有，玩弄辞令以图在两个并无真正区别的事物之间制造重要的差异（貌异实同）。以下将逐个讨论这些谬误。

130

• 模棱两可

定义：在同一论辩中使用一个词或短语的两种语义，却佯作始终只有一种语义，以诱导别人得出靠不住的结论。

良好论证所使用的词语，除非人人理解或予以特别说明时，在整个论证中词义保持不变。模棱两可的人，或是故意，或是无意地，在论证中间让关键词语发生词义变化。这种词义变化，在长篇大套的论证中尤难察觉，很容易蒙混过关。

在论证的一部分中使用某一词语的一种意义，在另一部分使用另一种意义，可以使对方得出根据不足的结论，因为这些词语乍听起来都是一样的，论证人的声称便貌似有根有据了。关键词语没有一致的语义，本来应该存在于论证不同部分之间的逻辑联系便被切断了，而要使前提支持结论，这种联系是不可或缺的。这样的混乱，使前提不可接受，结论无法成立。

【例一】

赌博应该合法化，因为赌博是避免不了的。它是人类经验的重要成分，每当人们开车，或决定结婚，都是在赌博。

这个论辩中，“赌博”第一次出现时指的是碰运气的游戏，使用赌具，或两者皆备，而第二个“赌博”指的是生活的风险特性。这个关键词的词义不统一，两次使用彼此断裂，从前提中推导不出什么来。这个论证的标准格式是这样的：

1. 因为人们每天都要赌博（冒风险），（前提）

2. 赌博（冒风险）是人生的重要内容，（前提）

3. 这种赌博（冒风险）是无法避免的，（前提）

4. [无法避免的事情应该是合法的，]（隐含的前提）

所以，赌博（撞运游戏）应该合法化。（结论）

这一论证看着蛮有说服力，如果赌博真是无法避免的，确实应该合法化。然而，如果前提与结论中的词义发生游移，结论无法跟随前提。这个论证就是如此。

【例二】

那些反对我们从信心出发接受某些事情的人，与我们没什么两样。他们也依赖信仰，他们的观点基于对科学的绝对信心。

131

这是个经常能听到的应答，这一论证中，“信心”一词的意义发生了不正当的游移。第一个“信心”所指的思想方式通向对绝对真义的信仰，那绝对的真不受理性或证据的约束，只基于某一特定的人或经书的权威。第二个“信心”所指的思想方式不通向绝对的真，只通向不断因良好的论证和有分量的新证明而自我修正的信念。因此，依赖理性与证据的人“与我们没什么两样”这一结论，不能从前提中产生。

【例三】

学校里的辅导员建议我上逻辑课。他说，逻辑教人如何论辩。但我想，人们已经论辩得太多了。所以我不想学它。其实，我觉得压根就不该开逻辑课。它只会给社会增加紧张气氛。

第一处的“论辩”指的是小心使用证据和良好推理来支持声称的过程。第二处的“论辩”指的是争吵，或那种不讨人喜欢的言辞激烈的宣讲。词义的游移，会让有的人从中得出没道理的结论：逻辑课使人难以相处。

回击谬误

应对模棱两可的论证，至少有三种办法。一种是找出那可疑的词或短语来，向对方指出，在他的论证中那个词有两个截然不同的含义。如果就此意见不同，不妨向对方询问，当那可疑的词或短语出现在论证的不同地方时，分别的精确定义。如果意思不同，就证明了对方的错误。

第二个办法是，为那有问题的词的第一次使用提供一个释义，来清楚说明你认为这词在此处是什么意思，然后把这释义应用于那个词的第二次使用上。如果前提因此变得毫无道理或与结论冲突，那么一切都清楚了，用法混乱的前提是不可接受的，论辩也是不对头的。

第三种揭示模棱两可推理谬误本性的方法是，使用荒谬反例的老办法。构思一个前提为真的简单论证，其他的关键词义在不同前提中发生游移。如这个例子：

1. 因为只有man（人类）有理性，（前提）

2. 女人不是man（男性），（前提）

所以女人没有理性。（结论）

“man”这个词的模棱两可，带来了一个荒谬之极的结论。通过这样的反例，论证人应能明白过来，自己论证中的模棱两可造成的混乱，使结论成了无源之水，或导向了一个不可靠的结论。

132 • 暧昧

定义：做出声称或论证，所使用的某个词、短语或语法结构可以有两种甚至更多的解释，而不澄清自己使用的是哪一种释义，将人引向缺乏根据的结论。

如果论证的前提可以有两种或更多的意思，而无从知道是哪一个，那是不可接受的，因为声称的意义不明甚至浑不可解。故而也得不出什么结论，因为结论的真伪有赖于前提的可接受与否，而我们无法接受自己听不懂的前提。

这种谬误有两个来源。第一个，论证的某一前提中使用了拥有两种或更多词义的词或短语这种暧昧，有时也称为语义暧昧，因为它出自词或短语的意义混乱。在我们的语言中，大多数词语拥有不止一种意思，所以显然，使用意义丰富的词语，其本身并不构成谬误，只有在上下文也不能使意义明确时，谬误才发生。这种意义模糊使听者或读者没办法得到任何结论，或是出于对词义的误解得到一个错误的、不恰当的结论。语义暧昧可以通过澄清造成暧昧的词或短语的意思来施以纠正。

第二个，由于句法结构的问题，声称本身可以有两种甚至更多种截然不同而都言之成理的解释。这种谬误叫作句法暧昧，语法学家又常称之为歧义构型。造成声称句法暧昧的最常见的一些错误，有代词指代不清（“当他喝醉时，弗雷德从不和他的父亲争论”），省略句式，其中（“苏茜爱教书超过她的丈夫”），修饰不明（“我得在一小时内试妆”），误用“仅”“只”（某加油站的油泵上有这样的标示：“我们只接受美国运通旅行支票”），误用“所有”（“道格打到的鱼全部有六磅多重”）。句法暧昧与语义暧昧的不同之处是，要想纠正，不能靠词义的阐明，而得把句子进行语法改造。

如果语义或句法的暧昧真的发生了，前提便是不可接受的了。如果暧昧的前提是结论的唯一支撑，就得不出结论来。

【例一】

几年前，大学里的一位同事弗雷德和我从学校回家。我们的住所离校园只有步行距离，但那天在下雨，我就对他说：“坐车回去怎么样？”他说好的，我们便一起朝停车区走去。后来我才明白过来，他以为我是提出用我的车把他捎回家，而我心里想的却是坐他的车。于是，我们站在空荡荡的停车场，头顶上下着雨，各自在找车，找的却不是同一辆车。从这件事，我俩得到了关于暧昧的宝贵教训。

133

用论证的标准格式改写我们的对话，我的提问“坐车回去怎么样”，在弗雷德听起来是下面这个论证的大前提：

1. 弗雷德邀请我坐他的车回去，（前提）

2. 我接受了他的邀请，（前提）

3. [他要是没有车在这里，就不会邀请，]（隐含的前提）

[所以，弗雷德的车在停车场。]（隐含的结论）

而在我自己的理解中，我那句法暧昧的提问是下面这个完全不同论证的大前提：

弗雷德同意了我搭他车回家的请求，（前提）

[如果他的车不在这里，他自然不会同意我的请求，]（隐含的前提）

所以，弗雷德的车一定在停车场。（结论）

由于我的提问句法暧昧，我俩都被领向了根据不足的结论以及尴尬局面，这本来是可以避免的，如果我遣词造句时能更仔细一些。不过我这位同事也不是无辜的，当我的提问句法暧昧，又未经澄清时，我俩都不该得出结论，满怀期待地走向停车场。

【例二】

学生对指导教师说："上学期我选了逻辑和哲学入门这两门课。希望这学期能选到更加让人兴奋的课程。"她的老师该怎么说，是该建议她进一步选修哲学方面的课程，因为她觉得这类课令人兴奋呢；还是建议她避开这类课程，因为她想去上比这些有意思得多的课程呢？由于学生陈述中的句法暧昧，一时弄不清她到底是什么意思，指导教师不知道该提出什么样的建议。

【例三】

学校的布告栏最近贴出的一条公告，语义暧昧。它是这么写的："女性人身安全在本学期已取消。"正好我们学校的安全总管刚刚辞职，我们是不是该因此认为女生宿舍不再提供任何保全措施了？还是某一门专讲女性安全的课程在学期的剩余时间里不再开设了？没有进一步的澄清，我们得不出结论。

【例四】

看一下这个熟悉的场景中的语义暧昧。两个人在城里开车。

多丽丝：你得告诉我去那儿怎么走。

肯尼：好的。马上转弯（Turn right here）。（多丽丝右转。）嗨，我可没让你往右转（turn right）啊！没看到我的手在指着左边吗？

这里，肯尼的意思是让多丽丝立刻（right）左转，可多丽丝没看见肯尼的手势，他的语言指挥肯定是暧昧的了，在转向之前，多丽丝应该把事情问清楚，而肯尼应该为自己混乱不清的语言和动作道歉。用标准格式，论证是这样的：

134

1. 因为肯尼知道去目的地的路线，（前提）

2. 而且多丽丝愿意听他的指引，（前提）

3. 肯尼说turn right here，（前提）

所以，多丽丝应该turn right here 。（结论）

问题是，“right here”是暧昧的，如果不知道它指的是两种意思中的哪一种，就不该得出结论。

回击谬误

如果出现了模棱两可的谬误，应先认定肇事的词、短语或句法结构，然后，如果能做到的话，要求对方解释其意义。要说明白自己为什么要求澄清，别怕别人说你吹毛求疵，因为听不明白的地方，要求别人帮助自己理解，不是吹毛求疵，而且很明显，你如果不理解论证人的声称或论证之关键部分的语义，就无法评判其价值。

如果论证人一时不能够澄清语义，用你对他所处的情势、观点的了解作为线索，琢磨他可能的意图。如果一时从对方那里得不到澄清，你对他的情况又一无所知，那只好什么结论也不要得出。若实不得已，你可以假设一种他的意图，由此得出尝试性的结论。如果意识到结论只是尝试性的，当有了额外的信息或澄清之后再加修正就容易些了。

最后，小心一点，不要冤枉别人暧昧。如果论证的上下文使语句的意思不难理解，就不是暧昧。无论是故意还是疏忽，没有注意论证的上下文，不公正地曲解人家的意思，也是一种逻辑错误，可以称之为伪造暧昧。例如，如果莉拉声称自己不清楚广告牌上说的“比萨免费递送”到底是比萨免费还是递送免费，那她就是在伪造暧昧。

如果你陈述的上下文使语义足够清晰，而有人得出不恰当的结论，还把责任推到你身上，不要被他吓住。尽快阐明你陈述的本文并不支持那种解释，把责任还给他。

135 ● **强调误导**

定义：对声称的某一个词、短语或某一特定方面加以不恰当的或异乎寻常的强调，以诱导他人得出靠不住的结论。这一谬误有时是对别人的陈述的断章取义，背离了原意。

强调误导的谬误，不仅出现在广告、报纸标题中，在人们日常交谈中也常常发生。标题可以诱使读者得出正文并不支持的推论，商品广告可能只谈质量而不提高昂的价格，或是只提某种服务的好处，却忘了提及它的重大缺陷。一篇新闻报道，可能只告诉我们法庭上的一方对案子的看法，而完全不提另一方的意见。总之，写东西或说话的人，突出一点，不及其余，可以使人得出没道理的结论。

不正当强调的一种常见形式，是把词语或陈述从全部上下文中截取出来，忽略其在声称中的本来意思或与声称的本来关系。这类断章取义的前提制造混乱，传递错误信息，可使人推论出虚假的或不可靠的结论，是不可接受的前提。

强调误导的另一种形式，是通过精心挑选暗示而非断言结论的字眼，诱导他人得出异常的，通常是贬损性的结论。这就需要制造一种印象，使人觉得某一朦胧的声称是真的，尽管毫无证据的支持。这种暗讽手段通常用于没有或几乎没有证据支持直接的声称或正面的指责时，攻击他人、团体或观念。因为缺乏证据，便借用暗示的力量来做补偿，希望把听众诱向他所暗示的结论。因为那可疑的声称并未明确地做出，我们不应该基于论证人那些蛊惑性的暗示而得出结论。暗示不能够成为良好论证的可接受性前提。

【例一】

暗讽，或含沙射影的效果，往往来自说话人的语气：

莫尼卡：多妮娅和詹姆斯还是“一对儿”吗？

帕姆：嗯，按詹姆斯的说法，还是一对儿。

莫尼卡：真的呀？那她约会的人里边有我认识的吗？

帕姆隐含的声称是詹姆斯相信他和多妮娅仍然在恋爱关

系中。她的词句安排给人这样一种印象，即就算多妮娅对他们之间的关系另有看法，甚至已经在约会别人了，詹姆斯也蒙在鼓里。对影射式的论证，把那些语气和暗示表现清楚有点不容易，帕姆的论证如果化为标准格式，大概是这样的：

1. 詹姆斯相信他与多妮娅仍然处于排他性的恋爱关系中，（前提）

2. [詹姆斯不知道多妮娅另有想法甚至另有安排了，]（暗示性的前提）

[所以，詹姆斯和多妮娅实际上并不处于排他性的恋爱关系中。]（暗示性的前提）

此处暗示的结论是基于暗示性的小前提。莫尼卡不适当地把帕姆的缺少支持的“暗示”当作可接受的声称接受下来。而由于帕姆的措辞是令人迷惑的，莫尼卡不应该得出帕姆希望她得出的结论。她们二位都犯有影射的谬误，因为一个缺乏支持的“暗示的”意见不能成为良好论证的可接受性前提。

【例二】

州长竞选到了白热化，你听到一位竞选人说了下面这番话：假如你知道了某个竞选人接受来源不合法的资金，会不会影响你的投票呢？仔细调查一下，看看我的对手的竞选资金是从哪儿来的。说不定你会大吃一惊的。

说话的人并没有明确提出针对竞选对手的指控，不过暗示自会有其效果。

【例三】

某新闻社的标题："洛杉矶大主教为性侵道歉"。如果只看这条标题，人们的推论大概是这位主教为自己性侵教区里的儿童而道歉。后面的正文里报道说，主教管区内的一些神职人员性侵儿童，据这一集体诉讼案的调解协议，数百人接受了总计6.6亿美元的赔偿，大主教向这些人发表了道歉。

【例四】

父亲谈起抚养三个孩子的麻烦，谈到大女儿说："她不听话"（把"她"念得特别重），你也许会以为另两个孩子倒还听话。如果实情并非如此，就得批评那位父亲了，因为通过对"她"的强调，他误导听众得出虚假的结论。

【例五】

戴格尔教授给费莉舍的室友朗达打电话，说如果费莉舍当天还不交作业，他就不再收了。假如朗达转告费莉舍时只说教授打电话说"他不再收作业了"，便是强调误导的一个恶劣的例子。

这样的转述遗漏了信息中最重要的部分。如果一字不落地转告，费莉舍的结论多半是她得赶紧完成作业并交上去。但漏掉了重要的"如果"分句，她会得到个完全不同的结论——她用不着把作业写完了。

137 回击谬误

多数情况中，要反击强调误导的谬误，可把论证或声称中你怀疑被不正当强调的部分指出来，如果可能的话要求对方提供全幅文本来澄清。你还可以采取些预防措施，保护自己不被强调误导引入迷途。一旦对陈述中的强调有所怀疑，阅读或要求提供全幅文本。为防止受可疑的标头、题目的误导，在下结论之前阅读后面的正文。至少，在只凭标题便有所判断时要做到非常谨慎。

在前提中暗讽或含沙射影的论证人，通常是不愿意为自己那暗示的声称负责，你或许应该把你接受暗示而得出的结论明说出来，要求对方予以证实。你绝不应该在没有得到满意的证明时接受暗示性的声称，因为隐含的声称与明确的声称一样需要证明。如果对方不肯为那可疑的声称做辩护，建议他明确地否认那暧昧的声称，采取切实的行动消除其影响。

总之，遵循“疑则问”的原则，永远是明智的。询问自己不懂或担心被误导的事，用不着觉得难堪。宁可做怀疑者，甚至冒被视为天真无知的风险，也比做出错误的判断强。

- **不当反推**

定义：听者或读者通过对说话人或写作人的陈述中某一词或短语的不恰当的格外强调，推论出一个有关联但本未提及的反意声称。

这一谬误中的不当强调发生在听讲的人，而不是说话的人那里。它很像虚假暧昧的谬误，听别人说话的人或读者，理解声称的方式根本是有违原文的，是一种虚假的强调。在不当反推中，听者自己声称说话人声称中的强调意味着可以派生出某种反意的声称，尽管没有证据表明人家做过这隐含的反意声称。实际上，是听者自己不正当地在别人的声称上添入某些东西。例如，如果有人声称“逻辑学教员很聪明”，听到这话的人便推论，说那话的人的意思是“其他分支的哲学教员不聪明”只是没有说出声来——这就是对原声称的含义做了不正当的扩展。这等于是将人家说的“对Y来说X是真的”，扩展为它也意味着“对某些非Y来说X不是真的”。听者不正当地强调原始声称，然后不正当地推论出没根据的反意声称。

【例一】

如果有个年轻女人，经过了一场不幸的恋爱，声称男人是无情无义的畜生，而如果从这一陈述中推论说她在隐含地对比男性与女性，她认为女人不会是无情无义的，便是谬误。那年轻女人很可能用意不在于男女的差异，而只是对不久前的一番经历做出情绪化的反应。而且，即使她明确声称男人都是无情无义的，她对女性在这方面怎么看，是不能由此推论的。

【例二】

假如一位天主教教士给人发现与同教区里的男孩子“交朋友”，大主教来处理这个丑闻，他可能会警告治区的所有教士“身为教士而去欺占年轻男子，是罪恶的”。如果有人由此推说大主教是在暗示教士勾搭年轻姑娘是无罪的，便是谬误，因为原来的上下文中绝无这个意思。

【例三】

下面的对话发生在我与两个女儿之间，是在许多年前。（我的一个女儿不太乐意本书写进这段对话。）

父亲：辛西娅，你身上穿的不是戴安娜的衣服吗?

辛西娅：现在是我的了。戴安娜送给我了。她穿着太小了。

父亲：你穿起来样子很好看。

戴安娜（从房间的另一头）：你的意思是不是我穿着就不好看呀?

戴安娜的论证在标准格式下是这样的：

1. 父亲说我从前那件衣服，辛西娅穿着好看，（前提）

2. [尽管他没明说我穿那件衣服不好看，他暗示我穿那件衣服不好看，]（隐含的前提）

所以，他一定是认为我穿那件衣服不好看。

在这段简短的家庭对话中，戴安娜犯了不当反推的逻辑谬误，因为她给自己的论证凭空添加了一个前提。在我给辛西娅的评论“你穿起来样子很好看”中，她不当地强调了“你”字，然而事实上，我并未曾强调那个“你”字，我只是简单地描述辛西娅穿那件衣服的效果。我根本没有隐含地评论戴安娜穿上那件衣服的样子。

回击谬误

因为是对方不合适甚至不诚实地宣称你强调了自己声称中的某一部分，使他得以有那可疑的反意声称，所以你当坚持举证的责任在对方那里，对方需要说明你的上下文或语调是怎么启发出这样一种解释的。当然，你几乎总是能够自证从未说过那反意的声称，在这一点上占着上风，不过对方已经承认你并没有真的说出口来，问题在于，你是否隐含地有那声称，你是否打算为之辩护。

139

如果你被责以某个隐含的声称，而你并没有，你或许应该直截了当地做出否认，至少表达出讨论的愿望。不过，你大概还需要说清楚的是，否认你做过那反意的声称，与否定那反意的声称，不是一回事。

- **滥用模糊**

定义：企图利用含混不清的表述树立观点，或者，对别人话中在词义或用法范围上并非精确的词或短语，赋予精确的意义，藉此推出不可靠的结论。

使用模糊语言并没有错。我们几乎都在使用模糊的表达，这是我们语言风格的一部分。特别是当不涉及重大事宜时，这样的表达足够用了。谬误出现在对此的不当使用上。

滥用语言的模糊性，有两种情况。第一种，树立观点的前提中的关键词如果是模糊的，便是一种滥用。按照不可接受性的条件，不能理解的前提，便不能接受为对声称的支持，而如果前提的关键词语义十分含混，又怎么能理解呢？这样的前提，连反驳都无从驳起。如果我们不知道一个模糊的词语的用法范围，也就无从知道什么反证在哪一点上可以打击这声称。比如说，一个雇员说她工作过度了，如果我们想反驳她，首先得知道工作过度的精确所指，不然我们就不知道需要找什么反证去削弱或反驳她的声称。

滥用模糊的第二种情况，是从别人的模糊表述中做出非常明确的推论。别人的模糊表述，究竟意指为何，我们不能以一清二楚自居，如果强作解人，便是一种武断，从自己武断的解释中推出结论，更是武断。

一个关键词项意义含混的声称，不能拿来支持任何声称，也不能从中推论出任何特殊的声称。如果这样的声称出现在论证的前提中，便是不可接受的。

【例一】

许多年前在西南弗吉尼亚学院，有过一场就公立学校教科书的争论。有人向学院董事会提出，某些教科书违反了州法中对学校应该进行“伦理教育”的规定。例如，他们说有的故事里边有亵渎语言，或有的角色有不道德行为，这是在把不道德的事教给学生，而这正与州法的要求相反。

这一论证换为标准格式是这样的：

1. 州法要求公立学校以“伦理教育”为自己的一部分教学目标，（前提）

2. 要学生去阅读语言有问题的或内含对不道德行为的描述

的文学作品，是对州法指令的违反，（前提）

因为这类文学作品是“反伦常的教育”或教人以不道德，（子前提）

[3. 学校董事会应该遵守州法的指令，]（隐含的前提）

所以，不能指派公立学校的学生去阅读这类文学作品。（结论）

这一论证中，对模糊词语“伦理教育”赋予了十分可疑的解释。如按照批评方做出的精确定义，差不多所有的文学作品都是不合法的了。就连《圣经》也不能读了，因为《圣经》中含有大量的坏人坏事。并不是说给“伦理教育”下精确的定义是件容易的事，但批评方分派的词义，未免过于武断，因此构成了滥用模糊的谬误。

【例二】

在几年前的一次教授会议上，我们这所规模不大的学校的校长宣布，由于学生人数的减少，学校的财政状况到了危险境地，他建议我们多关心一下成绩差的学生，因为一些这样的学生在考试不及格后直接退学了。作为对校长的回答，一位教授气愤地说，他宁可辞职也不愿意被校长逼着去给不合格的学生一个及格分数。

在这个例子中，这位教授对校长的模糊要求，“关心成绩不好的学生”，做出了自己的具体解释。当然，如果先前的某些经历使这位教授有充足的理由相信“关心”就是“别让任何学生不及格”的绕着弯儿的说法，他的理解就是正当的。然而在本例中，情况并不是那样的。

【例三】

几年前，最高法院一项关于色情物品的裁决中有一个表述，对是否“色情”的判断，要与“社区标准”一致。“色情作品”和“符合社会标准”都是模糊的表述，任何人如果试图从这两个概念中推出特定的具体结论，都有可能犯有滥用模糊的谬误。例如，如果奥斯丁声称，观看色情作品是不道德的，而色情作品的含义是表现性行为的图片、影片和播送，那么结论便是，观看表现性行为的图片、影片和播送是不道德的。

141

这里，小前提是有问题的，奥斯丁将显然模糊的概念给予了精确解释。而就连最高法院也不愿或不能详细说明何为色情作品，只是说要看“社区标准”。如果奥斯丁为辩护自己的定义，援引最高法院“社会标准”的概念，那么他又是在打算给“社区标准”下个精确定义了，而那简直是不可能做到的。我们且假设奥斯丁对“符合社区标准”的定义是“超过一半的社区居民觉得是可以接受的”，在成熟有理智的人当中，没有几个人会觉得这就是最高法院裁决的原意。如果有这么容易解释，最高法院就自己去解释“社区标准”的概念了。由于这些原因，我们只能宣布奥斯丁在两个地方都发生了谬误。

我们所能做的，至多是对论证中的模糊词语，尽量仔细地约定一种意义，然后希望有足够多的听众会接受我们的意义约定，进而接受我们的结论。

回击谬误

在多数情况中，我们可以像反击暧昧那样反击滥用模糊，即可以坚持要求进一步的澄清或约定。如果一个词的用法范围不能确定，请求对含义的更加精确的说明。你需要判断赋予的具体意思放到论证文本里是否适合。如果议题是重大的，这一过程便愈发重要，值得深入下去。如果说的事无关紧要，那你当然可以不去管什么精确性。

如果你是希望自己别去犯这种谬误，在重要的有争议的问题上尽可能避免使用模糊的表述。对那些含混得没办法挽救的词，找找新的词语去代替，或至少，对日常语言中太过模糊的词，说明具体含义，以将自己的用意表达清楚。

如果你自己不去澄清你的字眼儿，别人会很高兴地替你解释。模糊语言，就其本性而言，是在揖请别人自行解释。例如，有人这么对你说："如果你真的关心污染问题，像你自己说的那样，这个周末你就该和我们一起到高速公路上捡垃圾。"这个人将你对关心污染的表述强行赋予一个未必适当的精确含义。因为基于你的表述，这个特殊的结论并不能合理地得出，所以你大可不被这种操纵人的手段吓唬住。你说的话的意思，不必是别人以为的那样。

如果对方试图用含有模糊词语的关键性陈述去支持某一特定声称，你同样应去质疑那前提的可接受性。简单地告诉对方，只要那模糊关键词语仍是未加定义的或没有具体说明的，你没办法评估其证明力。

142

• 貌异实同

定义：通过精心使用有区分的辞令以制造假象，辩称某一行为或观点与另一种是不同的，而其实除了描述用语之外，两者并无本质不同。

这种谬误发生得最多的时候，是当事人自知其观点脆弱或行为会遭怀疑，设法消减窘迫。在这种情况下，论证人把自己的观点或行为换一套说法来描述，好像两者有什么不同似的，以此否认自己有那可疑的想法或行为。当然，每人都有权设定自己使用词语的含义，但如果他的新义与旧义用起来没什么两样，他所谓的差异实际上并不存在。而且，因为这一谬误往往发生在回答对自己观点的质疑时，那所谓的不同由于并未构成真正的意义差别，无法消除质疑的声音。

靠着混淆关键性概念的基本意义建立起来的论证，不会是良好的，因为一个语义混乱的前提，是不可接受的。在貌异实同的谬误中，论证人自以为截然不同的两种声称实际是分不清的，这便是一种混乱。有理由相信，那些貌似不同的声称本质上就是同一个，因而，那个自称与众不同的前提是可疑的，因而是不能接受的。

【例一】

对女权主义我一点也不反对。我只是碰巧打心眼里觉得男人就该是一家之主。

我们将这一论证表述为标准格式：

我相信男人就该是一家之主，（前提）

[持女权主义观点与相信男人应为一家之主之间并无矛盾，]（隐含的前提）

所以，我与女权主义并无意见上的重要不同。（结论）

这个例子中的人，大概是不想在女权主义运动或反歧视运动面前暴露自己的真实立场。大前提与结论是相矛盾的，尽管论证人在隐含的小前提中暗示性地声称它们并不矛盾。宣称二者并不矛盾，不意味着二者真的就不矛盾了。论证人试图做的，是化同为异。这样的声称往轻里说也是混乱的，说得严重些，便是虚假的。至少它表现出对女权主义立场的误解。语义混乱的声称是不可接受的，所以结论也无法成立。

【例二】

假设话题是你的一位姻兄是不是个好司机。当人们说到“好司机”，普遍的理解是要遵守交通规则，把心思放在驾驶上。假设你这位姻兄开车时，一路上的随便什么事都会让他分心，还每每扭过脸来同车里的人聊天，而且，对道路上的标识不是看不见就是反应不当。如果面对批评，他的回答是“我并不是坏司机，我只是有点走神而已”之类，那他就是想在并无真正区别的概念之间杜撰出不同来。他确实是个坏司机，对他的指责仍然是有力的。

【例三】

在这件事的判断上，我们必须要听《圣经》是怎么说的，而不是去听我们认为《圣经》是怎么说的或学者和神学家认为《圣经》是怎么说的。

在电台里做出这一声称的传教人，显然觉得自己做的甄别是很重要的，可实际上，根本就不存在什么甄别。如果《圣经》需要解释（它确实需要），每个人都是解释者。圣经也好，其他任何文本也好，在被人解释之前什么也不曾说——不管是被学者解释，还是被神学家，普通读者，或电台上的传教人。因而，在《圣经》所说与任何人以为《圣经》所说之间，概念上并不存在区别。在本例中，传教人显然是认为他自己讲的才是《圣经》“所说的”，而其实他说的都只是他自己所以为的。

回击谬误

许多人无中生有地制造区别时，自己并没有意识到，所以第一步或该是尽量向对方指出，他们的努力是徒劳无用的，字眼儿是新的，意思则换汤不换药。对方很可能不同意你的看法，那么，你应该要求解释，他所宣称的意义差异到底在什么地方。例如，拉里遇到别的司机没有及时给信号或挡住了他的车时，不是骂骂咧咧，就是做粗鲁的手势，你便批评他“路怒”。拉里则否认自己的行为是路怒，声称由于对方的驾驶方式粗鲁、危险，所以他的愤怒是有道理的。他对另一司机行为的描述或许是正确的，但他那些行为，做粗鲁手势，骂人，威胁人，就算他自己觉得有道理，又与路怒有什么区别吗？说明二者有什么不同，是拉里的责任，如果他能做到的话。

有趣的是，貌异实同谬误的大多数实例，同时也犯着前提与结论冲突的谬误。例如，拉里同意路怒便是公路上的愤怒行为，他承认他在公路上有愤怒行为，结论却是他没有路怒。这结论显然与前提冲突。如果你没办法让对方相信貌异实同的论证是自相矛盾的，请他琢磨琢磨这个反例：“我没有抄袭；我只不过是在想不起来时才看几眼她的试卷。”

练习

144

Ⅰ. 语义混乱的谬误 对下面的每一个论证：（1）指出语义混乱的谬误类型；（2）解释推理是怎么违反结构原则的。每种谬误都有两个例子，标以*号的，在书末有答案。

1. 南希：大学手册里，和食堂有关的规定说：“希望不管在哪里都要着装得体。”

保罗：他们能把我怎么着？把我轰出去吗？我可不想穿着正装打着领带去食堂吃饭。

*2. 正如你尽管看不见也能知道风的存在，因为你能感觉到风，上帝存在，因为虽然你看不见，你却能感觉到上帝的存在。

*3. 朱莉：我让爸爸帮我做微积分作业，他说不行。

希拉：那就怪了。他很熟悉高中微积分，当年我上这门课时，他可帮了不少忙。

*4. 我没有骗你，我只是把事实夸大了一点点。

*5. 罗宾：我今天觉得很舒服。

杰里：原来你这些天一直在不舒服，我还不知道呢。

*6. 我对罗恩·迪斯唯一的了解就是他是个自由派。所以我不会投票给他。我们的国会不需要再多一个批评军队的人。

7. 劳拉：下星期索菲娅就要上烹调课了。

约翰：我也想报名。她教得好吗？

8. 安妮塔：今年的慈善演出，罗琳会帮忙吗？

安妮：嗯，我们开会时她来了。

9. 按照美国的司法制度，除非证明有罪，人是无辜的。所以，对总统安全事务助理威廉·史密斯的调查，简单地说，只是媒体和参议院在想方设法破坏一个无辜者的名誉。

*10. 某一全国性报纸上的标题：“两名医生，五千患者”。后面的文章里讲，美国每大约五千头家畜才有两名兽医。

11. 我没有背叛你的信任。我只是认为你父母应该知道你告诉我的事情。

12. 珊德拉：不，我觉得今晚我不该出去。我对学习很认真的，今晚正好有功课要做。

德巴金：难道你觉得我对学习不认真？

无理预设的谬误

145

本节讨论的谬误类型，是前提中使用了十分可疑的（尽管可能很流行的）假定。按照第三章及本章开头所述的不可接受性的条件，“基于另一隐含的、相当可疑之假定”的前提是不可接受的。

许多似是而非的假定，是我们传统智慧的一部分，诸如“新的就是好的”或“对整体为真的对局部也为真”，因为听起来很像是颇有道理。在某些背景中，它们甚至就是对的；但问题是，在其他背景、其他情况中，它们又显然是错的。除了“新的就是好的”（后来居上），还有假定在连续体的两端之间的微小变迁可以忽略（连续体谬误），假定对部分为真的对整体也为真（合成谬误，或以偏概全），假定对整体为真的对其部分也为真（分割谬误，或以全概偏）。另一些常见的靠不住的假定有，将可选择的限制为两种，必要认其一为真（非此即彼）；既已如此，必当如此（实然—应然谬误）；我希望的便是对的（一厢情愿）；通则不能有例外，有一例外通则便不成立（拒绝例外）；两端之中央位置是最好的位置，就因为它在中央（折中谬误）；在某一方面或几方面上类似的事物在其他方面也类似（不当类比，或牵强附会）。如果认可了这类假定，就没什么可论证的了。

前提依赖靠不住的或不可接受的预设，这样的论证，一旦重建，将唬人的假定明确表述出来，其缺陷就暴露无遗。有的时候，仅此就足以令人们，甚至包括论证人在内，看到其不可接受性。如果无理预设是对关键前提的唯一支撑，这前提是不可接受的，而整个论证的结论也就成了无源之水。

- **后来居上**

定义：假设新的观点、法律、政策或行为是更好的，理由只是那是新的。

一件东西是新的，并不能因此便先天地有价值。每一种观点、法律、政策和行为，都需要与其新旧无关的独立辩护。凡是新的便是好的，按照这种后来居上的思维方式，必须接受任何对现行事物的替换，而这是荒谬的，因为显然，只有是好的，我们才想要接受。

146

不过这是很通行的观念。例如，过去或现在的许多教会成员真心相信，如果换一位新牧师，教区的问题就会得到解决，或者，到了新当选的一届政府手里，国家现在的问题就会得到解决。然而我们看到，这一“新的便是好的”信念，经常与实情不符。

出现后来居上谬误的论证，关键性前提的基础是无理预设，这样便符合了本章开头列出的不可接受性的六项条件之一。在形式正确的论证中，这种不可接受的前提是没有位置的。

【例一】

咱们的棒球队去年的成绩一塌糊涂，二胜十八负。今年会好起来的，因为我们有了位新教练。

在标准格式下再看看这个论证：

1. 我们去年的成绩很差，（前提）

2. 今年有了新教练，（前提）

3. [新的肯定就是好的，]（隐含的前提）

所以，我们球队今年的成绩会有改进。

第三前提是无理的、不可接受的预设。事情确实可能变好，但也可能维持原样，还可以变得更糟。如果除了“新”之外，对这位教练的情况一无所知，我们无从知道事情会变得怎么样。

【例二】

饭馆或加油站前面的招牌上写着：“由新的经营者管理”。

意思是想让路过的人相信食物或服务将比过去更好。但又没给出任何真正的理由。如果我们满怀期待前来光顾，我们就和写牌子的人一样，犯了后来居上的谬误。

【例三】

假设下面这个论证是杜伯金斯校长对心存疑虑的教员们做出的：“如果我们想迎接未来的挑战，就需要实行这新的课程设置。我不明白你们为什么不大乐意支持我改进教学的努力。”

新的课程设置有什么好，校长一点理由也没讲出，除了它是新的。他只是假定新颖便是充分的理由了。如果学术委员会的成员只因为课程设置是新的便投票赞同，会显得很可笑，而这正是杜伯金斯校长要求教员做的。

回击谬误

回击后来居上的谬误并非易事，因为广告业已经把“新颖”是“改进”或“更好”的同义语这样一种观念灌输到我们脑子里了。出于改善事物的愿望，人们确实花费精力来发展新的产品、政策和观念，对此怀有一定的信心，并非没有道理。但是，很多新的东西是更好的东西，并不意味着所有新的都是好的。

147

出现这种谬误的人，假定任一特定的产品或观点，只因为是新的，所以是更好的，而要说服他们改变这种观念，颇不容易。也许你可以向对方举出几个新的产品或观念，那是连他也会承认并非更好，甚至更坏的，用这种例子，让他看到自己那假定的问题，不再以新鲜为评价事物的标准。

- **连续体谬误**

定义：假定连续体中一物与其对立之物之间的细微累进和差异终归无效，在这条线上各点之间做明确的区分是不可能的或至少是武断的。

这类没根据的假定是十分常见的，但要说服别人相信其谬误并非易事。它的常见表述，是“只是程度问题”或“细小的变化带不来真正的区别”。这种思维方式时时产生荒谬的结论，即相反的东西，只要由中间一系列渐进的差异连接起来，便是一回事。这么想的人，没有领会到在连续体的两端或对立事物之间作区分和划界的重要性。

这种谬误有个更形象的名字，叫“驼背谬误”，来自“压断骆驼背的最后一根稻草”。小时候玩过“最后一根稻草”游戏的人都知道，一根稻草确实可以压垮骆驼背。那游戏是这样的：每个孩子有一把很轻的木头“稻草”，轮流将一根“稻草”放在骆驼（玩具）背上的篮子里，谁的稻草把“骆驼”压倒了，谁就输了。驼背的垮或不垮，确实有一根稻草造成那巨大的不同。类似地，连续体中某一类范畴与其对立范畴往往是可以区分的，尽管有时界限并不容易清晰地划出。比如说，从哪一点开始，温暖的夜晚变成凉爽的夜晚；从哪一点开始，姑娘变成妇人？而温暖的夜晚与凉爽的夜晚，姑娘与妇人，确实是有所不同的。这种区分有时显得武断，但又常是适当的，甚至必要的。至少，假定不可区分，是谬误的。

这一谬误在古代又叫“胡子谬误”，来自“脸上长多少根毛才算是有胡子”的辩论。要详细规定有多少根才算是胡子，会显得很武断，令人踟蹰，但很明显，有没有胡子还是有区别的。为了实际的便利，在连续体的两端之间可以设定某种分界点，有时这是必需的。比如警察必须断定某人到底是超速了还是没有超速。如果没有设定分界点，把车开得多快也不能说是超速了。

148

在连续体谬误中，前提隐含地假定细小变化是没有重要性的，或由中间一系列细小差异连接起来的连续体两端并无真正的不同，这是站不住脚的、没根据的假定。所以，犯下这种谬误的前提是不可接受的，不能出现在良好论证之中。

【例一】

不少人信以为真，每月若只多付一点点钱，不是什么大事。

阿里斯：移动电话这么贵，我现在可买不起。

克里斯：那你为什么不用信用卡赊账呢？

阿里斯：我那账上每月已经得还300元了。

克里斯：但每月只多出25元啊。

阿里斯：但我还得付电话的月费。那又是每月60元。

克里斯：这你也可以用信用卡慢慢地付。

我们把这个论证改为标准格式：

1．用信用卡赊购新电话，会使月付从300元增到325元，（前提）

2. 用信用卡支持60元月费，会使月付增加到385元，（前提）

3. [连续体中的小小变化后果可以忽略，]（隐含的前提）

所以，你买得起新电话。（结论）

如果阿里斯被这样的雄辩说服，大肆购物，用不了几次，他的信用卡限额、月供等，就会遇到严重的财政困难了。小事确实会带来大的不同。

【例二】

有连续体谬误嫌疑的论辩看起来很有说服力。实际上，就连一位认真学过逻辑的学生，也这么论辩：

盖亚教授给每个学生的期末总平均分加上了五分。照我看，她能加五分，也能加六分，那样我就及格了。五分和六分有什么差别吗？可及格和不及格，就差在这一分上了。都加上五分后，蒂姆得了六十分，我是五十九分。他过关了，我没及格，难道他的心理学课就学得比我好那么多吗？

可能，得五十九分的这位学生对心理学的了解并不比得六十分的学生差很多，但总得建立一个分界点，不然，一些相反的事情，比如懂心理学与不懂心理学，就可以混为一谈了。

【例三】

149

一个面包圈或一支烟不算什么，哪个节食或戒烟的人没被别人或自己这么骗过呢？

回击谬误

要揭示连续体谬误的推理之荒谬，可以用这种策略：要求犯下这种谬误的人给“富人”之类的模糊词语做出定义。让他指定一个人得有多少块钱的财产总额才算“富”。比如他说“X”块钱，然后从那个数字上减去一点，比如一千块钱，问他一个人如果有X-1000块钱算不算富裕。对方肯定会说：“算的。”不断重复这个过程，每次减掉一千块钱。对方可能一直说“算的”，直到这个进程的方向变得明朗起来，对方很快就得同意，拥有X—X元钱是富人，这太荒唐了。对方应能从这个例子中领会到，小的变量无足轻重的假定，使自己落进了陷阱。对方也应该能意识到，自己先前论证所使用的思维方式会导向同样荒谬的结论。

如果论证人最后不得不承认，骆驼背可以毁于一小根稻草的额外重量，法官可以只因为小小的一英里时速之别判决你超速，学生可以由于学业平均点数中千分之一的差距而毕不了业，他也就能够承认，分界是可以有的，而且有时必须得有。

- **合成谬误**

定义：假定对整体之各个部分为真的，对整体也为真。

犯了合成谬误的隐含前提，是站不住脚的，没道理的。尽管这类假定在个别情况下是成立的，但作为普遍的声称，不值得接受。而且，任何或明或暗地运用这没根据的假定的前提，是不可接受的。

合成谬误的发生，主要是当由于与其部分的特殊关系，“整体”的性质与个别部分的性质并不相同。比如一支球队，每个球员都很出色，但球队并不一定因此出色；把一群技术水平很高的球员召进一支球队，如果融合得不好，球队仍可能是不怎么出色的。我们不能只因为整体是由部分组成就把部分的性质分派给整体。这个假定忽略或没能理解这样一个事实，不同部分之间的关系、相互作用与影响的方式，常常改变整体的性质。

150

合成谬误不能与仅从一两例便推论整类事物的性质的谬误混淆起来。那种谬误的要害是证据不足。合成谬误的无理假定，则是我们可以基于每一个部分的性质推论整体的某个性质。

这一谬误的一些实例很容易辨认，比如听到拉里对保罗说："咱俩爱在一起玩儿；我的朋友芭芭拉与我也爱在一起玩儿；所以我肯定，如果咱们三个一起去度假，一定会很好玩的。"又如我们能一下看出孩子的立论是站不住脚的："我喜欢橘子汁的味道，我还喜欢麸麦片，所以我想如果用橘子汁而不是牛奶去泡麦片，一定很好吃。"但是，另一些实例就不那么容易发现了。

【例一】

明年春天起普尔教授和沃尔顿教授要合授科学哲学课。他俩都是学校里顶尖的教师，所以那门课一定好极了。

这一论证的标准格式如下：

1. 普尔教授与沃尔顿教授要合授一门课，（前提）

2. 他们都是顶尖的教师，（前提）

3. [课一定讲得很棒，]（隐含的前提）

[因为对局部为真的对整体也为真，]（隐含的子前提）

4. [讲得好，就是好课程，]（隐含的前提）

所以，那会是一门很好的课程。（结论）

普尔教授和沃尔顿教授都是好教师，但如果这里的"好教师"一词是大学里的惯常用法，那他们合授的课程说不定很糟糕呢。许多"好教师"之所以是好的，恰因为他们能完全、独自地控制课堂。而合授的课程，并不是这样控制的。且还有别的原因，有可能使两位教师不能像一个团队那样紧密合作。不管是哪种情况，隐含地使用"对局部为真则对整体也为真"假定去支持对某一特定的局部—整体关系所作的声称，是不可接受的。

【例二】

秋天，我们学院合唱团招选，有几百人报名呢。选出的出色歌手有三十名之多，看来今年我们的合唱团一定非常棒。

这个声称出自合唱团指挥之口，而他本来应该更高明一些的。出色的局部组成的整体一定出色，这是不成立的假定。有若干因素可能使出色的歌手组成的合唱队并不出色，比如一些好歌手的音色与另一些好歌手的音色搭配不起来，这样的话，合唱团的水平也就平平了。

151

【例三】

下面这个谬误，我们大概在平时的闲谈中都听到过吧？

丹是个好小伙子，丽贝尔是个好姑娘；他们俩要是在一起，一定是天作之合。

我们称之为“婚姻”的那个整体，可不只是部分之和。就婚姻关系这方面说，这两个“部分”可能非常不协调呢。

回击谬误

整体的性质并不总是不同于其局部，意识到这一点是很重要的。如果从潘趣酒碗里盛出的每一杯酒都是酸的，可以完全有把握地得出结论，那碗里的每一滴酒全是酸的。在这个例子中，每一杯酒里都没有什么东西，在与其他酒混合起来后，能够改变整碗酒的特性。

有些时候，针对整体的声称之证据，来自其部分。作为“回击”策略，你可以向对方说，你理解他基于部分的特性而得出有关整体特性的结论，因为有些情况下部分确实能够提供对整体的事实性证据。同时，你可以举例说明，在另一些情况下，这一可以理解的假定却会导致荒谬的结果。比如这个例子：朱莉可以有非常漂亮的衬衫，漂亮的裙子，漂亮的鞋，但穿在一起，可就不一定好看了。样式或颜色如果不搭配，衣服会很刺眼。

- **分割谬误**

定义：假定对整体为真的，对整体之每一部分也为真。

分割谬误是合成谬误的反面。与后者相反，它那靠不住的假设是整体的特性便是每个部分的特性。然而，正如我们将要看到的，整体所表现出来的，经常与其局部大相径庭。

分割谬误的另一种形式是基于对类的归纳，做出对某一特定元素的推论。这种情况下，整体的性质是对多数成员的一个统计性的归纳，不能够推广到具体成员上面去。这种类的性质可以适用于许多元素，然而因为我们无法知道具体哪一个元素适用哪一个不适用，如果没有额外的证据，假定那性质是对任一元素的准确描述，便是谬误的了。

152

【例一】

假设某个高中毕业生拒绝上弗吉尼亚大学，原因是他喜欢小一点的、亲密一点的课程。这种想法便犯了分割谬误，因为他不恰当地推论很大的大学只会有很大的课程。

他的论证在标准格式下是这样的：

我不想去那种课程非常大的大学，（前提）

[弗吉尼亚大学是非常大的学校，]（隐含的前提）

[弗吉尼亚大学的课程非常大，]（隐含的前提）

[原因是对整体为真的对部分也为真，]（隐含的子前提）

所以，我不想去弗吉尼亚大学。（结论）

第三个前提，基于的是其子前提中隐含的无理预设，违反了良好论证的可接受性规范。而且，即使规模大的学校课程也大，这种趋向有统计的支持，这位学生也不能合理地推论说规模大的学校里的所有课程或某一门课就一定很大。

【例二】

乔治可能确实有张好看的脸，但要说他脸的任何部分——比如鼻子或嘴——都好看，就不一定了。

在这里，整体的性质不一定是每一局部的性质。

【例三】

人是有意识的实体，但我们不能（像有些人那样）因此推论说，人的细胞或别的什么局部都是有意识的实体。

回击谬误

对分割谬误的反驳，与对合成谬误的反驳相似。告诉对方你理解他就整体的性质而推出部分的性质的理由，因为有些情况下，整体确实能提供对针对部分之声称的事实性证据。然后你可向他演示，在另一些情况下，这种可以理解的假定却可导致荒谬的结果，例如，美国的地貌丰富多样，但若因此假定任意一个州的地貌也是丰富多样的，却是十分荒谬的。

要用例子来反驳基于对类的概括而得出关于成员的结论，可以试试这个：从概率上说计算机在使用的头三年里不会坏掉，但要由此假定你那台计算机在头三年一定不会坏掉，就是荒唐的了。分割谬误的两种形式，都是暗中使用对整体为真则对局部为真这一无理预设来支持涉及某一局部的声称。

153

- **非此即彼**

定义：对某一情势或问题下的取舍数量做出严苛限制，假定其中一个必为真的或对的。

这一谬误有时也称作“黑白谬误”（非黑即白）。不过，非此即彼的谬误并不像名字暗示的那样一定只考虑两个极端。它或是由于未能接纳或承认所有可能的不同选择，而将情势过于简单化了，或是将选择的数目限制得太小。限制取舍而且认为在自己定出的狭小范围中一定存有正确的一个，是无理的假定，基于这种假定的前提是不可接受的。

非此即彼的假定，只有在面对截然相反的矛盾局面时才是可靠的。矛盾排斥任何中间的渐变，将选择限制为两个，便是理所当然的了，因为如果一事不是X就是非X，两个矛盾的选择一定是一真一伪。在一事项与其反项之间，如热与非热，是没有中间地带的。

非此即彼的谬误最常发生的情况是，我们错误地将对立视为矛盾。对立与矛盾不同，在两极之间可以有许多阶段。一事项与其对立项之间可以有广阔的中间地带，比如在冷热之间，同样可能出现的情况，是二者皆伪。如果有谁宣称天气非冷即热，他就犯下非此即彼的谬误，因为他给出的取舍数量太小了，而且还假定这点取舍中必有一个为真。

【例一】

假设萨利巴教授说人工流产在伦理上或者是对的，或者是错的，而主张人工流产是应为之事的人，就算有也没几个，所以，人工流产一定是错的。萨利巴教授暗示地定义伦理正确为"伦理所要求的"、伦理错误为"伦理所禁止的"，他犯了非此即彼的谬误，因为他没有考虑到至少一种伦理取舍，那就是视人工流产为"伦理所许可的"。"正确"和"错误"应被视为对立的，允许一定程度的中间地带的取舍。

在这个例子中，它们被视为矛盾之物，结果便有了萨利巴教授的非此即彼。这一论证包含的假定是靠不住的，将它转换为标准后，看得更加清楚：

1. 人工流产或是伦理所要求的（对）或是伦理所禁止的（错），（前提）

2. [而只有这两种伦理立场，]（隐含的前提）

3. 没有人会主张人工流产是伦理要求，（前提）

所以，人工流产是伦理所禁止的。（结论）

隐含的、没根据的第二前提排除了对人工流产的伦理容许这样一个选项，如果这个前提不成立，结论也就不成立了。

【例二】

将对立视为矛盾，出现在耶稣的这句名言中：“不与我相合的，就是敌我的。”类似的声称还有，如果某人不是有神论者，就是无神论者。

这两个声称似乎都不容忍中性取舍或不可知论。

【例三】

古典神学家中间有种常见的论辩，说现今世界或者是上帝创造的，或者纯出自运气，而要说我们寄身的世界只是因为纯粹的侥幸才有，太难以置信了，所以一定是上帝创造了现今世界。

这个论证便有非此即彼的谬误，因为它没看到还有另一个选项，自然选择。论证人把取舍限制为两个，好像它们是矛与盾，进而假定如果其中的一个不太可能是真的，另一个便是真的。然而这两个取舍并非矛盾的关系，所以不能如此推论。第三个选项，自然选择，与运气理论是很不同的，它认为一系列可知因素的高度复杂的带有偶然性的演化进程，合理地导致了现今世界的状态。

回击谬误

真正的非此即彼局面，其实是罕见的。如果有人把这样一个局面摆在你面前，心存几分怀疑，大概是不错的想法，除非你看到的确实是矛盾之物。在几乎所有情况下，总有不止两种取舍，虽然与你争辩的对方可能忽视之。

要反击限制取舍的论证，问一下对方，他提出的方案是否穷尽了所有可能的取舍；如果对方不情愿或不能够想出其他的取舍，你自己可以举出几个来，质问对方这些何以就不是可能的选择。等到所有的可能选择都被考虑进去了，剩下的问题就只是这些取舍中的哪一个更拥有良好论理或证据的支撑。

155 ● **实然—应然谬误**

定义：假定事物此时既然如此，便是理当如此；或反过来，假定事物此时并非如此，便是理当不如此。

实然—应然谬误充满道德或价值色彩。事物的当前面貌，被认为便是理想面貌或“应当的面貌”，只是简单地因为事物是当前这个样子。对事物为什么是这个样子，为什么应当是这个样子，并没有给出任何证明支持。它只是简单地声称一件事现在发生了，那它的发生就是对的，如果没有发生，那它的不发生就是对的。

这一谬误要与诉诸传统的谬误区分开来。不当地诉诸传统的谬误，认为出于对传统的尊重，应当维持现状；实然—应然谬误则认为，应当维持现状只因为它是现状。它的假定是，现状之为现状这一事实本身便是对其正当性的充分证明。

还要将实然—应然谬误与不当地诉诸众议的谬误区分开来。诉诸众议的典型场景是错误地将众多人的看法作为声称之真实性的基础。而实然—应然谬误将政治或实践现状作为某一特定政策或实践的正当性基础。

含有"实际的便是合理的"这种没理据假定的前提是不可接受的。此时此地如此行事，并不能证明此时此地就应该如此行事。

【例一】

阿曼达：里克，明年春天咱们去巴黎度假吧。

里克：我实在是觉得咱们不该去巴黎。咱们一直是每年去不同的国家；巴黎已经去过了。

里克的论辩写为标准格式，结构是这样的：

1. 我们的惯例是每年春天去不同的国家度假，（前提）

2. [既然在这么做，说明就应当这么做，]（隐含的前提）

3. 我们已经去过巴黎了，（前提）

所以，明年春天我们应该去法国之外的国家。（结论）

小前提中的无理预设现在暴露出来了。基于不可靠的假定的前提是不可接受的，所以，阿曼达和里克一直是每年春天去不同的国家这一事实，并不构成对他们将来应当去哪里度假的支持。

156

【例二】

大麻是非法的，儿子！如果抽大麻没什么错，那怎么会是非法的呢？明白了吗？

销售与持有大麻是非法的，这一事实并不构成对其本身恰当性的支持，因为，“一种行为现在是非法的，所以它应该是非法的”这种假定，想找到合理的证明是极不可能的。父亲的论证以此为基石，失败就是难免的了。父亲要在大麻的事上说服儿子，还需另找更好的论证。

【例三】

警官，你不能给我开停车罚单！人们从早到晚把车停在这儿，从没人得过罚单。我自己在这儿停车就有好几个月了。胡同里那个‘禁止停车’的牌子，根本没人去注意。

不服从甚至对抗交通法规的行为，可不是推论不该服从交通法规的好理由。

回击谬误

良好论证的结论，永远需要证据或良好理由的支持。如果某一政策和行为，除了现状之外再无证据或理由的支持，你就应当向对方指出，“现状”的证明根本就不是证明，而他的结论需要正当的支持。如果对方能够提供那样的支持，你再决定自己是不是要赞同那一政策或行为。

为说明自己的观点，你可以指出尽管有些人只因为其性别而受歧视，这一事实绝不构成继续性别歧视的理由。如果对方认为对不同性别的人区别对待是有其他理由的，那他应该把理由说出来以接受考察。

有时，你可能又得求助于荒谬反例的老法子。要找出好的反例并不难，不过，这一个也颇可一用："因为现在多数司机都超速，所以司机应当超速行驶。"即使对最热爱实然—应然谬误的人来说，这个论证的荒谬也是一目了然的。

- **一厢情愿**

定义：假定因为希望某事是真的，它便是真的或将为真的。或反过来，假定因为不希望某事是真的，它便不是真的或不会成为真的。

157

一般来说，希望事物是自己想要的样子，这本身一点错也没有。希望某一特定的结果，只有当将愿望作为前提去支持美梦成真的结论时，才是谬误的。基于无理据的假定的前提，是不可接受的。

一厢情愿的论证的主要前提中含有的假定是，我们对某一声称的感情，对其真实性或价值提供了或多或少的支持。实际上，我们许多强烈的宗教信念或其他意识形态信念，看起来唯一的基础就是自己强烈希望这些信念是真实的。有的作家甚至建议，一厢情愿可以叫作"信念谬误"甚至"信仰谬误"。有人就是这么对我们说的："如果你相信X，X就会是真的。"还经常有人告诉我们，如果你相信一事是真的，那事"对你来说"就是真的。有些情况下，愿望可以推动人更加努力，有助于愿望变成现实，这是有可能的，然而，简单地相信某事为真，并不会把任何事变成真的。

一厢情愿的谬误，有时容易与强词夺理混淆起来。强词夺理的人与一厢情愿的人都希望自己的声称是真的，强词夺理是设法通过不相关的虚假前提去树立声称，一厢情愿则是只靠心想事成的无据假定来自我证明。

【例一】

人死后生命是否继续存在？一位英国神学家提出的论证是这样的："几乎所有的人都希望永生，所以永生是一定有的。渴望永生是人类本性的一部分。如果永生是不存在的，为什么所有的人都希望永生呢？"

这论证的标准格式如下：

1. 绝大多数人希望永生，（前提）

2. [人们希望为真的，是真的或将是真的，]（隐含的前提）

所以，一定有永生。（结论）

即使对永生的渴望确实是普遍的，也有足够的理由相信，普遍的愿望也会而且经常会得不到实现。不妨想一想这个现象，绝大多数人都希望拥有比现在更多的金钱。想让事情是怎么样的，不管有多少人在这么想，并不能令事情果真那么样。

【例二】

我丈夫失踪已经十年多了。但我知道他一定还活着。他就是不可能死的。

他可能确实还活着，但这位妻子的美好心愿并不能支持她自己的声称。

【例三】

每一个人，在世界的某处，都有一位完美的伴侣。每个人都想要完美的婚姻。如果你努力寻找，努力维护，你就会得到完美的婚姻。

有时，希望某事发生，确会对其发生有所影响，但那只是在我们与情势的联系是直接的、主动的情况下。即使那样，我们也很少能完全控制事务，特别是像婚姻这样复杂的事务。

回击谬误

158

要对抗一厢情愿的谬误，一种方式是提出一个强有力的相反声称，请对方考虑。一厢情愿到严重程度的人，大概会想方设法反驳你的声称，为了做到这一点，他可能不得不放弃对“愿望证明”的单纯依赖。这样的举措才能把论证移回它应当属于的地方，用证据或良好的推理来支持结论，而不是只凭自己的愿望。

另一策略是，如果可以的话，作为与一厢情愿者的结论相反的声称，并将自己希望或相信自己的否定性声称为真作为自己的唯一证明——这也正是对方对自己那乐观观点的证明方式。你们俩的结论是互相矛盾的，所以至少其中的一个一定是不成立的，而决定孰真孰伪，便要求——如果你们俩的讨论进行得顺利的话——合作起来评估不受你们左右的证据，那些与愿望无关的证据。

最后，你还可以试试荒谬反例法。询问对方，他的愿望式思维与一个因为不想怀孕便相信自己没有怀孕的女性的思路有什么两样。

- **拒绝例外**

定义：假定原理或规则不能有例外情况；或反过来，因为有例外便不承认原理或规则。

我们应用或认可的原理或规则，几乎全都有例外情况。不当使用原则的人忽略这一事实，做出不能有例外的无理假定。这个谬误有两种情况。一是论证人对原则之应用范围的合乎情理的例外情况缺乏考虑，把原则扩展到有违本意的情势中。

第二种，是假定异乎常态的或例外的情况会使原理、规则不真实或不再成立。这种谬误，没有意识到，异常情况并不能伤害在异常情况之外得到公认的法则总体上的真实性或价值。事实上与此相反，有这么一句话，“例外证明规律”，乍听有些奇怪，其实是有道理的，应该说给自以为可以用所称的例外驳倒法则的人听听。我们将一件事称为例外，这本身就说明规律是实际存在的，而且在绝大多数情况下是有效的。

159

如果前提里假定通则和原理不能有例外，或可以被异常情况驳倒，是对法则本性的误解。这种谬误涉及如何看待异常的或意外情况，所以有时也被叫作意外谬误。不管叫什么名字，前提里假定法则不能有例外的论证，不是良好论证。

【例一】

赫尔女士想在自己位于城市居民区的房产里开一家二手车行。她论证说，那是她自己的地盘，所以她做什么就做什么，城市规划管不着她。

赫尔女士的论证在标准格式下是这样的：

1. 我要在自己的房产里开二手车行，（前提）

2. 按照相关的法规，在自己的产业里我想做什么都可以，（前提）

3. [这一法则没有例外，]（隐含的前提）

所以，我是可以在自己的房产里开二手车行的。（结论）

总的来说人们有权按照自己的意愿使用自己的房地产，这条规则我们大概都会同意。然而如果声称对房地产的使用，不能够有任何法律限制，便是对规则的不当运用了。房产主在自己产业上做的事，有可能对附近的居民发生不利的影响，比如在自己的后院盖个小型养猪场，而那后院恰位于烧烤区与孩子玩的沙坑之间。上面论证中隐含的第三个前提，声称法规没有例外，是站不住脚的假定，因此那前提是不可接受的。

【例二】

假设一家汽车影院在放映X级电影时有规定“十八岁以下的人不能入内”。如果接待员不许带着熟睡婴儿的夫妇进入影院，便是对规定的不当应用。那规定原本不是针对这种情况的。

【例三】

拒绝例外谬误的第二种情况，可以用这个例子说明：心理咨询师在必要的时候完全可以说谎，以避免背叛病人对医生的信任，若以此来反驳“说谎是不对的”这一原则，便是谬误了。

不说谎原则的这一例外情况，并不能使论证人得出结论说“说谎是不对的”这一道德原则是虚假的。这时就该简简单单地承认，道德原则经常彼此冲突，必须在不同的原则之间选择，通常是看在所面临的情势中哪条原则更重要，有更高的优先地位。

160 **回击谬误**

要点明对原理的不当使用的谬误性质，一种办法是与对方一起认真考虑原理或规则的本来目的。你可以让他看到，“例外”如果并不违反原则的精神，完全是可以接受的，如汽车电影院的例子。你还可以让他看到，如果在某一形势中原则被与之有冲突，然而更重要的其他原则制约，例外是合理的，如在养猪场的例子中。

另一套反驳方针是想出几个对方同意的原则，然后找出对方也不能否认的例外情况。比如，你的论证对手大概会同意父母有责任按照自己所认为的最好方式去抚养孩子，而他们大概也会同意，父母没有权利体罚孩子。如果对方认可这种情况下的法律介入，他就应能承认，对自己所不当使用的原理，是可以有例外情况的。

- **折中谬误**

定义：假定两个对立观点之间的中间或折中观点是最好的或正确的，只因为它是中间观点。

这一错误的思考方式还有一个名字，叫作中庸谬误。遗憾的是，这个谬误是我们传统智慧的一部分。这种谬误假定中间一带的立场总是最好的，而理由非常简单，就是因为它在中间。而某一立场是否处于中间位置，与其价值毫无关联。虽说有些时候，一个中庸的观点可能确实是最好的或最值得采纳的，但也有许多时候，对一个问题的所谓极端或激进解决方案却是最站得住脚的。无论如何，含有中间立场总是最好的这种靠不住的假定的前提，是不可接受的前提，一旦出现，论证就不会是良好的了。

也许应当指出的是，有时要解决某些困难的问题，妥协可能是唯一可行的出路。例如，妥协可能会阻止进一步的经济损失，流血，或精神痛苦。为了摆脱这些纷争所做出的妥协并不是谬误，然而，认为折中方案只因其折中便成为最可靠的方案，却是一种谬误。

【例一】

雷伊想给自己的公寓买一台二手冰箱。他在旧家具店里看见一台，尺寸看上去挺合适。店主要价三百元，雷伊出价二百元。二人争执不下，雷伊便建议“折中一下”，二百五十元吧。

转换为标准格式后，雷伊的论证中的无理据假定便显现出来：

161

1. 这台旧冰箱，你的要价是三百元，（前提）

2. 我愿意付二百元买它，（前提）

3. [中间永远是最好的立场，]（隐含的前提）

所以，正确的或最好的价格应该是二百五十元。（结论）

这一折中方案在雷伊看来挺公平，但它可能并不是最公平的解决方案。一种可能是，卖主已经在这台冰箱上花了二百五十元，总得有点赚头；另一种可能是，在旧货市场上这样的冰箱可能值不到二百五十元，倒是雷伊最早的出价，二百元，是很公平的价格。无论是哪种情况，隐含的第三前提中的假定是靠不住的，这一前提也就不可接受，整个论证是失败的。

【例二】

我很难接受一切人类事务都是先前原因的不可避免的结果这样一种观念；但同时，我也很接受人类行为实际上可以挣脱前因之影响的观念。换句话说，我发现决定论和非决定论都有点站不住脚。无疑，最站得住脚的观点，应是处于两者之间的。

这个两难处境，对哲学入门课程的学生来说，不算稀罕。而答案并不在于找到两种观念的中间位置。决定论和非决定论是彼此矛盾的。或者一切皆属前定，或者并不如此。并没有什么中间立场。

【例三】

在谈论巴以冲突时，时时能听到这个论证："巴勒斯坦和以色列各执一词，各处一个极端。因此，某种妥协一定是最好的解决方案。"

妥协也许是最终弭息争端的唯一办法，但那不等同于认为妥协就是这件事的最好解决方案。

回击谬误

如果论证人就一事项提出中间立场，坚持说这立场的价值是自明的，那么，要求他用老派的办法证明自己的这个立场——不涉及其所谓位置。即使在实际上你最后接受了折中办法以消弭争议，你还是要把话说清楚，折中立场并不一定是最无懈可击的或最公正的。你不是输不起，你只是一个善于思考的人，而最好的立场永远是最好的论证所支持的立场。

如果你向折中谬误发动的攻击不成功，总还可以试用荒谬反例法。询问对方，在投票站的最佳行为，是不是采取折中立场，把票数平均分给票面上的所有政党。可以预料的是，对方多半会说有些政党不配分得他的选票。同样，对方基于对中间立场的无理假定的结论，也不配享有你的赞同票。

162

- **不当类比**

定义：假定在某一方面或若干方面类似的事物一定在其他重要方面也类似，而没有看到它们相似之处的缺少意义以及差异的重大意义。

不当类比只是简单地假定在某些方面相似的事情在其他方面也一定相似，进而由此及彼地得出在其他方面的可疑结论。不当类比的人没有考虑的是，被比较的对象可能只在某些表面、不重要的方面相似，而在别的重要方面不同，也就是说，在与论证的当前事项的关联性方面不同。

假设现在争辩的事情是某个雇员，晚来早走，喝咖啡和吃午饭的时间特别长，还把墨盒带回家用到自己的打印机上，这样的行为是不是不道德。若认为不道德，或辩说这样的行为与从公司的钱柜里偷钱没什么两样；若要做出有质量的类比论证，论证人会尽可能多地举出被比较的两类行为之间的相关且有意义的相似之处，还要指证它们之间并不存在相关且对当前问题有意义的重大差异。

即使类比论证的前提精准地举出了有意义的相似之处，而且只发现了很少的差异甚至没有差异，仍然没有摆脱类比推理本身的问题，因为一般来说，类比法在本性上只是建议性的，即使是对两个事物的很好的类比，所得出的关于其中一件事物的结论，也很少是十分充分的。因此论证人还需要提供其他的证明来支持自己的声称。

【例一】

格罗斯曼教授说："如果只听一种音乐，只吃一种食物，没过多久就会厌烦，觉得无味。多样化才会带来兴奋、丰富的听觉或味觉体验。所以在我看来，一辈子只与一个人保持排他的性关系，也就是婚姻，要想享有相当程度的兴奋和丰富，是没什么希望的。"

将格罗斯曼教授的类比转换为标准格式，缺乏依据的假定便显露出来：

1．总是吃同样的食物，听同样的音乐，很快会使体验变得

无趣，（前提）

2. 多样化使体验更加兴奋和丰富，（前提）

3. [在性关系中我们希望能有相似的兴奋和丰富，]（隐含的前提）

4. [比较的对象若在某些方面相似，便在其他方面相似，]（隐含的前提）

所以，性关系上力求多样而非限制在单一的婚姻伴侣之间，会使体验更加兴奋、丰富。（结论）

格罗斯曼教授的论证初听上去颇有说服力，但要成为良好论证，他还得向我们展示，被比较的事物的相似性是有意义的，就本例而言，他还得证明排他的性关系与一成不变的食物和音乐并无本质的不同。人际关系是如此的复杂，充满各种可能性，所以，格罗斯曼教授到底能不能说服我们相信单调的食物和单调的音乐的缺陷可以延伸至排他的性关系上，是值得怀疑的。也就是说，他的类比失败了。

【例二】

假设有人这么为开卷考试辩护："心理医生遇到疑难时，从《精神疾病的诊断与统计手册》中查阅资料，来帮助自己做出诊断，没人反对他这么做；那么，为什么学生在考试中遇到困难时，就不可以查阅教科书呢？"

他比较的两个对象之间，相似之处太少了。唯一看上去有点相似的，是二者都查阅书本以助解决问题。但相似之处也就到此为止了。虽然都涉及查书，两件事的目的却完全不同。一件是特别设计来检查学生的知识的；在另一件事上，查书是为了帮助心理医生诊断或确诊病情。至于心理医生的基础知识，既然他拿到了医师执照，便说明已经通过检查了。

【例三】

吸烟与把砒霜吃到肚子里，没什么区别。两个都被证明可以导致死亡。所以，除非你愿意吃一大匙砒霜，我看你还是别吸烟了。

确实，吃砒霜与吸烟都与死亡有因果关系，但这些因果关系的性质，还是有很大不同的。一份大剂量的砒霜会立刻置人于死地，而吸烟——即使烟量很大——可导致早逝，则是在体质恶化或疾病的长期过程之后。一种是瞬间的、必定的死亡；另一种情况，死亡是统计性的。所以，这类比是不恰当的。

164

回击谬误

挫败不当类比的一个最有效的办法是，构想一个相反的类比，可以得出与对方的结论直接对立的结论。例如，对格罗斯曼的论证，你可以用这个类比反击："子女，终生的朋友……这些愉快而亲密的关系，是可以依赖的，从中我们感觉到舒适、享受，我们愿意将这些感觉终生维持下去；与终身伴侣的愉快、亲密且可以依赖的关系，也是如此，也是我们要永远珍爱，维持一生的。"这个反面类比也是有缺陷的，不过它至少能显示出，格罗斯曼教授的类比论证是结果不明的。

如果你遇到一个特别糟糕的美化，而一时想不出有效的反例，就径直指出两个对象只在不重要的琐碎方面相似，从相应的声称中得不出什么结论。绝不能任由使用类比的“聪明人”以为简单地指出不同对象间有趣的相似点，就算拥有了可接受的证据。

练习

Ⅱ. 无理预设的谬误 对下面的每一个论证：（1）指出无理假定谬误的类型；（2）解释推理是怎么违反可接受原则的。每种谬误都有两个例子，标以*号的，在书末有答案。

*1. 每天干活前非得喝杯咖啡的人，与喝酒成瘾的人的毛病一样严重。

*2. 州警可以使用没有执法标志的汽车来查获超速车辆，给朋友开惊喜生日晚会时可以骗他，那么，又怎么能说“欺骗是不道德的”呢？

3. 没有人讨厌我到要扎坏我的汽车轮胎的程度，我肯定。所以这一定是无目标的破坏，要不就是弄错人了。

*4. 你说这本小说不真实，我想不出你能有什么道理。这书里的每一件事都是有可能发生的。

*5. 吃肉的人，默许对动物的杀戮。看来我们也得默许杀人了——一种动物生命形式与另一种动物生命形式有什么区别吗？

*6. 弗吉尼亚大学是我国最好的大学之一，所以，它的哲学系一定非常出色。你为什么不申请去那里完成你的哲学专业毕业作品呢?

*7. 要我说呀，咱们的橄榄球项目，要么就不吝花费，这样才能同本地区的好球队一争高下，要么就干脆别玩了。

*8. 马克辛：让我想一会儿，吉恩。跟人发生性关系不是件小事，我得尽量做出有理性的决定。

吉恩：嗨，马克辛，性关系可不是那种需要理性决定的事。

*9. 没人能够证明上帝的存在。你要做的只是相信上帝的存在，用你的生活接受上帝，那么对你来说上帝就是真实的。

*10. 法官：从本案的两个主要证人那里，我听到的证词是彼此矛盾的。我只能得出这样的结论，真相一定藏在某个中间位置。

*11. 乔治：不了，谢谢。我不喜欢脱咖啡因的咖啡。我不喜欢那味道。

米尔德里德：但这个更好啊，这可是新牌子的。

12. 有些学生希望，我校里的男女分开的宿舍楼的大厅，24小时向异性开放。其他人则愿意要封闭政策，也就是任何时间里不许任何异性进入。最好的解决办法，难道不是让宿舍楼每天开放12个小时，比如从中午到午夜?

13. 民主党支持全民健康保险项目，所以我想，我们地区的民主党议员布歇支持这一计划。

14. 人衰老了，身体越来越缺少活力，最终步入死亡，所以，可以合理地预期，政治实体存在的时间越长，就越缺少活力，而且最终也将消亡。

15. 母亲对闷闷不乐的儿子说：等我们搬到孟菲斯，安定下来，一切都会好起来的。

16. 酒店经理：对不起，你不能把狗带进来。我们有规定，不能携带任何动物入内。

马克：但那是我妻子的导盲犬。她是盲人。

酒店经理：对不起，我们只能执行规定，不然这儿就变成动物园了。

17. 你投票给麦凯恩，因为他是共和党人还是因为他许诺加强边境控制，努力解决非法移民问题？

166

18. 我不明白国会为什么还在辩论是用联邦资金资助人工流产，还是限制人工流产。人工流产是非法的，四十年来一直如此。

19. 农夫对儿子说：小子，你如果每天举起那头刚出生的小牛犊，你的肌肉跟着增长，等牛长大了，你也能举起来。牛每天只长一点点分量，多举那点分量，对你来说不算什么。你今天能举起来，第二天也举得起来。

Ⅲ. 对下面的每一个论证：（1）从本章讨论过的所有谬误中，找出其对应的类型；（2）解释推理是怎么违反结构原则的。每种谬误都有两个例子。

1. 如果学校请一位新教授来教微积分，我就肯定能通过这门课。

2. “人”（Man）一直用作不分性别的代词。我们没理由去改变这个。

3. 我想政府别无选择，只能支持福利计划。宪法就此说得很明白，政府有责任去促进公共福利。

4. 不，我不相信你。博比才不会那么对待我。她爱我，她不会欺骗我的。如果她像你说的那样对我不忠，会毁掉一份美好的感情。她是我的全部，她根本就不会那样对待我的。

5. 我们并没提倡书报审查。我们只是保护学生不要接触那些道德上有问题的东西。

6. 电话铃一遍一遍地响。戴安娜一定是睡着了，或者不在家。

7. 贝蒂，我们让你玩到适当的时候就回来，你却半夜才筋疲力尽地回家。我们原以为可以信任你，我想我们错了。

8. 埃迪：我不明白，为什么给自己的公寓装个电话还得告诉你我父母的姓名住址?

电话公司：你不是学生吗？对学生我们需要父母方面的信息，这是公司政策。

167

埃迪：可我是个43岁的研究生！

电话公司：规定就是规定。

9. 帕特里克：参议院对共和党提出的环境议案的修正，改进很大。

沃思：是吗？不错呀，民主党把对方的烂摊子打扫了。

10. 律师对法官说：一般来说女性比男性更擅长抚养，而孩子需要懂得怎么抚养的父母，所以我认为您应当把监控权判给我的当事人。

11. 罗伯特的妻子出轨，他便也去出轨，并为自己辩护说："你知道耶稣是怎么说的，'以眼还眼'。"

12. 一些研究表明，儿童每天看电视的平均时间是3.5小时。而一些父母只让孩子每天看半小时电视。我觉得这两种都有点极端，一天看3.5小时电视未免太多了，而只让看30分钟又是对孩子太严厉了。我觉得把限制设为每天两个小时，是最好的办法。

13. 我知道标志上写着这些弯道的限速是25英里，但如果时速25英里是安全的，时速26英里又能有多大问题呢？总之，25英里与30英里，没什么大区别嘛。

14. 杰拉德很有魅力；黛比也很有魅力。他们两个应该在一起，生个漂亮娃娃。

15. 买股票的人，与赌马的人，没什么区别。他们都是把钱掷在很小的机会上，指望赚大钱。

16. 杰米：你这几天总是气性很大的样子，杰德。出了什么事吗？

杰德：你以为你气性不大吗？

17. 黛布拉：我就是想不通，我放在抽屉里的50块钱到底哪儿去了。

珍妮：为什么不问问贝妮塔呢？她整天逛街买东西。刚才她回家，还拎着一堆新东西呢。

18. 没人遵守65英里的限速。多数人至少开到时速70英里。真该将限速再往上提5英里。

19. 桑德：我刚开了新马自达。你瞧，日本车真是很好。

维多利娅：不明白你为什么看不上美国车。有些最好的车就是美国产的。

20. 拉尔夫，咱们做朋友已有很长时间了，但从来没多谈过政治话题。你是哪边的，民主党还是共和党？

21. 解决争端时，公正的仲裁机构应该不偏不倚。但裁断学生与校方的争议时，所谓公正的仲裁委员会偏袒校方，把学生停课了。他们怎么敢自称公正？

168

22. 我父亲进了重症监护室。预后很不好，但他最终会击败癌症的。他结实得像颗钉子。过不了几个月，他又能在院子里除草了。

23. 昨晚我并没有和安吉约会。我只是带她去吃晚饭，然后看了场电影。

24. 弗吉尼亚大学的生物系，因为教学质量出色，在全国享有口碑。这个系的一个毕业生申请来我们新设的生物系工作。我认为我们应该赶紧聘用她。不会有错的。

25. 内奥米：谢谢你邀请我加入你们的教派，保罗。可我确实不是很信教的人。

保罗：真的？我认识你好几年了，从来没想过你会是无神论者。

26. 酒吧招待：我能看看你的驾照吗？

格蕾丝：我没有，我不开车。但我带着护照，你要看吗？

酒吧招待：对不起，没检查驾照上的年龄，我们就不能卖给你酒。

27. 巴里：我太太不肯同她妹妹一起去商店，因为她有一个多星期没洗头了。

丹妮斯：你太太可以把妹妹留在车里呀。

28. 在一些教会和神学问题上，我知道长老会与卫理公会有分歧。但我不明白的是，他们为什么不能合并起来，成为一个教派呀。既然每一方都没有百分百的真理，何不各让一步，达成对那些问题的最佳理解。

29. 咱们镇子终于要有个称职的医生了。下个月，新医生的诊所就要在大街的南头开张了，我要换到他那里去看病。我已经预约了。

30. 特蕾莎和马克要结婚了？在我认识的人里边，属这二位最不快乐了。他们的婚姻不可能快乐。

31. 我认为不管谁当选总统，都是一样的。这个国家像部机器。无论谁在操作机器，他们做的事基本上没什么两样。

32. 昨晚，俱乐部保镖不让我进去，我现在还生气呢。只差两个星期我就满21岁了。我觉得他们应该让我进去。我又不是什么十八九岁的孩子。

Ⅳ. 提交一份论证，是你上星期里听到或读到的，有关当前有争议的某个社会、政治、伦理、宗教或审美问题的。复印下来，或从录音中整理出来，自己写的分析放在单独一页上。

169

在分析中，把论证重新组织为标准格式，用良好论证的五项规范衡量其价值。指出有违结构原则、相关原则和可接受原则的谬误名字。然后为最无懈可击的观点写出尽可能好的论证。

V. 为违反可接受原则的每一种谬误找到或编写一个例子，想出自己的办法来反驳之。写在索引卡片上。

VI. 在五封信的这第三封中，父亲将本章讨论过的有违可接受性规范的十六种谬误，逐个犯了一遍。每种只出现了一次；信中的数字，表示前面的陈述出现了已命名的谬误。识别每个谬误，指出其命名。

亲爱的吉姆：

你在上封信中让我放心，你的哲学课没有使你放弃任何道德信念。那么，我便猜想你放弃一部分宗教信念了。（1）这令我很是不安，显然，我的前几封信没起作用。

这里略作回顾。正如我第一封信里说过的，哲学家认为理性适用于一切事物，包括宗教。我肯定你的哲学教师也做此想。（2）而我相信，只能将上帝作为信仰来接受，这是宗教的本义。（3）真正的信仰，不能是半心半意、不冷不热的，吉姆，正如不能“有点怀孕”。女性或者是怀孕了，或者没有；同理，人或者有信仰，或者没有。（4）如果不是全心全意的信仰，就不是信仰。或全，或零。（5）

你该记得，我在第一封信中说过，信仰并非一定得完全撇开理性思维。为了避免相信可能十分荒谬的事情，将理性运用于人们单凭信仰而接受的诸般事情上来，是适当的，但不能像哲学家那样走过了头。最好的方式，是调和理性和信仰。（6）

另外，有意思的是，在信仰方面，哲学家不是虚伪就是自相矛盾，因为他们自己也将观点筑基于对科学的“信仰”。他们只是觉得自己的信仰比我的更好。（7）哲学家的信念是，你要相信一件事情，必须有理由。但有信仰的人，对这种要求根本不屑一顾，因为你一旦开始用理性支持信念，就再也停不下来，最后彻底向理性的命令投降了。（8）所以，最好是一步也不要迈入他们的歧途。信仰是自明的，不需要证据支持，如果你接受了这个原理，你就知道任何证据的运用都是对这一原理的背叛。（9）

如你所知，我对哲学家评价甚低。他们以为自己很深刻，其实只是自欺欺人。例如，我可以打赌，在你们的教授对上帝信仰的批评中，没有一点是出自决定性的、无可辩驳的论证，也就是说，他的整个论证体系是不确定的，不充分的。（10）哲学家肯定会想办法哄诱你，会声称人可以同时为基督徒兼哲学家，但你知道耶稣说过：“人不能一仆二主。”（11）

如我先前所说，有信仰的人只需聆听《圣经》里的话，我指的是原话，而不是别人的解释。（12）在《圣经》中上帝要我们相信他，我便相信他。这意味着，上帝会使我们远离危害，响应我们的祈祷，保证我们生活得快乐满意。（13）这也是所有人对生活的期望，如此普遍的愿望，我无法想象那会是

170

假的。（14）

吉姆，我不是在吩咐你做什么，我只是建议，如果你打定主意要接着学哲学，下学期换一位教授吧，那么，在宗教问题上，他可以教给你更好的一套观点。

亟盼你回家过圣诞节时，我俩可就此方面长谈。你母亲向你问好。如你所想的那样，我确实比你母亲更喜欢谈论这些事情。（16）

爱你的

父亲

Ⅶ. 以吉姆的口吻给这位父亲写一封回信，从这封信中选出一段，回应或反驳他那笨拙的推理。尽量驳回每一种谬误，但不要明说谬误的名字。运用你从本章各个“回击谬误”小节中学到的知识阐明自己的观点。

第八章　违反充分原则的谬误

171

概　要

本章将帮助你：

·用自己的话定义或描述出违反充分原则的每一种谬误。

·在日常的对话或讨论中，你能辨识、说出、解释每种谬误的错误推理模式。

·利用有效的策略辨析，或帮助他人纠正其推理中所犯的相关错误。

9. 充分原则

良好论证的第四个原则要求我们，无论在支持或反对某个立场时，必须提供足够数量的、有足够说服力的、可信赖的证据来支持结论。

本章讨论的谬误，其错误在于，论证中呈现的前提不充分，不足以得出相关结论。前提不充分包括两种情况，第一种是原本用来支持前提的补充前提不可靠，不能支撑前提，导致前提不可接受。上一章中，我们已经详细讨论了好论证所必需的接受原则，此处不作细表。第二种情况是，用来得出相关结论的前提不够充分，即前提无论从数量上、类别上，还是强度上都不够，不足以得出有关结论。

本章我们将主要介绍第二种。但是，有趣的是，上述的两种情况其实均可用一种方式来理解；因为子前提所推导出的前提，实际上也是一个内在的论证。也就是说，要有足够量的可接受的子前提来推导出前提，整个过程和主论证中一样，均需要提供足够的证据得出结论。

172

违反良好论证充分原则的谬误可分成两类：（1）缺失证据的谬误；（2）因果谬误。

缺失证据的谬误

研究实际生活中的一些论证，我们会发现，许多论证所提供的证据非常少，甚至没有。本书所提及的60种谬误中，没有列出最常见的那种缺失证据的谬误，因为其犯的错误太明显了，都不需要任何解释。但是，我们仍然有责任提醒大家注意它。也许我们可以称它为“从一个名字或一种描述得出结论的谬误”，这大概是广告商和公关专家们希望你不断犯的逻辑错误了。一般是把属于某人或某事的描述性或具有辨识度的字词用来充当证据，从而得出相关人和事的结论。这类情况很常见，如：有人得出这个产品是“经济型包装”，仅仅因为其包装上写着“经济型包装”这几个字；有人称某个大学是南部最好的大学，是由于该大学介绍手册上是如此介绍的，根本没有任何证据支持这个结论。这种谬误完全经不起任何推敲，除了称之为最常犯的谬误之外，实在没法描述。

缺失证据的论证中，更有趣或者说最微妙的，是我们下面将讨论的几种。一种是提供的证据中，要么样本太小（**样本不充分**），要么是提供的数据不具有代表性（**数据不具代表性**）。最有意思的，大概是**诉诸无知**了，得出结论的理由，竟然是没人能提出反对该结论的证据，而非考虑是否有合适的证据支持。其他的谬误还包括：**罔顾事实的假设**，即根据过去或将来可能会发生的事情作为论据，得出结论；用陈词滥调或格言警句作为论据的**诉诸民间俗见**；**片面辩护**，即面对争议时声称需要原则之外的额外考量，但却不提供需额外考虑的理由。最后一种是**漏失关键证据**，指莫名其妙地漏掉了支持其结论的关键证据。

- **样本不充分**

定义：作为证据的样本量太小，不足以支持结论。

这类论证中，论据常常是可接受的，也是和结论相关的，但给出的样本量太小，不够支撑结论。有时我们也称之为“轻率的归纳”（hasty generalization），因为论者太急于得出结

173

论，以至于给出了最吝啬的证据。孤证谬误（fallacy of the lonely fact），指论者常常会根据证据的某个零星片段，或某个私人轶事、某个举动等得出结论。

判断支持某个结论的论据数量是否足够，有时颇为困难。样本是否充分，取决于每个具体的质询，而非某个假设，即论据提供的例子越多，其得出的结论越有说服力。论据提供的样本数量越过某个限度后，对论据是否充分也不起任何作用。

在某些领域的质询中，会给出一些相当复杂的指南，以此判断样本是否充分，如投票者的偏好样本，或收视率样本等。但在大部分领域，没有任何相关的指南来帮助你判断得出结论的样本是否充分。

【例一】

维生素C真的有用。我家每个人以前每年冬天至少都会感冒一次。去年秋天我们开始每天服用1000毫克的维生素C，接下来的九个月里，我家连一个喷嚏都没人打过。

用标准模式对这段话重新组织、编排，结果如下：

1. 由于我家的每个人在过去的九个月时间里每天服用1000毫克的维生素C，（前提）

2. 这段时间我们没人感冒，（前提）

3. 在此之前的每个冬天，我们每人至少感冒一次，（前提）

4.（我家的这个样本足以得出一个符合所有人的结论，）（隐含的前提）

所以，每天1000毫克的维生素C可以防止感冒。（结论）

这段话中提供的论据很有意思，我们可以鼓励人们考虑维生素C疗法，但却不能不说清楚这个项目的有效性。第四个前提，即隐含的前提中，把样本囿于某个单一家庭，是非常不可靠的，也不能证明结论是合理的，换句话说，每天服用1000毫克的维生素C可以预防感冒。但也可能有其他更多的因素，让这一家子在近九个月里没人感冒。

【例二】

我们有时会去某个杂货店买几样东西，而不是去常去的商店买，我们发现杂货店卖的那几样商品价格更便宜后，我们会把主要的购物地方改为杂货店，而非常规的商店，这样可以节省每月的杂货开销。但是，假如我们发现杂货店的商品更贵，可能就会得出“应在常规商店购物”的结论。

不过，这两种结论（即在哪儿购物）都不可靠，因为提供的样本量太小了。要想得出何处购物更合适的结论，可能需要更广泛的、更多商店的样本比较，即：我们需要在这些商店里对一些代表性商品进行一个月的价格调研。

174

【例三】

我和前妻的婚姻实在糟糕，以至于我都不打算再婚了。其实，我也不建议别人结婚。

这个结论明显基于一个非常小的样本而得出的。他本人以前的经历让他相信，无论对他，对他的朋友，可能对任何人来说，婚姻都不是一件值得做的事。但也有可能，他婚姻的不幸是他自己的过错，或者是他前妻的问题，而非婚姻制度本身的问题。得出这个结论，至少需要更大的样本量才行。

回击谬误

犯了孤证谬误或样本不充分谬误的人，一般非常相信自己结论的正确性。在他们看来，得出这个结论的理由是非常有说服力的，常常是来自某个很重要的个体体验。这种情况下，我们应该找到办法来确认：一家之言远远不能达到良好论证的要求。

有时孤证的本意可能并不一定是呈现某一种论证，而只是表达某个附带说明的意见而已。这时我们就该问对方“你是在表达意见呢，还是在论证你的观点？”

假如对方否认自己在表达某个意见，那就用标准模式对其论证过程重新梳理吧。重构后的标准模式会让隐性的前提一览无余——也就是说，用以偏概全的证据得出结论——将会把论证的缺陷部分非常清晰地呈现出来。假如这还不行，那我们就用荒谬反证的办法吧，比如这个：“教工子弟真是捣蛋鬼。几天前的一个晚上，我照看过一个教工的小孩，那就是个被宠坏的孩子，粗鲁无礼，无法无天。”必要的话，把这段话用论证的标准模式进行重构：

1. 由于我最近照看的某个教工的孩子非常顽皮，（前提）

2.（一个孩子的样本就足以代表整个教工孩子群体了，）（隐含的前提）

所以，所有的教工子弟都是很顽劣的。

只要我们列出第二个前提（即隐含的前提），对方就会词穷了，因为他绝不可能坦然接受，也就会意识到自己逻辑之谬了。在这类谬误中，论证人可能会拿掉自己论证中类似的不靠谱前提，只要我们将其“现形”，就会让其结论因证据不足而无法成立。

- **数据不具代表性**

定义：支持结论的样本有偏差，或提供的相关数据不具有代表性。

175 数据不具代表性，指所用数据并非按照比例从所有相关子类中提取。举例来说，假如想就某个问题概括出全美国人民的看法，那就必须考虑按比例从相关子类中抽取数据，如种族、年龄、教育程度、性别、地理区域，也许还包括宗教和政治立场等等。大多数情况下，包括体重和头发颜色等子类，一般不作为相关因素考虑。

避免有偏差的数据也非常重要。发生数据偏差大致有三种情形。其一，由于数据采集者的偏见，导致所获得的数据受“污染”。比如，那些由某个政党或宣传团体所采集的观点数据，应马上被质疑。其二，在针对某个立场所获支持度的数据采集时，假如仅从目标群体中抽取一个或几个次要团体的数据，尤其是从那些对正讨论事件持强烈支持或反对意见的人群获得数据，那所获得的数据就会有偏差。比如，如果要在校园里搞一个对大学体育的看法调研，那就不应该只收集参加校际比赛运动员的意见。同样，也不应当只调查那些非运动员的看法。如果你想收集一下大家对新上映的一部电影的看法，那就不该只在某本杂志上收集相关评价，因为你获得的数据最多只是这本杂志的读者，只是一个有某种特定兴趣和品位的次要群体。其三，通过网络、电话或者电子邮件的民意调查，之所以在数据偏差方面声名狼藉，是因为我们所有人几乎都承认，这些调查不过是“仅供娱乐”而已。

数据不具代表性的另一种情况，可能是不同性质的数据。假如把两种数据进行比较，即用现代技术进行统计和分析得来的数据，与用完全不同的方法和技术统计来的数据相比，那么得出的任何结论，都是非常不可靠的。例如，如果我们把美国2010年的暴力犯罪数据和20世纪50年代同类案件的数据相比较，那所得出的结论就很可疑。

【例一】

最近一项针对佛罗里达州超过十万人的调研得出，有43%的美国人每天至少有两小时在进行某种形式的休闲运动。

假如我们用标准模式对此重新建构的话，这段逻辑缺陷就清晰可见了。

1. 由于43%的佛罗里达州居民每天至少有两小时在进行某种形式的休闲运动，（前提）

2.（佛罗里达州的居民代表全美人民，）（隐含的前提）

所以，有43%的美国人每天至少有两小时在进行某种形式的

休闲运动。（结论）

这个关于全美人民休闲活动的结论并不可信。因为调查人口的来源是佛罗里达州退休和休闲为主的人群，并没有按照比例抽取，仅仅基于佛罗里达州的数据，就全美而言，完全没有代表性。

【例二】

我们今天在校园里进行了模拟选举，民主党候选人获胜。所以，我非常确信她将赢得今年11月的选举，尤其今天的模拟选举是超过两千多学生投票的结果。你不觉得，这个样本已经足够大了吗？

176

某个大学的学生几乎不具备成为选举调研样本的条件，即使这个样本事实上比复杂的选举调研机构所做的样本还要大，也不行。如果抽样不是在有代表性的群体中进行，样本的大小就无足轻重，也毫无意义了。

【例三】

最新的一项调查表明，有52%的美国人每年会花五天或五天以上的时间去海边度假。

这个调研对象是五万弗吉尼亚人，覆盖了这个地方的每个人群，但仍然没有代表性。就像马里兰州、北卡罗来纳州和南卡罗来纳州一样，弗吉尼亚州的大部分地区，距离那些有名的度假海滩都不远。基于这个理由，就海滩度假问题，把弗吉尼亚州的居民和美国其他地区的居民进行比较，是一个不按照相关比例的数据抽查。

回击谬误

对付数据不具代表性的谬误，所用的办法和对付样本太小的谬误并无二致。一旦遇上对方使用了可疑的数据，你可以提供一个有相同逻辑方式而得出荒谬结论的论证给对方，从而让他意识到自己的缺陷在何处。比如：

1. 由于出席全县狗狗秀的一千多名来宾中，绝大部分的人都是带自己的狗来参加的，（前提）

2.（狗狗秀的参加者，他们的情况代表全县所有人的情况，）（隐含的前提）

所以，全县大部分人都养狗。（结论）

出示这个例子后，假如对方没意识到第二个前提是如此荒谬的话，那么对付数据不具代表性的谬误，就真的无计可施了。但你应该试试另外的法子。比如可以恐吓对方，说你收集了同样大小样本的数据，是调查当地养老院居民所获得的意见，他们反对这个立场，说大部分人都没有养狗。同样大小的样本，却得出了相互矛盾的结论，这就非常清楚地表明了一个事实：数据的代表性出问题了。

• 诉诸无知

定义：得出相关观点的真假，只是因为不存在证明其有无的证据，或者是因为对方不能或拒绝提供反对该结论的证据。

诉诸无知是许多人常用的一种策略，用来捍卫他们钟爱的某些信念。就一种积极信念来说，他们只是指出，既然这种说法不能证明其无，那就一定是真的。或者，就某些消极的观点而言，他们也会称，既然这个观点不能被证明为真，那么就是假的。这种论证方式不是建立在知识的基础上，而是诉诸无知，对知识的缺乏。但是，良好论证的充分原则对此说得非常清楚：反对某个立场的证据缺失，并不构成支持该立场的充分证据；反之，支持某立场的证据不足，也不构成反对该立场的充分证据。

177

诉诸无知也违反了智识行为规范中的举证责任原则，即谁主张谁举证。比如，假如有人称“鬼魂是存在的，除非你能证明它不存在”，就意味着他/她把举证责任推卸给另外一方，通常推给那些对这类判断半信半疑的人。最典型的做法是，坚持让那些对自己观点持怀疑态度的人去举证，也就是，让他们找出不同意的证据，或找出相反论点的证据。一旦拒绝举证，那么提出论点的人就会强词夺理地宣布，其论断无须证明，毋庸讳言，等等。但是，我们所需要的，恰恰是他的证明，需要他得出结论的证据。把“无证据证明”当作论证中的证据来用，违反了良好论证的充分原则。

在某些情况下，这种推理似乎是可接受的。在我们的司法程序中，除非证明其有罪，否则被告就是清白的，即“无罪推定”。但这种情况并非诉诸无知。无罪推定的原则是一种高超的技术性的司法建设，实际上意味着，“没被证明有罪”。这并不意味着其清白，只是说，除非有证据证明被告有罪，否则被告就是清白的。

表面上看，诉诸无知的谬误，类似于某种合理合法的论证方式，所以具有较大的欺骗性。比如，我说我的房间里有白蚁。假如专业的白蚁检查机发现我这个说法不成立，那么对我来说，较为合理的做法是，得出房间里没有白蚁的结论。这看上去很像诉诸无知的论证方式，因为我的论断（房间里有白蚁）缺乏证据，而没有证据证明则成为另一论断（房间里没有白蚁）的论据，不过，这里有非常关键的区别。得出这个否定的结论（即房间里没有白蚁），并不仅仅是因为没有证据证明房间里有白蚁，而是建立在一个全面的评估上，也就是，房间里有无白蚁的，正反两面的证据，都得有。

【例一】

“什么叫所有企业都得对女性同工同酬？在我办公室工作的女员工，对他们的薪水肯定非常满意，因为没任何人对此有抱怨，要求加薪。”

我们用标准模式将这段话重新组装，就会发现其中的缺陷：

1. 由于我办公室上班的女性从未抱怨过她们的薪水比男性低，（前提）

2. 没有对薪水不满的证据，就证明她们对此满意，（隐含的前提）

所以，在我办公室上班的女性对其薪水比男性低感到满意。（结论）

上面这段话的阐述者给出了一个假定的情形，即这群人肯定感到满意，因为没有人对此情形抱怨过。换句话说，没有证据证明她们感到不满意——这成为对此情形感到满意的证据。做出“沉默即满意”的判断，是非常典型的诉诸无知谬误，甚至被单独冠之以“无为之谬”（the fallacy of quietism）。但即便某人或某个人群保持安静，或者不抱怨，也不能就此得出“没什么好抱怨的”的结论。没有发声表达抱怨的原因有很多，其中好些原因，你一定能想得到的。

178

【例二】

既然我的对手没有清晰地表达他反对联邦控枪法案，那很显然，他是支持这个法案的。

这个论证中，唯一的“证据”是对手没有表达就这事的反对意见。有意思的是，论证也可以用同样的“证据”来得出相反的观点：“既然我的对手没有清晰地表达他支持联邦控枪法案，那很显然，他是反对这个法案的。”同样的“证据”却既能得出肯定的结论，也能得出否定的结论，这只有一个解释，即对其中任何一个结论而言，这个证据都不够充分。

【例三】

“我没有看见任何‘禁止进入’的标记，所以我以为是可以从这块地走过去的。” 没有不允许进入的标记——这也不意味着就有了允许进入的权利。

【例四】

康妮：你获得了卡博尔山的北卡罗来纳大学的教职了吗？

多特：没有。我两个多月前就寄出了申请，但一点消息也没有。

因为没有证据证明她被录用了，所以多特假定她被拒了。但是，用类似这种诉诸无知的逻辑，她也可得出完全相反的结论——她被录用了，因为她没有接到被拒的信息。然而，因为学校没有联系她的这个证据，得出这两个结论都是荒唐的，尤其按照相关的机构流程，填补教职是一个较长的复杂过程。

回击谬误

由于缺少反对的证据，就证明其观点是正确的，假如这个逻辑成立的话，哪怕再匪夷所思的观点，都能成立。而且，按照这种推理，假如有些观点实在是过于荒唐，也毫不起眼，甚至都没人有那份耐心去提及，那么就意味着这种观点的持有者会“不战而胜”吗？

假如对方提出了一个极不靠谱的观点，并用诉诸无知的方式对此进行论证，那你完全可用相同的方式回击。可用和对方一样的“证据”，按照其相同的论证逻辑，得出一个截然相反的结论。比如，假如有人说意念是存在的，因为没法证明它不存在。你就可以反驳，意念是不存在的，因为没法证明它存在。这时，对方就可以明白其中的荒谬了，同样的推理得出完全相反的结论：意念是存在的，或意念是不存在的。

179 • **罔顾事实的假设**

定义：罔顾事实的假设，即不提供充足的证据，把假定的判断当作事实判断得出的结论，一般是用现在的条件假定过去或者将来发生的事情。

论证中关于经验的证据，显然是没发生过的事情，所以任何所谓的“证据”，充其量只是充满想象的构建中的一部分。对过去或将来没有发生过的事情，我们没有办法知道其后果，即使如此，有时也可以对其进行假设。这种假设有助于我们更好地理解过去，以及提前制定计划，避免将来可能发生的不良后果。但须记住，这类富有想象力的构想，最多只是“可能发生”的故事，须时刻注意其推测的特性。

这类谬误有时被称为“放马后炮”。几乎每一个橄榄球球迷都会称，上周末的比赛中，要是四分卫换一种战术，或者用另一种策略来执行同样的战术，结果就不同了。但是，对过去应当发生却没发生过的事情，或者是对那些不该发生却发生了的事来说，我们无法知道其发生的必然性有多大。这类论断的证据罔顾事实，且无效。基于这个原因，我们可以说，罔顾事实的假设违反了良好论证的充分原则，因为没有充分的理由支持其结论。

【例一】

下面给出的这些罔顾事实的假设，其结论均无充足的证据支持：

"你只需尝一次红烧蜗牛，就会爱死这道菜的"；"要是我大学一年级不混日子的话，早进了医学院了"；"要是我昨晚待在他那里的话，他就不会自杀了"；"我只需多练一下我的反手，就应该能拿下网球公开赛了。"

即便这些结论言之有理，我们也不能全盘接受其所给出的理由，还得考虑这些理由是否算合理的"证据"。我们对最后一个说法用标准模式进行重构：

1. 由于我们有可能赢得这场网球公开赛，（前提）

2. 赛前我的反手练习不够，（前提）

3. 反手练习是决定我胜负的关键，（前提）

所以，要是我多练习我的反手，我就会赢取这场网球公开赛。（结论）

180

我们无法知道，多练反手会导致怎样的结果。第三个前提显然是无效证据。最可能的说法也许是，这名运动员因为反手没练好，导致反手打球的时候有几个失误或打得不好，但考虑到比赛的复杂性，我们不知道这会如何影响比赛的结果。

【例二】

许多学生想住到校外去，他们常用下面的这些话来说服自己和父母：

要是我能住在校外的话，我的学习时间会更多，成绩也会提高，而且我相信我也可以睡得更好。

在他们心里可能有支持这些说法的理由，但这些理由是否能作为证据，就值得怀疑了。这些说法最多是推测而已。

【例三】

我们常遇到在历史事件上的一些罔顾事实的假设：

“要是希特勒没有入侵俄罗斯，没有两线作战的话，纳粹就会赢得二战”，或者“要是民主党赢取1860年选举的话，就不会爆发南北战争了。”

这些均是推测而来的，几乎是完全不能确定的论断。得出这些结论需要多么充分的证据啊，难以想象！

回击谬误

在我们计划将来和了解过去的时候，富有想象力的构想是必不可少的一部分，所以我不鼓励大家排斥每一种假设性的构想，也不建议大家克制自己的想象力。但是，假如遇到罔顾事实的极度可疑的论调时，建议你想办法，让对方明白并承认其说法有推测的本质。有时，承认其观点的推测本性，会让对方持更开放的态度面对相反的观点，从而可以更谨慎认真地考虑自己观点的立足点。

对付罔顾事实的假设之谬，一种有效的办法是：“好吧，你也许是对的，但我没办法对此做出决定，因为我想不起任何支持你说法的证据。”当然，这里根本就不存在你所说的“证据”，但这么一说，对方至少会觉得，自己有义务向你说明如何“推测”出这个结论的过程，这可能会让讨论回归到一个建设性的轨道上。

* **诉诸俗见**

定义：不是以相关的证据，而是用格言警句或陈词滥调，民间智慧或者所谓的常识作为理由，得出结论。

这类谬误常常用格言警句或陈词滥调等作为论证的前提，仅仅是列出它们，并不呈现这些格言警句中和结论相关的证据。因为这些“陈词滥调”就像那些类比一样，最多也就是具有启发性或暗示，仅由“陈词滥调”构成的论证绝不会是好的论证。假如某名言警句配有一些其他的前提，如解释为什么这是重要和值得信赖的一种见识，而对论证本身没有什么补充，那么充其量这只是一种表达前提的聪明法子。

名言警句作为论据被认为论证不充分的另一个理由，是许多警句看起来相互矛盾。如下面这些相互矛盾的名言警句：（1）“人多力量大”和“人多反误事”；（2）“有烟必有火”和“你不能仅看封面就去判定一本书的内容”；（3）“当断不断，必受其患”和“智者裹足不前，愚者铤而走险”；（4）“宁可事先谨慎有余，不要事后追悔莫及”和“不入虎穴，焉得虎子”；（5）“新官上任三把火”和“旧琴拉佳曲（指一个人的能力并不取决于他的年纪）”；（6）“有志者，事竟成”和“如果愿望都能实现，乞丐早就发财了（指愿望不等于事实）”；（7）“人以群分，物以类聚”和“异性相吸”；（8）“活到老，学到老”和“老狗变不出新把戏（指年老的人难以接受新事物）”；（9）“早起的鸟儿有虫吃”和“好事只会降临给等待的人”；（10）“小别胜新婚”和“眼不见心不烦”。由于这类警句是所谓的民间智慧的表达，此处表达的“智慧”容易和彼处表达的“智慧”相互矛盾，除了提供其他证据，这类警句不能作为前提条件，来支持某种立场和行为。

这类谬误的另一种表现形式，是作为文化代代相传的民间说法被当作论证的证据来用。比如：“伤风时宜吃，发热时宜饿”或“每天一苹果，疾病远离我”。在医学或保健方面的类似建议，常见到这类极不可靠的，或具有误导性的观点，可这类耳濡目染的说法，没有任何证据支持。

第三种是诉诸常识。但“常识”这个词，没有任何明确的、能辨识的特征。有的论者在使用它的时候，只是认为，一旦被冠之“常识”，就无须为其结论提供任何证据了，比如这句“锻炼对高血压不好，这是常识”。即使常识（且不管是何种常识）认为，这个关于锻炼不利于高血压的说法是正确的，但相关的证据却证明这个说法是错的。

【例一】

我们假定某位咨询顾问向一位年轻女士说，她不能同时和两位男士谈一场严肃的恋爱。咨询顾问是这样劝说那位女士的：“鱼与熊掌不可兼得。”

当我们用论证的标准模式重构这个说法后，你就会发现其荒谬之处了：

1. 由于你和两个男士保持恋爱关系，（前提）

2. 鱼与熊掌你不可能同时兼得，（前提）

所以，你必须终止和其中一人的恋爱关系。（隐含的结论）

根据清晰原则，我们直接挑明了这段话中隐含的结论。但一个明显的问题是，“鱼与熊掌不可兼得”的警句是否适用这个论证。想独享一样东西，同时又想卖掉它，这本身在逻辑上就是一种不相容，但同时和两个人谈恋爱却并不矛盾，即从逻辑上是可相容的。这个名言警句显然并不适用于和友情以及其他浪漫关系的观点。要想说清这个道理，咨询顾问应该说清为何同时和两人交往是不切实际的，或者现实中的矛盾之处。这个案例中，使用“陈词滥调”显然不合适。

182

【例二】

在重要考试的前一晚，学生间的对话中，最典型的“陈词滥调”是这样的：“好，如果你现在不懂，以后也不会懂的。”

这个说法是有问题的，也没有任何证据支持；而事实上，倒有许多证据证明这个说法是错误的。就考试的表现而言，最靠谱的说法大概是——考试前的时间里，认真准备的学生可能会掌握大量的学习材料。

【例三】

下面的对话是一对夫妻讨论是否用刚继承的遗产来偿清买房贷款的事。

杰基：现在我们可能还清买方的贷款啦。

提姆：不不，我不这么想。我觉得，我们去做投资划算，那些回报率比我们的还款利息更高的项目投资。这样的话，我们可以盈利。

杰基：什么？你疯啦！有钱赶紧还清贷款，这是常识！

这个所谓的常识，不知从何说起？提姆向杰基说明了如何打理这笔钱的原因，看起来就像是他和专业的金融顾问所理解的理财建议一样。做理财决定难道不是依据财政方面的考虑吗？既然如此，那么这里的“常识”有何意义？“只是常识”这个并不必然意味着“合理”。没有足够的相关证据，任何立场都是苍白无力的。

回击谬误

无论何时都不要被所谓的“老话说”或“人们常说”这类“陈词滥调”吓倒。就像那些“傻瓜都知道的”观点一样，每个陈词滥调都得有相关的证据支持，才能被认可。假如对方不提供证据，只用这类强调忽悠的话，你就直接揭穿，更好的方式是驳倒对方，如果可能，也用陈词滥调来得出相反的结论。那对方就不得不进一步解释其观点是如何比你的更好，这就需要提供证据了。你的目的也就达到了。

同样，你也不要被对方使用的民间智慧或“常识”这类说法吓退。对你来说，心安理得的做法是，只需问对方：“凭什么你就认为这个所谓的流行智慧是对的，证据呢？”合适的提问也可是：“这个常识究竟是什么？”和对方进行严肃讨论的态度，就已表明你不准备接受所谓的

“这是常识”之类的说法了。假如真是常识，那也没必要讨论了。

- **片面辩护**

定义：论证中，提供让对方遵守的相关原则、规则和标准，自己却不受其约束，也不提供自己为何可以“例外”的证据。

片面辩护往往发生的场景是，假设所有的人都需要遵守某个规定、某项原则或法律。提出片面辩护的人一般是接受相关原则的，但却希望自己获得无须遵守的特例。这种谬误违反了良好论证的充分原则，因为论者没能提供足够的证据来说明为何可以例外。尽管某些情况下，可以适用一些特殊处理或特别例外，但要求特别对待的人，无论其公开还是暗示这种要求的，均需要提供逻辑上合理的证据。

【例一】

尼尔称他太累，不想在下班后分担煮饭、打扫、照顾孩子等家务。如果他的声明中提到他太太即使工作一天后，也应该做家务，那他就犯了片面辩护的谬误。

我们瞧瞧标准模式下的这个论证：

1. 由于我（丈夫）辛苦工作一整天，回家后非常疲惫，（前提）

2. 你（妻子）也辛苦工作一整天，回家后也非常疲惫，（前提）

3. （分摊家务是共同的原则），（隐含的前提）

4.（这个原则适用于你妻子，不适用于我），（隐含的前提）

所以，你应该做所有的家务。（结论）

在外辛苦工作一整天是尼尔不干家务的借口，但却不能成为妻子免于家务的理由。这段重新整理后的论证中，我们可以清楚地看出：不仅隐含的前提是矛盾的，而且丈夫提供了一个让妻子遵守、自己免于其外的原则，但又没有提供为何自己可以例外的相关证据。

【例二】

在我们平日言辞中，常会不知不觉地使用片面辩护：我是自信，你是自大；我是有上进心，你是冷酷无情；我是节俭，你是小气；我是坦率，你是粗暴；我是灵活，你是善变；我是聪明，你是纵容；我是一丝不苟，你是过于挑剔；我是求知欲强，你是多管闲事；我是激动万分，你是歇斯底里；我是坚定，你是顽固；我是友好，你是谄媚；我有自由的灵魂，你是为所欲为、无所顾忌。

假如大家所采取的是同一种行为，凭什么对方就得到负面的评价，而你自己却是一边倒的喝彩呢。

184

在评价“善变”时，片面辩护的人常常会说：“行了，这个原则不适用于眼下的情形；这是不一样的。”但问题在于，他没有提供充分的证据来说明为什么不一样。假如不能提供让人信服的为何有区别的相关理由，那就很明显犯了片面辩护之谬。

【例三】

杰西和卡特里娜是大学室友。看看她俩下面的这段对话：

杰西：麻烦你关掉音乐吧，我想睡一会儿。

卡特里娜：我只是听Youtube上放的我们铜管乐队的演奏而已。

杰西：换个时间听吧。我想睡一会儿呢。

这段话中，室友必须遵守的一个隐含的原则是，某个人的兴趣不比其他人的兴趣更重要，但是杰西暗含的观点是，她的兴趣比卡特里娜的重要。我们大部分人都会认同这一点，即杰西是一种片面辩护，因为她没有给出理由来说明，为什么必须优先考虑她的要求。我们不是说没办法解决这种或那种问题，而仅仅是认为，这个对话中，杰西犯了片面辩护的谬误。

回击谬误

反驳这类谬误最有效的方式，是指控对方是双重标准或前后矛盾。这两种指控，无论哪一种，都是对方不想被贴上的负面标签，也是大家容易理解的非逻辑术语。但你需要仔细解释，你为何认为对方使用了双重标准，并且要详察对方会反击你的任何漏洞。

虽然某些情况下特殊对待的请求是合理的，但对谨慎的思考者而言，应时刻警惕所有特殊待遇的要求。让对方列出理由，为何同样的情况下某些人需要特殊对待，为何共同遵守的原则不适用于某个特殊的情况。当然，对方几乎都会有一些理由，即使所说的理由常常都不置可否。关键在于，对方所说的理由是否足够支持其特殊对待的要求。对那些冥顽不化者，可用荒谬反证的方式试试，比如这一招：

由于收入所得税的法律平等地适用于任何人，（前提）

我是例外的，我的情况和别人不同，（前提）因为我需要钱做其他事，（子前提）

所以，收入所得税的相关法律不应该适用于我。（结论）

即便在最顽固的要求特殊对待的人看来，这段论证中的第二个前提，以及子前提都是荒谬可笑的，论证人应该提供理由，说明为什么可以享受特别优待，如此才可避免同样荒谬的情形出现。

185 **• 漏失关键证据**

定义：在论证中，没有提供最为关键的支持结论的证据。

漏失关键证据也许最能清楚地显示，论证是如何违反了论证充分原则的。这种情况就好比，在一大堆酿酒的材料中，漏掉了酒精一样。这个错误不是说没能提供支持结论的最有力的证据，而是根本就没有提供必要的证据。

我们在指出另一个谬误时，常会发生这类错误。一般来说，我们不可能在做某种道德判断的论证时，漏掉最重要的部分——道德前提。那些源于某个道德判断却没有呈现相关道德前提的论证，都属于漏失关键证据的谬误，因为漏掉了最为关键的、符合充分原则的关键证据。这也同样属于隐蔽规范性论证的谬误，一种破坏了结构标准的谬误。看看下面的这个例子：

1. 由于和闺蜜的前男友约会很可能会激怒她，（前提）

2. 我不想激怒闺蜜，（前提）

3. 所以，和他约会道德上不允许。（道德结论）

不想激怒闺蜜，这个原因可能是拒绝和其前男友约会的理由。但是这个论证的前提并不支持其道德判断，即和他约会是道德上的错误，因为这里并没有提供相关的道德前提，也就是说，这个行为可能违反了某个普遍的道德原则。所以，假如没有提供结构上所要求的前提，以及漏掉了关键的证据，就不能得出任何道德判断。

【例一】

梅丽莎，我们结婚吧。我们喜欢同样的东西，我们都喜欢你的狗，我们去同一个教堂，我们在食物和电影方面口味相同，我们都节省生活开支。所以，呵呵，你有啥可说的呢？

这段论证的标准模式如下：

1. 由于我们喜欢同样的东西，（前提）

2. 我们都爱你的狗，（前提）

3. 我们去同一个教堂，（前提）

4. 我们在食物和电影方面口味相同，（前提）

5. 我们都节省生活开支，（前提）

所以，我们应该结婚。（结论）

186

上面这些求婚的理由，同样可以说给你的姐姐或者同事听。婚姻中最关键的因素——他们是否彼此相爱，是否愿意一起度过余生——却被漏掉了。

【例二】

假如你想提名某教授为“年度最佳教师”。你给出的菲尔茨教授应该获此殊荣的理由如下：

她很聪明，她著述颇丰，她专心致志投入工作中，她总是愿意同学生交流，她一直对学生友善并关心他们，她对自己任教的学科充满激情。

这些理由可能都是不错的，但都不是这个奖项最为关键的——她的教学能力。给她这个奖项至少要回答得出一个问题：“作为老师，她教得有多好？”

【例三】

我想买邻居正出售的车。他那辆车开了好些年，似乎用得不错。我喜欢那个款式和颜色，他告诉我那车的油耗也少。

这些看起来都是不错的理由，但买车最关键的——价格理由——却没有。所以，这也叫作关键信息漏失。

回击谬误

对付这类谬误，你只需说，要接受这个说法没问题，但得拿出关键的证据才行。在涉及价值讨论时，尤其是漏掉了道德或审美方面的前提，更需要提醒对方。很有可能，这种漏失是对方的无心之举，是很容易纠正的。这种时候，一个糟糕的论证瞬间就可变成良好的论证。

但也可能是其他原因导致了核心证据漏失。比如，对方可能没有注意到被漏掉的那些证据的重要性。这种时候就必须指出漏洞。有可能对方漏掉关键证据，只是因为他/她并没有掌握相关的证据，且希望你没注意到而已。不管漏失关键证据的原因是什么，只要其缺失，就不是好的论证。

练习

Ⅰ. 缺失证据的谬误 下面的每个论证：（1）请辨认属于哪一种具体的漏失证据谬误；（2）解释如何违反了相关原则。每种谬误都有两个例子，标以*号的，在书末有答案。

*1. 杰士伯教授，我知道我今天该交学期论文了，但你能否再给我两周时间？你瞧，我还有一大堆其他课的作业要做呢，我只是没有时间动手写而已。

*2. 如果你在学校食堂吃过饭的话，你就知道学校的伙食从未好过。

187

3. 最新的电话随机调查表明，75%的美国人平均每天会看一集肥皂剧。这项调查是在下午12:30到4:00进行的，受访的观众正在看什么节目，就回答什么节目。

4. 女儿：但是，妈妈，我和苏珊做了三年的大学室友，我们是最好的朋友。你为什么不让我下个月去她家海滨的房子里玩呢？我真搞不懂。

妈妈：亲爱的，你只要记住，妈妈的话就是权威。

*5. 这个“时权酒店”的交易真不错。如果我买下这个度假区的分时度假的话，那么我就能保证我们全家人每年这个时

间有度假的地方了。这样的话，我就不用每年费脑子在海边找地方搭帐篷度假了。

*6. 要是我没从大学退学的话，我现在也有工作，也不用待业了。

7. 露丝：吉姆，你说你想和其他女人自由约会，那我就不明白，为什么我和其他男人约会，你会如此生气。

吉姆：但每次我看见你和其他人在一起的时候，真的很受伤。事实上，你看起来真的很享受，看上去也真的喜欢和你约会的家伙。这对我俩的关系没好处。

露丝：但是你也和别的女人约会呀。

吉姆：不同的，我和其他女人都是玩玩的，你知道你是我唯一在乎的女人。

*8. 这个国家的同性恋肯定现在感到非常幸福，他们肯定认为自己的要求得到了满足。因为他们已经有一段时间没有抗议声和游行了。

9. 警察这个月抓到的三个性侵犯都有同样的前科。似乎对性侵犯来说，作过一次案，就会一直作案。

10. 喂，玛丽，瞧瞧这个广告。折扣五金店的某些油漆正打折呢，价格只有平时的一半。我们不是打算今年春天刷房子吗，何不现在趁打折的时候买点油漆回来?

11. 很抱歉，多肯斯女士，我们不能批准你的贷款申请。我们认为你的信用有点问题，因为你从没有过月供和用信用卡消费。

12. 要是我和他一起去参加晚会的话，我敢肯定，我不会让他出如此洋相的。

*13. 最近对纽约相关群体的一个5000人的调查表明，热衷运动的美国人不到2%。

*14. 玛莎：这要是我的孩子，肯定好好打一顿屁股，我才不会像你那样坐下来，和他聊错在哪儿了。

大卫：你凭什么说你的法子就比我的好呢？

玛莎：我就知道，“黄金棍下出好人”。

因果谬误

188

很长一段时间，原因这个概念是一个难以回答的哲学问题，由此也派生出许多因果推理方面的问题。和其他类型的谬误相比，识别因果谬误需要更多的能力，需要更多理解世界如何运行的知识储备。我们对那些复杂的因果关系知道得越多，我们就越有可能纠正因果方面的逻辑错误。

本章所谈的因果谬误，均是指那些提供原因说明的论证，缺乏足够的相关证据支持。如，**混淆充分与必要条件**，或者提供的原因不足以解释相关的结果，即**因果关系简单化**。某些因果关系的推论中，声称由于某件事正好在另一件事之后发生，是由前一件事所导致的，也就是我们说的**后此谬误**，而另一些**混淆了因果关系**，或者没能意识到存在第三种情况，即能解释为何两件互不相同的事，会被错误地认为有因果关系，也就是犯了**忽视共同原因**谬误。此外，因果谬误得出的毫无根据的结论，也可能会使得某个单一行动招致不可避免的不良后果，即**多米诺谬误（滑坡谬误）**，或者导致**赌徒谬误**，也就是说，根据之前发生的类似事件的频率，来预测某件事发生的机会。

- **混淆充分与必要条件**

定义：假定某件事的必要条件同时也是其充分条件。

某件事的必要条件是一个条件，或一组条件，换句话说，没有这个或这些条件的话，事情就不可能发生。但是，即使具备了某件事发生的必要条件，也不足以让这件事必然发生。必须要满足充分条件的情况下，才必然发生某事。就某事件的充分条件而言，可能是一个条件，或一组条件，是导致所讨论事件发生的原因。充分条件不仅包括事件发生的必要条件，还包括就讨论中的事件来说，其发生所需要的充分条件，无论从种类和数量上都得是充足的条件。但务必记住，导致某件事发生，可能会有一些不同的条件，其中任何一个条件可能就会导致某件特别之事发生，具体哪个条件则无关紧要。比如，有一些因素，每一种都足能导致人的死亡，比如年纪大了、疾病、中毒、被刺、中枪或没带降落伞从飞机上跌落下去。这些条件中，没有一个条件必然会致死，但任何一个条件，就足以带来死亡。

189

用电子真空吸尘器打扫地毯，其充分条件不仅包括一些必要条件，如电源、能用的真空吸尘器、能用的连接电源和吸尘器的设备，还包括其他一些不同的条件，唯有这些条件得到满足后，吸尘器才能真正工作。这可能是一个机器人，一个装在吸尘器内部的自动推进装置，或者是某个操作人员。不管是自动的，还是人工的，唯有操作员和上述必要条件都具备的情况下，才能完成电子真空吸尘器清扫地毯的工作。

某些论证人会常常声称，某件事的发生仅仅是因为存在发生的必要条件。这类推理似乎混淆了充分与必要条件。即使具备了某件事发生的必要条件，但仅凭此也不足以提供充分的理由推导出某件事的必然发生。单靠必要条件就推出某件事必然发生的逻辑，是一种因果逻辑谬误，因为没能提供充分的证据来支持其结论，违反了好论证的充分原则。

【例一】

这个手电筒应该没坏啊；我刚买了新电池装上去呢。我到商店去，把这些电池换一下吧。

用标准模式重构这段话之后，其谬误就清晰了。

1. 由于我刚给这个手电筒换上新的电池，（前提）

2. 手电筒不亮，（前提）

3. 装新电池是让电筒亮的一个充分条件，（隐含的前提）

所以，电池是坏的。（结论）

电池可能是坏的，但很有可能有其他的原因让手电筒不亮。尽管好电池是电筒亮的必要条件，但却不是充分条件。然而，这段论证中的隐含前提却把它当作充分条件，所以这个说法混淆了必要条件和充分条件。

【例二】

你不是说，只要我跑一英里的速度是在六分钟之内，就可以进田径队，我做到了，但为什么还是不能进呢?

这段论证假定，跑一英里的速度在六分钟之内是进田径队的充分条件，但事实上，这只是一个必要条件。进入田径队可能除这个条件之外，还有其他的要求。

【例三】

假如在每学期上课前，某个教授告诉学生通过这门课的一些要求，如：学生们按时上课，做好每天的作业，参加课堂讨论，参加三次测试和期末考试，提交一份研究论文，等等。某些同学老老实实地按照老师的要求去做，但最后却惊讶地发现这门课没通过。

190

假如学生们搞清了教授所说的通过这门课程的必要条件和充分条件的话，就不至于错愕不解了。教授说过，通过这门课的必要条件（并非充分条件），包括学生必须在考试或期末测试中成绩及格。

回击谬误

许多人犯这类逻辑错误，是因为他们不明白必要条件和充分条件有何不同。所以，在遇到这类错误时，很有必要详细搞清楚二者之间的区别。最有效的一个办法是举例，举那些有明显差异的例子。比如，某个年轻的女士认为自己会成为一名伟大的钢琴演奏家，因为她十五年来坚持每天练习两小时钢琴。很显然，尽管练琴可能是成为一名钢琴演奏家的必要条件，但只有这个条件，并不充分，也就是说，这不是充分条件。成为钢琴演奏家的充分条件有不少，除了长时间练习外，还包括天赋、好的老师——也可能是一个好的经纪人。当充分条件和必要条件的区别逐渐清晰起来，对方也就会意识到自己论证的错误之处了，这也算是用了荒谬反证的法子吧。

- **因果关系简单化**

定义：指过于简单化因果关系中的前因，给出的原因不足以说明讨论中的事情，或者是过分强调其他因素。

在因果关系的说明中，最常见的做法是指出最明显的导致事情发生的前因，并指定其为“原因”。但是，假如仔细研究“原因”这个概念，可以发现，大部分情况下，导致某事发生的原因，或充分条件，不止一个，往往是许多前因凑在一起，才导致了事件的发生。仅仅提供其中一个原因，显然犯了因果关系简单化的谬误。

既然对某件事而言，最典型的解释也不可能逐一呈现出成百上千条的先行条件，即导致事情发生的所有充分条件，所以很容易对别人的因果关系挑出毛病。但是千万别指望一个因果关系就囊括所讨论事件的所有前行条件。那只会浪费时间和精力。不过，就一个论证而言，应该包括足够的因素，从而避免受到过于简单化的指责。不这样做的话，所给出的原因就不足以支持其结论，从而就违反了良好论证的充分原则。

191

【例一】

公立学校里，不允许对学生进行体罚。这就是为何孩子们缺乏自律和不尊重权威的原因。

我们把这段话用论证的标准模式进行了重构，其中的逻辑错误跃然而出：

1. 由于公立学校不再允许对学生进行体罚，（前提）

2. 和过去相比，孩子们现在缺少自律，也不够尊重权威，（前提）

3. 取消体罚就足以解释为何现在孩子们的行为不够自律和尊重权威了，（隐含的前提）

所以，公立学校应该恢复体罚。（隐含的结论）

缺乏自律和不尊重权威不是什么新鲜事。古希腊人曾经非常痛苦地记下了这类问题。但即便这些是新问题，也不可能是取消了体罚所导致的。这类问题相当复杂，极有可能不是一个原因造成的。从这个角度看，这条建立在错误的因果关系推理上的说法不成立，应该被驳回，同样，也没有足够的证据支持第三个前提（隐含的前提）的说法。

【例二】

现在的孩子平均每天看五个小时的电视——过去这个时间是用来阅读和体育活动的。这就是为何现在的孩子更胖更呆的原因。

即使这段话中的事实是真的，也不可能仅仅就是看电视的习惯导致了现在的孩子更胖，考试成绩更糟糕。也许，看电视是其中的原因之一，但把它当作是唯一的罪魁祸首，很明显是把复杂的因果关系简单化处理了。

【例三】

某个电台传教士近日表示："要是夫妻每天一起读经并祷告的话，对他们的婚姻会非常有好处。现在离婚率实在太高。近15年以来，家庭敬拜下降了30%。"

即使数字没问题，也不可能仅仅是家庭敬拜减少就导致了全国离婚率上升。婚姻破裂的原因各种各样，极其复杂，只把原因归之于一个简单的家庭敬拜，看起来太不可靠了。

回击谬误

遇上这类谬误，可以直接提醒对方，导致事件发生的因素有不少呢。有可能对方会认同你的话，那就不妨打开天窗说亮话，直接列出其他更多的原因，甚至调整对方之前过于简单化的因果关系解释。

假如对方不能意识到其解释过于简单，或过分强调其他因素了，那你就说明你的具体关注点，并要求对于此事更广泛的因果关系说明。比如，假定有两辆车相撞了，你在现场，向一位目击者询问事故发生过程，对方告知是两车迎头相撞。只需检查一下停在你前面的车，可能你已经知道一些缘由了。你会询问更多的原因，比如其中一名司机开错了道，是酒驾，睡着了，或穿中间线了，或被一辆

192

卡车挤出了道，等等。当然，你也可能提出能想到的导致事故发生的更多原因。如果有的话，不妨问问对方，他们如何看待你的这段假设，所以他们是不是也有责任提供更多的相关原因呢。

- **后此谬误**

定义：假定事件A先于事件B发生，所以A事导致B事。

某事发生时间优先于另一件事，并非推出因果关系的充分条件。我们不能假定“后发者因之而发”——某事在另一件事之后发生，所以另一件事是某事发生的原因。如果这样推理：“因为A先于B，所以A引起B”，那么，就会发生这种谬误。时间顺序只是因果关系产生的可能指标之一。其他的因素可能包括空间联系或一些历史规律。如果仅时间优先就足以充分支持一个因果关系的话，那么世界上任何一件先发生的事情都是其后发生事件的原因了。这种逻辑思维造成了许多迷信。比如，某个特别的事件，如看见一只黑猫，就常常被认为是“霉运”，把看见黑猫当作是导致某个倒霉事件发生的原因。这种把时间优先当作因果关系的思维错误，被定格为一个迷信的说法，也就是说，看见黑猫会走霉运。

后此谬误有时会和因果关系简单化相混淆。但是，后此谬误并非因果关系简单化的某种特例。因果关系简单化，常常是指某个之前发生的原因被错误地当作另一件事发生的充分条件，而事实上它并不足以构成整件事发生的原因。就后此谬误而言，问题并不在于原因是否过于简单化，而是在于原因和结果之间毫无逻辑关系。

假如某人在论证中犯了后此谬误，那就明显不符合良好论证的充分原则。即在因果关系的论证中，提供的前提并非结论产生的明确的原因——而只是在发生的时间上优先于某事（指结论）。但两件事情发生的时间顺序生硬地拉扯成二者之间的因果关系，不构成充分的理由。

【例一】

193

仅仅在我前夫参加慈善高尔夫球赛（我们公司老总也参加了同一场比赛）两天后，我的上司说，我的工作做得不好，周五将是我工作的最后一天。看起来我有权知道我的前夫说了我什么，这样我也能为我自己解释。

用论证的标准模式重构这段话的逻辑后，如下：

1．由于我的前夫和我的老板参加了同一场高尔夫球赛，（前提）

2. 我的分管上司正好在赛后解雇了我，（前提）

3. （既然某件事发生在另一件事之前，发生在前的事导致了后一件事的发生，）（隐含的前提）

因为我的前夫和我的老板参加同一场比赛正好发生在我被解雇之前，他肯定给我老板说了一些我的坏话。（子前提）

4. 我想从我的立场来解释整件事，这样的话我可以保住这份工作，（前提）

（因为我老板只听了一面之词，他听了我的解释，会改变

主意的，）（隐含的子前提）

5. 如果我不知道前夫给我老板说了些什么，那我怎么能为自己解释呢，（前提）

6. 我有权给自己解释，（隐含的道德前提）

所以，我有权知道我的前夫说了些什么。（道德结论）

这位女士要知道真相的话，她需要做得更多，才能把高尔夫比赛和自己被解雇之间的因果关系说清楚。如果她把整个的逻辑建立在事情发生的时间关系上，难以服人。

【例二】

我不得不认为你就是“元凶”。你搬进来之前，这个炉子从没有任何毛病。

公寓房的管理人在没有任何其他证据的情况下，仅仅凭事情发生的时间关系，就假定新来的访客是导致炉子坏了的原因。

【例三】

自从我们不去教堂之后，生意就每况愈下。如果我们不想破产的话，最好恢复去教堂的习惯。

这段论证中，继续去教堂的结论，建立在一个不靠谱的因果关系中，即家族生意糟糕的原因是之前家人不去教堂了，两件事之间的联系仅仅是发生时间的先后而已，此外别无他据。

回击谬误

驳斥这类谬误，务必阐明：某事发生时间上先于另一件事，并不构成两者因果关系。许多情况下，其他的因素才是真正的原因所在。在上面这几个例子中，公寓房管理人或许有理由怀疑新来的访客搞坏了炉子，或者家族生意的经营人可能坚信神的惩罚。但是，在他们的实际论证中，只简单提供了这些事件发生的时间特征。在论证没有提供其他更具体的假设和因素时，我们就有必要指出，这类说法犯了后此谬误，需要对方补充其他的原因。

遇到后此谬误，你应该很容易用荒谬反证的办法来回击。选你认为对方也认可的、在时间上先后发生，但毫无逻辑关联的两件事，然后你按照两件事发生的先后得出它们具有因果关系的逻辑判断。比如，你可以得出结论，说一辆垃圾车开过去就会导致电话响，因为垃圾车过去后正好电话铃响了。对方一旦认为这段话中的荒谬之处，即仅凭电话响和垃圾车开过的时间关系就认定二者之间的因果逻辑，那他/她会摒弃自己论证中的类似证据，至少会补充事件发生的其他起因。

- **混淆因果关系**

定义：混淆了某件事发生的原因和结果。

在《绿野仙踪》里，稻草人向奥兹国的巫师要一个能思考的脑子时，巫师说他不能，但他可以给稻草人一个堪萨斯大学的文凭。这里，巫师混淆了二者之间的关系：脑子，有了脑子的结果。在这部名著里这显然不是一个问题，因为这类逻辑错误只是为了娱乐。不过，在真实的世界里，厘清混淆的逻辑非常重要，这有助于我们更好地认识和理解我们的世界。混淆因果关系的论证并不能给结论提供充足的证据，更别说正确地理解我们的世界了。

【例一】

奥斯汀：彼得，你为什么不来参加公司的圣诞晚会呢，已经开始了。

彼得：不，我不想去，再也不想去了。

奥斯汀：为什么？

彼得：我以前参加过，但似乎没人喜欢我。没一个人邀请我加入他们的谈话，所以我常常在某个角落里独自坐着。对我来说，那两个小时真是无聊。

195

我们用论证的标准模式重新组织这段对话：

1. 由于公司的同事们不喜欢我，（前提）

2. 因为在以往的公司晚会上他们从不邀请我加入他们的谈话或他们的圈子，对我不太友善，（子前提）

3.（没有其他可能的解释来说明他们的这种行为，）（隐含的前提）

4. 我常常一个人坐着，晚会对我而言，毫无乐趣，（前提）

5.（非常无聊，）（隐含的前提）

6.（晚会应该很有趣，）（隐含的前提）

所以，我不参加公司今天举行的圣诞晚会了。（结论）

彼得是个聪明的家伙，你会觉得他不至于会混淆原因和结果。彼得这种因果关系的解释，就像他在第二个前提中所暗示的那样（即没有其他原因能解释同事们的行为），更可能是他自己感到无趣的态度和不友善的行为导致了其他同事不喜欢他，而不是他自己所认为的——同事们不喜欢他，所以他在晚会上不快乐。

【例二】

娜塔莉取得好成绩不足为奇。因为她是老师的宠儿。

和这个逻辑相反的实情可能是，娜塔莉成绩好，所以老师喜欢她。按照我们对课堂纪律的相关了解，如果娜塔莉真是老师喜欢的学生，那么更可能产生的相关结果，恰恰不是她的成绩，而是她在其他方面被“优待”。

【例三】

许多神学家认为某个行为是正确的，因为上帝允许了。古老的苏格拉底问题中，有一段对话涉及上帝和人的品行之间的关系，对于这个问题，有两个可能的答案，尤西弗罗：一件事正确，是因为上帝赞成？或上帝赞同某事，是因为这件事是正确的？

这段对话中，苏格拉底暗示，尤西弗罗认同的第一个选项混淆了因果关系。苏格拉底同意第二个选项，即“上帝赞同某事是因为这件事是正确的”，他认为，这个说法正确理解了上帝和人的品行之间的因果关系。不是尤西弗罗，就是苏格拉底，两人的说法总有一个混淆了因果关系；既然每种说法都有严肃的道德和神学含义，那么纠正其中一人的说法，就非常重要了。

回击谬误

任何一个掩盖真相的因果混淆都该被纠正过来。基于这个理由，即便是一个小孩说，“爸爸，看，那边的树在动，所以才起风了。”与其被这段话逗乐，不如抓住这个机会，让孩子真正掌握一些关于风的本质的知识。

成人混淆因果的话，更让人担心，因为这类错误往往会给他人的思维带来负面影响。所以，一旦出现了混淆原因和结果的逻辑错误，请立即纠正，这样有助于消除混乱。

196

对混淆因果的谬误，最简单的办法是用荒谬发证的方式。假如《绿野仙踪》里奥兹国巫师的例子不管用的话，试试下面这个更敏感的话题。在失业办公室里，某个工作人员对同事说：“这些人找不到工作，一点儿不奇怪。你注意到他们太焦躁了吗？”假如对方能意识到这段话里颠倒的因果关系，调整原因和结果的位置，或许才能让这段话多一点说服力——失业者很焦躁，是因为他们找不到工作——对方一旦意识到这一点，他/她就可能纠正自己逻辑中的相关错误。

- **忽视共同原因**

定义：把同一个原因导致的两件事，误当作因果关系。

当我们在因果关系中发现两件事时，很容易假定其中一件是原因，另一件是结果。但这种思维会模糊了另一个原因，也误读了它们之间的真实关系。我们应该面对的可能性是，这两件事可能是另一个或同一个原因导致的结果。

把两件事用因果关系的逻辑联系在一起，忽视第三个因素——即使不那么明显的，但却可能是导致这两件事发生的原因，我们认为这种论证就没能给出充分的证据。忽视事情发生的共同原因，意味着没能给讨论中的问题提供最佳解释。所以，这不是好的论证。

【例一】

因为大部分小学老师都有孩子，所以要么是教书这个职业激发了他们做父母的兴趣，要么是为人父母的身份激发了他们和孩子一起工作的兴趣。

用标准模式重构后，这段论证如下：

由于大部分小学老师都有自己的孩子，（前提）

所以，要么是教书这个职业激发了他们做父母的兴趣，要么是为人父母的身份激发了他们和孩子一起工作的兴趣。（结论）

但从这段分析来看，更可能的原因是另一个，比如喜欢孩子，导致人们愿意做父母，也愿意在小学教书。

【例二】

假定某个大学生长得胖，而且心情很郁闷。

对这种情况而言，常见的一个分析可能是，肥胖导致其郁闷，或者是因为郁闷才吃得多，从而导致肥胖。但是，造成这种情况的更可能的解释是，一些身体或心理原因导致了肥胖和郁闷。

197

【例三】

我们常常听到，现在的电影或电视节目导致了社会的“道德失范”。不过，看起来更像是我们文化中的许多其他因素，导致了电视电影的潮流，以及我们道德标准的变化。

因为找到真实的原因较为困难，我们常常挑简单的法子，只要把电影和电视节目当作“罪魁祸首”就成。

回击谬误

纠正忽视共同原因的逻辑错误，只需指出另外一个因素，即导致对方论证中所涉及的两件事产生的共同原因，出于帮助对方更真实地理解世界的理由，你可以说出如此考虑的原因。更重要的是，你应该展示这个共同的原因是怎样提供更合适的解释。这时对方会觉得自己应该重新考虑你的提议，并且会试着判断哪一个解释更可靠。

假如对方不能理解或不能接受，那就试试老办法，用下面这个荒谬的反驳方式：茱莉认为，因为她第二次考试成绩和第一次一模一样，教授肯定是因为她第一次考试成绩把她归类为C类学生了，所以根据第一次的成绩给了她第二次考试相同的分数。这个因果关系的解释中，很可能并非第一次考试成绩导致了第二次考试成绩，而是因为茱莉是一个C类学生。

- **多米诺谬误（滑坡谬误）**

定义：没有具体的证据，而假定某件事或某个行为发生后，会必然接着发生一系列的事情或行为，通常会不可避免地导致某个具体的、不好的后果。

“多米诺谬误”的名称来自小孩子的多米诺游戏，玩时将骨牌按一英寸的距离排列成行，然后轻轻碰倒第一枚骨牌，其余的骨牌会产生连锁反应，依次倒下。即使在孩子们的这个游戏中，也并非所有的顾盼都如预想中的那样，会起连锁反应而倒下。就发生的这一系列事件来说，必须提供每一个事件独立的论证。我们绝不可能假定，某件事导致另一件或一系列事件的发生，而不用质疑导致其中某件事发生的具体原因。

多米诺谬误有时候被称为滑坡谬误。正如后一个名称所暗示，当我们站在一个斜坡边迈出第一步时，我们常发现自己会一直滑下去，无法停下，也无地可停留，即一件事发生后，会导致其后一系列事件陆续发生，好似滑坡，无法停止。如同多米诺骨牌一样，这种想象有助于更深刻地理解相关的思维谬误，严重地误读了事件之间的因果关系。世界上大部分因果关系，并不像倒下的多米诺骨牌或滑坡那样简单，那些把事情想得如此简单的人，大概会认为单一事件便足能解释复杂的因果性事件系列，而这种推论是站不住脚的。

198

【例一】

假如我们允许同性结婚，那么下一步就会有人要求群婚，甚至很快就没有人会费劲结婚了。

我们用论证的标准模式重新梳理一下这个带有多米诺特点的论证：

1. 由于允许同性恋结婚会导致群婚，（前提）

（因为这两件事之间有因果关系，）（隐含的子前提）

2. 群婚会导致不婚，（前提）

（因为群婚和放弃婚姻这两件事之间有因果关系，）（隐含的子前提）

3.（不婚的文化不是一个好主意，）（隐含的道德前提）

（所以，我们不应该允许同性恋婚姻。）（道德结论）

就像上面两个隐含的前提，这段话所列出的几件事之间，没有任何因果关系。因为子前提存在因果逻辑错误，所以这段话没能就其结论提供充足的证据，或者说，这个结论没有充分的前提支持。

【例二】

如果我们同意政府对每个人每月买枪的数量进行限制的话，接下来会发生什么？政府可以限制枪支的数量，也可能限制酒，限制食品，甚至限制买车的数量。政府已经告诉我们只能射杀多少头鹿了，接下来他们会告诉我们可以生几个孩子。他们会一直做下去，直到完全控制我们。

没有任何证据可以证明，这段话给出的事情有任何因果关系。事实上，很难想象它们之间有任何关联。也许，我们能找到一些好理由来限制这些事，但绝不是因为它们有因果关系。

【例三】

下面这个例子是关于反对学生成为教工委员会成员的论证：

假如让学生加入教工委员会的话，接下来他们就会成为各部门成员，然后成为董事会成员。在你意识到此事后果之前，他们已经有权聘用和解雇教师们了。

把学生放进教工委员会的建议可能有好些原因。但是，这个行为是否会导致学生们会通过选举进入各部门委员会，或成为董事会成员，都需要单独进行论证，因为每件事涉及的具体事宜各不相同。再说，允许学生进入教工委员会和后面这几件事之间，并无逻辑或因果关系。

回击谬误

199

要是你认为对方的论证是一个多米诺谬误的话，那就让其提供所列举事件的每一个具体的因果解释。另一个办法，是用一个有明显荒谬的例子来得出不成立的论证。比如，你可以举例，假如你用信用卡买东西，会很快透支，会付不起账单；银行会收回你的车，因为你付不起账单；你会失去工作，因为你没办法专心工作；你会非常不幸从而自杀——所有这一切都是源于你使用了信用卡。你的这段话，显然会让对方啼笑皆非，因为没办法会相信一张信用卡的使用，会必然导致后面这一系列事件的发生，更别说导致自杀了。这会让对方好好想想，自己所预测的从某件事导致一系列事件发生的因果关系逻辑。

- **赌徒谬误**

定义：这种谬误认为，某个随机事件在过去发生了，那么将来发生的可能性就会大大地改变，也就是说，假定某个随机事件在过去发生得越多，将来再发生的可能性就越小。

这是赌徒们常犯的谬误，他们错误地认为，输赢的可能性和刚发生的某件事相关。记住那些赌输的人说的话："我现在不可能再输了，我现在手正热呢！"或者更大的输家会说："我要转运了。我一晚上都没赢过一次呢。我把所有的都压在这一次了。" 这些人似乎不知道，这类随机事件，如抛硬币或掷骰子的结果，和之前所抛的所有硬币，所掷出的所有骰子的结果，均无关联。赌徒谬误，在于其认为某件事发生的可能性取决于同类事之前发生的概率。

即使这类谬误常常发生在赌徒身上，但绝非他们专享的错误。比如，有对夫妻，已经有了三个儿子，对目前家庭的大小很满意。但他们都非常想要一个女儿。当他们认为他们已经有了三个儿子了，下一个可能会是女儿了，这种推理就犯了赌徒谬误。第四个孩子的性别和之前孩子是男是女毫无关系。他们生女儿的可能性实际上是一半对一半，50%。

这种谬误，实际上一次又一次地诱惑着我们，极大地违反了良好论证的充分原则。我们不能根据某件事过去发生的概率，而得出其将来发生的可能性。这种推论毫无理由。赌徒谬误容易和统计概率相混淆，前者是就某个单独的偶发事件进行预测的结论，而后者是对一系列偶发事件的统计。

200

【例一】

人们在处理浪漫情感有关的事务时，容易陷入赌徒谬误。一位年轻的职场人士认为，自己已经被婚恋机构安排了七次糟糕的相亲了，下一次肯定会不错。

用标准模式重构这段话如下：

1．由于我已经连续经历了七次糟糕的相亲，（前提）

2．因为前面七次的糟糕，那么一定会转运了，下一次相亲会不错的，（前提）

所以，我下一次相亲肯定不错，至少比前面几次好。（结论）

因为前面七次的经历和下一次相亲的结果没有因果关系，所以无法判断第八次的情况会怎样。每一次相亲都是独一无二的情况。这段话中的第二个前提，把偶发事件误作因果关系进行了分析，根本不能得出相关的结论。所以，违反了良好论证的充分原则。

【例二】

每次我收邮件，都会收到一些参加抽奖的邀请。我会填好报名表，回复每一封邮件，看看是否会中奖。虽然我现在还没抽中任何奖品，但估计快了。

假如这个人是给一个固定的彩票填上数份报名表，那么中奖的概率可能会增加，但只要是他/她给每一个不同的彩票或奖项填一份报名表，那获胜的概率并没有增加，因为比赛或奖金的赢取都是相互独立，没有任何关联的。因此，获胜的机会是恒定不变的。

【例三】

已经连续五次都是反面了，我仍然坚持选正面（头像）。

再抛一次硬币，正反面出现的机会也是一样大，即使我们中的一部分人认为会是反面，而更多人认为是正面，也如此。当然，这种截然相反的倾向，正好证明了这类谬误的糟糕之处。

回击谬误

驳倒赌徒谬论并不轻松。你的作用在于帮助对方理解，在其列出的事件之间，没有因果关联。比如，就像抛一枚硬币，正面（头朝上）的结果大概是二分之一，如果连续抛30次，根据统计概率，可能我们会知道硬币正面和反面的结果各占15次。看起来像有某种引物导致硬币出现正反次数五五开，但这并非事实。这种现象仅仅是统计概论而已。每一次抛出硬币的结果之间，并无因果关系，也不可能根据每次抛出硬币的结果，推断出下一次的某种可能性。

假定你能让论证人原则上同意这个说法，即偶发事件和其之前出现的概率并无因果关系。但是，在现实生活中，避免这类错误并不容易。比如，你准备抛30次硬币，前九次抛出的结果都是正面朝上，旁观者们会非常容易推断：很可能下一次就会是反面朝上。他们得出这个推论仅仅是因为必须有一种获得统计上平衡的趋势，即扔30次的结果，一般是15次正面、15次反面。但这可能是错误的。接下来抛的21次中，只有六次的结果是反面朝上。抛出的每一次硬币，都是独立存在，正反结果都是50%。对旁观者们而言，在看到前九次的结果时，已经不知不觉忘记了你曾提醒他们注意的原则，陷入赌徒谬论中了，也就是说，他们认为某件事发生的可能性是由其之前发生的概率所决定的。某种程度上，他们甚至荒谬地认为，知道前面九次的结果，有助于“纠正”硬币正面朝上的趋势。这种情况下，你的任务，是指出这类错误的因果逻辑，得出的结论几乎都不可靠。

另一个办法是用赌徒谬论来得出完全相反的结论，从而显示其荒谬。比如，某个一月玩一次扑克的人，整晚运气都糟糕。手气差的情况持续的时间越长，他就越有可能得出结论：“今晚不属于我！”然后不玩了。但是同样的情况也有可能得出另一个结论：“我的机会来了，我很快就转运了！”然后继续玩下去。这两种结论都不正确，因为都是根据错误的逻辑得来的，均误解了偶发事件的本质。只根据前面拿到的扑克牌，无法判断哪一种行为（玩还是不玩）更合适；打下去还是不打下去，都是一种任意武断的结论。

练习

Ⅱ. **因果谬误** 就以下每个论证：（1）说出具体的因果谬误名称；（2）说出为什么犯错的理由。本章所讨论的每一种谬误，下面都给出了相应的两个例子，标以*号的，在书末有答案。

*1. 你感冒是因为你去看橄榄球比赛时没戴帽子。我早告诉过你，不戴帽子出门会生病的。

*2. 莱恩参议员和总统在白宫见面后一周，就支持预算法案了。总统肯定施压了。

*3.你说我要是打算交更多朋友的话，必须学会控制自己的脾气。好吧，我有大半年都没发脾气了，就我所知，这段时间，我也没交到任何一个新朋友呀。

*4. 儿子，只要你开始喝一口，你就踏上了酗酒之路了。大麻就是这样的，第一口非常关键。一旦你想试一口，你就会想吸更多，吸得越多，对它的依赖性就越强。越尝试困难的东西，最终的结果越吓人。记住我的话，千万远离那玩意儿。

202

*5. 我们已经有九个月没有捕获一头鹿了。这次我们一定能逮到一头。

*6. 最近的研究显示，最成功的管理者都掌握大量词汇。所以如果你想事业成功的话，建议你尽可能增加词汇量。

*7. 我觉得洋子和利亚姆烦躁易怒的原因是最近顾客给他们的小费太少了。

8. 一年前你告诉我要想从这家银行获得贷款，我得有一份稳定的工作。我现在这份工作已经干了一年多了，所以我不理解为什么我的贷款申请还是被拒了。

9. 医疗记录显示酗酒者容易营养不良。言下之意是，饮食不良会导致酗酒。

10. 我们的研究显示，年轻的吸毒者中，有80%的人和父母关系不好。所以我认为我们严厉的药物管理法规能极大地降低年轻人的家庭问题。

11. 据我所知，在萨利外出工作前，她和菲尔是幸福的一对儿。这说明，妻子放弃了传统家庭角色的话会破坏婚姻。

12. 我不会邀请加里参加今年的聚会。我邀请他的话，他会带来他所有的朋友，他那些朋友又会带来他们各自的朋友。然后整个聚会可能会失控，邻居们会报警，我们大家都会坐牢。

13. 如果你对孩子们说话的语气温柔但坚定，他们不会狂躁或散漫无纪律。这是我养孩子的办法，孩子们也一直表现较好。

14. 这个周末我们不在这里。我们会在山上享受垂钓和徒步之乐。过去两个周末，都在下雨，我们不得不推迟露营的计划，所以这个周末肯定是好天气。

Ⅲ. 以下的每种说法：（1）请辨认属于本章所提到的哪一种谬误；（2）解释如何违反了充分原则。每种谬误都有两个例子。

1. 女权运动是高离婚率的“罪魁祸首”。它鼓励了妇女们在婚姻关系中更独立和更果断。

2. 斯登巴克教授，你明确说过，能被大家明白的才配得上是一个好的观点。你承认我的观点明白易懂，那为什么就不是一个好的论证呢。

3. 从统计上看，哲学专业的人参加法学院入学考试或医学院入学考试的话，表现要比其他专业的人好。所以，如果你想在这类考试中取得好成绩的话，建议你学哲学专业。

4. 我觉得你不该投资股票。你知道吗，“一鸟在手胜过二鸟在林”，握在手中比什么都踏实。

203

5. 我曾经和一个金发美女约会过。你知道吗？她们真的很笨。

6. 我知道为什么我们俱乐部会议如此枯燥无聊了。没人会出席这类会议的。

7. 莎朗：你是我们联谊会的会计，几周前就让我们其他人交会费了，但为什么你的那份还没交呢？

桑德拉：好吧，我这段时间需要付其他账单。而且，既然我是会计，我随时都可以交会费。

8. 这个周末10号电影院肯定会有好电影。那里已经有连续四五周都没啥好片子上映了。

9. 埃默里和亨利学院对我来说是最好的大学。要是我被录取了，那就是我要去的地方。

10. 针对东南部两千多名成人的一项最新调查显示，超过65%的美国人有坚定的宗教信仰，并参加每周的主日崇拜。

11. 年轻人参加一些帮派团伙并不奇怪。当父母都工作，没有时间陪孩子时，这些孩子就容易在外寻求类似家庭感觉的支持。

12. 我在海恩斯沃思法官的法庭工作了一年多。没一个女性投诉他性骚扰。海恩斯沃思法官不可能犯性骚扰，因为如果他有此罪行的话，其他女性早就有类似投诉了。

13. 要是我的父母在我高一那年没有离婚的话，我现在就会是一个快乐且自信满满的人。

14. 卡拉每天跑六英里毫无问题，她块头大。

15. 帕蒂：克里斯蒂娜，我现在真有麻烦了。我怀孕了，我父母暴跳如雷。我不想结婚，也不想照顾孩子。杰夫想结婚，也想要这个孩子。你觉得我该怎么做呢？

丹尼丝：好吧。你自己酿的苦果，你就得自己尝。（你自己铺好了床，你就得睡在里面。）

16. 我不明白为什么我的车突然就有毛病了。在我去辛格顿汽车服务店之前，我的车完好无损。一定是他们店里的人搞的鬼。

17. 如果教工们在这件事上不抵制管理层的话，那么他们就会拿走我们更多的权利，直到我们一无所有。

18. 我不明白我的车为什么不动了。我加满了油的呀。

19. 我酒驾过数次，一次都没被抓到过。所以我知道我的运气差不多用完了，最好还是其他人载我回家去吧。

20. 南方人的热情好客去哪儿了？亚特兰大的人一点儿不友善。我上周去那里迷路了，好几次停车问路，结果他们一点儿礼貌都没有。

21. 假如你有钱投资的话，我建议你全部放进银行作定期存款。那样你的钱最安全。其信用违约是由联邦政府所保障的。

204

22. 国会和州议会大部分议员都是律师出身。法学院或律师行业里，肯定有些什么促使他们去竞选公职。

23. 仅仅因为我开车回家前在饭店喝了几杯就把我像普通罪犯一样抓起来，为什么呀？我一直是这个社区的正直公民呢。

24. 既然被告不愿意在证人席上为自己辩护，那她肯定隐藏了什么。她肯定有罪。

25. 一项对全国十万名女大学生的调查表明，美国有1/5的女性存在饮食失调之类的问题。

26. 如果我们允许管理方审查我们的校报的话，他们很快就会审查图书馆的书籍报刊，甚至审查我们的教科书。最终，他们会对老师们讲什么或学生们想什么指手画脚。

27. 利特尔教授说要是1896年有电视的话，威廉·詹宁斯·布莱恩，一位有性格魅力的候选人，一定会赢得总统大选的。

28. 恰好在我给市长写去有关房产税增加的信件后，她同意了这个提案。一定是我信中的观点说服了她。

Ⅳ. 举出一个你最近一周听到的或读到的相关论证，即就当下有争议的社会、政治、道德、宗教或美学等问题所捍卫的立场，按照论证的标准模式对其进行重构，并按照好论证的五个原则对其进行评估。指出其违反了论证的结构、相关原则、接受原则、充分原则的何种错误——无论是违反了其中一个，或是全部违反了。然后提供一个你认为最可靠的论证，并用良好论证的五个标准来评估你自己提出的论断。

Ⅴ. 准备供索引用的卡片，写下违反相关原则的每一种谬误的原始例子（找现成的或自己编写的，均可），然后用你自己的办法反驳。

Ⅵ. 以下是“给吉姆的信”的第四封邮件。这封邮件中，父亲犯了本章所讨论的14种谬误。每一种谬误均在信中出现一次。标注的每一个数字，均表示前面陈述出现了某种谬误。请标出每种谬误名称。

亲爱的吉姆：

你上一封邮件里指出，似乎我不够尊重我们生活中存在的理性。恰恰相反，我相信当我们考虑某些重要问题时，理性是非常好的工具，但理性并不适用于宗教——这不是说宗教不重要。（1）奇怪的是，当哲学家们把理性不适当地用之于宗教时，他们往往忽视理性探索的成果，或者他们只是一味做辩解，比如忽视作为证据的那些神迹。例如，你母亲的兄长几年前被查出癌症晚期。他开始进行治疗，我们许多人也为他祷告。寻医问诊几个月后，癌症竟然消失了。但哲学家们往往忽视诸如此类的任何一个神迹。（2）他们甚至忽视上帝存在的最明显的证据，实际上，哲学家们到现在也没有发现任何上帝不存在的证据。（3）

205

但这种逻辑的力量并不能劝阻他们。看看他们现在是怎么对待宗教方面的证据吧。他们不会认真对待这些证据，而是忙着寻找其他的解释。只是因为他们自己没有任何宗教经历，就否认别人有关宗教经验的权威性。（4）而对于自己喜欢的证据，他们却从不否认。他们花费大量精力来寻找支持他们自己观点的证据，即进化论是正确的，而神创论是错误的。我在这个问题上也做了一些严肃的研究，我发现在实实在在的证据面前，他们的论点完全无法成立。过去几年间，我查阅了我们教派刊物“宗教文摘”上的每一篇文章，我发现，没有一篇文章认为，进化论有可靠的证据。（5）

所以，正如你所见，我比他们更认真对待证据。比如，许多年前，在我难得一次对上帝心存怀疑的时候，我向主请求给我他存在的迹象。结果次日主便赐福于我，我获得了升职，到现在我也不明白我怎么会得到这个职位。它就这么突然降临到我面前。所以，即使在我心存质疑的时候，我也感受到（上帝存在）证据的力量。（6）我并不是说每次上帝都会这么直接回应我的请求，但当他没有回应时，我也能找到为之辩护的理由。（7）

吉姆，让我们回到信仰的底线吧。如果我像我的哲学老师所希望的那样质疑自己的信仰，我不会拥有现在仍然享受的幸福生活。（8）更重要的是，《圣经》上说得非常清楚，如果没有信仰，就进不了天堂。换句话说，有了信仰，就能进天堂。（9）在你心存质疑度过的每一天，都可能会发生一些致命的事故，（假如你没有信仰的话）很可能在死后去一个你不想去的地方。（10）所以，宁可现在谨慎，也别将来后悔——这只是一个常识。（11）

正如我上一封邮件所提到，放弃对主的信仰，最严重的问题是你没有办法知道什么是对的，什么是错的。因为只有上帝才能决定我们如何过我们的生活。就某个行为而言，是对是错都由上帝说了算。（12）但是，一旦你开始质疑你的信仰，你很快就会完全抛弃你的信仰，最终会沦为道德虚无主义者——完全没有任何道德感。（13）

望你能理解，我只是想确保你知道自己正卷入的事情，并提醒你小心处理，因为，哲学课无疑会导致许多有智慧的年轻人放弃他们的信仰。（14）

爱你的

父亲

Ⅶ. 以吉姆的口气给父亲回一封信，反驳他邮件中的每一种谬误。但试着不要用那些谬误的名称，而是运用你在本章“回击谬误”部分所学的知识，对其进行驳斥和回应。

第九章　违反辩驳原则的谬误

206

概　要

本章将帮助你：

· 用自己的语言定义或描述每种违反辩驳原则的已命名的谬误的特性。

· 在平时的课程或讨论中遇到各种谬误时，辨认、说出名字，解释其错误推理的类型。

· 当他人出现这些谬误时，用有效的策略反击或帮助他们改正错误推理。

10. 辩驳原则

按照良好论证的第五项规范，提出论点的过程中，对这一论点或其所支持的立场的可以预见的关键性非难，应该有所辩驳。在批评对方的论证时，不应回避对方论证的最强有力之处。

我们做出的和遇到的论证，很不幸，大多数都缺乏辩驳这一功能。而要符合规范，一个良好的论证是不能缺少这一功能的。这意味着，每个论证都应对威胁到己方观点的批评有所预料，加入反驳性前提，以挫败指责。同样，对他人论证的批评，不能够避开其最强有力之处。

本章讨论的谬误，是在论证中没有对批评提供有效的辩驳。同为违反辩驳原则，而各有其不同的方式，而分类如下：（1）有关反证的谬误，（2）诉诸人格，（3）转移焦点。 207

有关反证的谬误

和反证有关的谬误，是没有公平或诚实地应对反证或对方论证的力量，而逃避有效反驳的责任。论证人不予考虑对自己观点的反证和批评，或轻描淡写（否认反证），或是避而不提反证或批评（忽视反证），或是在攻击他人论证时避重就轻（毛举细故）。

• 否认反证

209

定义：对不利于自己观点的证据拒绝认真考虑，或不公正地予以轻描淡写。

这一谬误最极端的形式，是不愿意承认威胁到自己观点的一切可能的证据。论证人不是直接否认反证的存在，而是拒绝予以认真考虑，或不公正地蔑视之。他给人的假象是看到了反证，然而那只是为了把它搪塞过去。对反证的这种态度显然是求得真义的障碍。

【例一】

你的生物课本上怎么说，我才不在乎。我知道我不是从什么猴子或更低的生物或别的什么玩意变来的。《圣经》说上帝按自己的形象创造了人。与《圣经》不同，你的课本不过是一些人的想法。

让我们把这一论证变为标准格式：

1. 你的生物课本里说人是从更低级的生物进化来的，（前提）

2. 你的课本不过是表达着某些人对人类起源的见解，（反驳性前提）

3. 《圣经》说上帝造人，（前提）

4. [《圣经》不是个人见解，而是真理的声音，]（隐含的反驳性前提）

所以，为什么有人类，《圣经》说的是对的。（结论）

208

很明显，在生物进化这件事上，任何反证也没办法说服论证人，因为不管提出什么证明，对他来说都是“个人见解”，被他不加考虑地扫到一边。他的反驳性前提，对反证不予认真考虑，因而是无效的。在这个问题上再讨论下去，也只是浪费时间和精力。

【例二】

黛比和大学里的室友帕特讨论大麻合法化的可能性。作为讨论的一部分，黛比请帕特注意最近一些政府主持的对大麻使用的研究。这些研究报告的结论是，没有明显的证据表明适量使用大麻是有害的。帕特的回应是，“不管政府进行的研究或别的什么研究说什么，大麻明显是有害的，任何时候都不该合法化”。

帕特的论证，对反证不屑一顾，连敷衍都懒得敷衍。她径直否认反证。显然，只要会削弱自己的立场，任何证据她都不会接受。实际上，如果黛比直接问她，是否任何证据她都不予考虑，她多半会说，没有什么能说服她相信自己是错的。

【例三】

参议员温格说：“同性恋是后天的。没有人注定是同性恋。那些所谓的研究，说同性恋倾向是与生俱来的，不过是激进左派瞎编出来的，想迫使我们接受同性恋生活方式。”

对自己的主张，温格参议员不仅不承认有任何可靠的反证，对摆到面前的证据，他还三言两语打发掉，说那都是激进左派编造出来的。这一反驳是无效的，而且，看起来不管给他什么证据，他都不会认真对待的。

回击谬误

要查明对方对反证是不是持真诚的开放态度，你可问他如果能够发现的话，可有任何一种证据会严重削弱他的主张。如果论证人不愿或不能想出这样的证据，那么，跟他谈点别的吧，说不定不这么令人丧气，而更有成果一点。你或许还想让他知道，与不容纳反证、不拿可谬原则当回事的人继续讨论问题是徒费口舌。如果论证人举得出有可能改变自己意见的想象中的反证，你就该做出恰当的努力，寻找那类证据并摆到桌面上来。

- **忽视反证**

定义：对不利于自己观点的重要证据，视而不见或避而不提，给人以并不存在重要反证的印象。

没人愿意输掉一场打得很努力的网球赛，特别是在我们认为自己是最好的球手时。但我们肯定也不想靠作弊赢得比赛，如把压线球判为界外。而且，我们完全可以承认，不管自己有多失望，在这一天里，赢得比赛的球员就是最好的球员。同理，我们都不想输掉论辩，因为我们认为自己的观点是最站得住脚的。但我们也知道，最站得住脚的观点是拥有最佳的证据支持的观点，而我们中间的多数人，不想靠欺骗赢得论辩，比如靠故意忽略掉我们知道会打击自己的论辩证据。然而，如果一个人极力主张某一观点，忽略掉威胁自己意见的证据便是非常诱人的想法。那些犯下忽略反证谬误的人，自觉或不自觉地屈服于这种诱惑了。

作为真理的寻求者，我们应该欢迎有可能削弱自己观点的任何证据。如果我们能证明这些证据不具任何破坏性，我们对自己观念的价值就更有信心了。另外，如果反证严重损害了我们的观点，我们应该心怀感激，因为它使我们摆脱了不可靠的、可疑的观点，从而离真理更近了一步。忽略相关反证的论证，没有公正评价重要的相关证据，有违良好论证的辩驳原则。

【例一】

对那些已审定犯有重大罪行的人，迅速执行死刑才是上策，因为这样才能迅速清除社会中的不良分子，减少公民的恐惧；除此之外，还会大幅降低在漫长的上诉程序中的监禁开销，同时对潜在的罪犯构成相当的威慑。

如果我们把这个论证转换为标准格式，就不难看出它忽略了明显的反证：

1. 迅速处死已定谳的重犯会减少公民的恐惧，（前提）

因为清除了社会中的不良分子，（子前提）

2. 还会节约用于上诉过程中监禁罪犯的大量费用，（前提）

3. 而且对潜在的罪犯形成有效的威慑，（前提）

所以，对那些已定谳的重犯我们应该迅速执行死刑。（结论）

任何熟悉有关死刑辩论的人都能看出，这一“迅速执行”的论证忽略了若干相关考虑，特别是取缔上诉权可能造成的不公正后果。这一由宪法确立的上诉程序，是我们司法制度中标准的、正当的一部分，以确保公平。上面的论证，得出的是价值判断，却还遗漏了伦理性的前提。这些以及其他的重要考虑，该论证都无所表示，所以不是良好论证。

210

【例二】

摩托车很危险；摩托车是很吵；摩托车上只能坐两个人；一到雨天或冷天就不能骑了；多数州还要求骑摩托车必须戴个

很不舒服的头盔。我想不出为什么还有人愿意骑这玩意儿。

有若干因素使人愿意买摩托车，愿意骑摩托车，而论证人却全不考虑。例如，摩托车是相对便宜的交通工具；又如，它比汽车灵活，容易找地方停放；还有，许多人就是觉得骑摩托车比开汽车更享受。一个良好的论证，会把对摩托车汽车之争的各种因素的讨论包含在反驳性前提之中。

【例三】

怎么还会有人乐意去汽车电影院呢？在家看多好啊，现在去店里租影片那么容易，还可以上网看。说到租影碟，你可以坐在自己的家里看，不受打扰，而且有很大的挑选范围；你不用买那很贵的票，不用梳洗打扮，不用雇人在家里看孩子，不用受交通堵塞的罪，还少了汽油钱。特别是，你不用掏钱买高价的零食和饮料。

这种论证有可能说服不少人不去电影院，改为在家里看电影。但对其他的许多人来说，这一论证忽略了一些重要因素。第一，电影通常要到初映的几个月后才有碟可租；其二，很多人觉得穿戴整齐出去消夜是种享受；其三，怎么能忽视“大屏幕”这个因素呢？在比较家里看电影与去电影院的短长时，这些及其他因素都是应该提到的。如果一字不提，就是忽略反证。

回击谬误

如果有人提出论证，却不提及与自己的结论对立的一切证据，显然用不着吃惊。当然，很有可能的是，论证人已经考虑过那些证据，只是认为对自己的主张形不成损害，所以不值得提及。不过，考虑到人们很少认为反证真的能威胁自己心爱的主张，我们对这种或明或暗的态度应该保持怀疑。如果你怀疑某个论证忽略了证据，一定要让对方看到这些反证，让对方证明反证他的见解不会被反证击倒。如果论证意识不到或不承认反证的存在，你可以亲自提出最有力的反证，然后，如果可以的话，问对方打算怎样克服这反证的力量。如果对方做不到，你或可劝他合乎逻辑地——甚至可以说是合乎道德地——放弃原来的主张。

论证人忽视反证的另一个原因，很简单，是他不知道怎么应对反证。如果发现是这种情况，你可指出，存心掩饰坏的论证，是智力上的不负责任。你还可提醒论证人，真正地探求真理的人，绝不会明知某个观点是有逻辑缺陷的，还要去坚持它。

211

有必要的话，你可以使用下面这个荒谬反例：一个只考虑有利证据而忽视不利证据的人，相当于公司的董事长要董事会成员就一个有争议的事项投票，然后却只计算“同意”票。

• 毛举细故

定义：攻击对方观点时避开其强有力的地方，只纠缠无关大局的琐细之处。

毛举细故最有可能出现的，是当论证的主体有理有据时。事实上，如果有人对你的论证责以细故，你可以把这看成一种标志，说明你的观点相当有力。

毛举细故的谬误，可以有两种不同的形式。它可以是攻击论证或批评的某个无关紧要的前提，如对主要观点影响甚微的细枝末节；它也可能只攻击论证人举出的一个例证。不管是哪种情况，这些反对就算有点道理，也是无关痛痒的，论证或批评的主干未受影响。

【例一】

乔伊，并不是我没有认真考虑过基督教义，我只是无法接受其耶稣行走在水面上，还有把水变成酒这样的事。你我都知道，那是不可能发生的。

这一论证在标准格式中是这样的：

1. 我仔细研究过基督教信仰的论证，（前提）

2. 新约的教义中有些故事，如耶稣行走在水面上，将水变成酒等，（前提）

3. 这些奇迹在经验上是不可能的，（前提）

所以，基督教信仰是站不住脚的。（结论）

说话的人显然是在挑剔微疵，因为他说的那些只是基督教体系中最不打紧的一些事，至少对非字义派来说。这些事大概连弱支持都算不上。即使成功地批驳了这些细故，对基督教论说的影响也是微乎其微的。辩驳原则要求针对对方的最有力之处，这一批评有违于此，所以结论并不成立。

【例二】

苏珊妮：对你来说最好的运动就是步行。只要有可能就步行，而不是开车。比如，和开车去食堂吃午饭相比，步行对你健康的好处要大得多。

谢雷尔：可我不去食堂吃饭啊。

谢雷尔反驳的是苏珊妮用以说明自己观点的一个例证。而就算那个例子不符合谢雷尔的实际情况，这也与步行有利健康的论证的主旨无关。

【例三】

塞斯：我不明白，您为什么没让我的哲学课过关呢？

普罗沃斯特教授：我一说你就明白了。你第一次考试就没及格，最后一次考试被发现作弊，你一次作业也没交。另外，课堂讨论，你从头到尾就一言不发。

塞斯：我想你该知道我为什么一言不发。我声带上长了息肉，医生让我尽可能少说话呀。

普罗沃斯特教授：哦，这我倒不知道。现在我理解你为什么在课堂上不发言不讨论了，这确实不怪你。你的嗓子现在怎么样了？

塞斯：没事了。重要的是，您已经承认您对我功课的考评是基于误解之上的，所以，现在我的哲学课可以过关了，是吗？

不是！塞斯只驳住了普罗沃斯特教授论证的最弱一个方面，即在课堂讨论中无所贡献。还有别的呢。

回击谬误

如果对方指出你的论证中一个细小问题，你应该爽快承认。不过要立刻指出，自己观点的最有力的根据，依然完好无损，希望能听到他对此的意见。如果对方坚持认为他的反对并不是细枝末节，而是对你的论证构成严重批判，则请他明确解释他所说的事情对你基本观点的影响究竟在哪里。

让对方缴械的一个有效办法是，在声称中提前表明哪些是自己论证的力量所在，哪些地方是弱点。如果此后对方攻击你的弱点，你既已事先承认过了，不管他把那弱点攻击到什么程度，也都无损你论证的质量了。

213

毛举细故的人看到微小的缺陷而小题大做，这大概是因为他们找不到别的攻击目标，而有意遮掩这一事实。如果你觉得是这种情况，可抓住这很好的时机提醒对方，如果找不到某个论证的大毛病，可能因为它就是个很好的论证，那么，一个在心智上诚实的人，或该认真考虑一下对方的观点了。

练习

Ⅰ. **有关反证的谬误** 对下面的每一个论证：（1）指出与反证有关的谬误类型；（2）解释推理是怎么违反辩驳原则的。本节讨论过的每种谬误都给出两个例子，标以*号的，在书末有答案。

*1. 对色情作品，我不管大学的研究报告是怎么说的。我知道看色情作品会怂恿人性犯罪。我们不能允许支持这份研究报告的人去放纵那些制作色情作品的人。

*2. 虽然我的体格很好，但我对爬珠穆朗玛峰还是没什么兴趣。它陡峭，荒凉，变化莫测。而且，就算你爬到了山顶，又有什么事可做？不过是掉头下山。

3. 总统为什么要建立个特别委员会来处理非法移民问题？有什么好处理的？我们知道怎么处理。把他们都送回去！他们是非法的，所以都应该遣送回去。就是这么简单。

*4. 朗教授：大学里进行特定的职业训练，意义已经不大了。现在是技术时代，变化如此之快，职业训练的内容每隔八年就过时了。我建议，我们应该保持那些丝毫不带职业倾向的、文科的课程。这样，我们的学生就能在几个不同的就业方向上有所准备。

里德教授：这我可不敢说，约翰。我想还有许多能干八年以上的技术性工作呢。

5. 教授对学生说：我们为什么还要见面来讨论你的期末考试成绩？我仔细看过卷子了，我给你的成绩，就是你应得的成绩。我不想听你说什么我可能误解了你。

6. 韦尔森教授：我认为校方解聘弗雷德里克教授，是完全应该的。他从不备课，他用粗俗的语言谈论女学生，他胡乱打分，他对人还很不友好。

德伊教授：我不同意。他对我就很友好，每次见面都打个招呼。

214

诉诸人格的谬误

诉诸人格的论证，是“冲着人去”的论证。这种论证不是去回应批评和反证，而是转而去不公正地攻击批评者本人，违反了有效辩驳的原则。它有几种方式：一是对批评者进行人身的或污辱性的攻击（人身攻击）；二是声称由于批评者自身的动机或地位可疑，他的批评是“中了毒的”（投毒于井）；三是声称批评者自己的做法或想法与他所批评的做法或想法是一样的（彼此彼此）。

当论证的内容涉及“人”时，很重要的一点，是区分人的论证与人的证言。例如，如果有一位人人皆知的骗子或疯子出来作证，他是不是疯子或骗子，确实会影响到他证言（对事件的描述）的可靠程度。然而，如果骗子或疯子在提出论理，这论理是否成立，必须与其人格分别对待。一个论证是否成立，与论证者本人是不是精神错乱，是不是小孩子，是不是纳粹都无关；论证只能而且必须靠自身的力量。说到底，即使最卑鄙的人也有可能做出良好的论证。例如，如果某个反对死刑的论辩出自一个候刑者，这一出处丝毫不该影响我们对论辩的考量。总之，虽然某个人可能动机可疑，可能有人格缺陷，或行为不端，使我们不无道理地怀疑他的证言，但要评价他提出的论证，这一切都在考虑之外。如果让这些因素影响我们对他人论证的评价，只会使我们犯诉诸人格的谬误。

面对批评和反证，对批评者进行攻击是逃避有效反驳义务的主要伎俩。这类伎俩同时还违反了良好论证的相关性原则。很多逻辑学者确实认为诉诸人格更应属于违反相关原则的谬误一类。一个人做出的批评或反论的价值，丝毫不受他的性格、行为及动机的影响，而诉诸人格只是规避辩驳规范要求的手段。在相关性方面，人身攻击只是需要避免的缺点，在辩驳方面，人身攻击便是严重得多的错误，因为辩驳规范对讨论的进展是十分重要的，一旦违反，对话就只好半途而废了。

- **人身攻击**

定义：对对方进行人身的或污辱性的攻击，以求败坏对方的声誉，使其批评和论证不受重视。

人身攻击的常用手段是让人们注意到批评者的某些令人反感的个性，或将对方整体品质压缩、限制至一种不良评价，如“你是社会的祸害”或“你就不配养孩子”等。至于在特定场合下具体提及哪一种令人反感的个性，取决于论证人自己的好恶。可攻击的方面五花八门，比如邋遢、肥胖、有异味、学究气、外国人、无神论者、女权主义者、自由派、保守派、读《纽约时报》的人、看福克斯新闻频道的人，等等等等，不一而足。

215

不过，人身攻击并不只是对他人使用了污辱性语言。骂人或说别人的坏话，对人做出不好的评价，本身并不构成谬误。人身攻击是将这种攻击作为一种手段，来忽视、败坏、贬损反证的力量。用这种手段来应付论证或批评，违反心智行为的规范，而且使交谈无法继续下去。在讨论中只应衡量论证本身，东拉西扯是解决不了问题的。

【例一】

难怪你觉得滥交是无所谓的。你与女性从来就没有过真正美好的感情关系。你便只想寻求刺激，这一点也不奇怪。

在标准格式下，人身攻击便暴露出来：

你认为滥交在道德上是可接受的，（前提）

你与女性从未有过美好的感情关系，（前提）

[因为你的主张来自你自己缺少美好的性体验，]（隐含的子前提）

[所以，你对滥交的看法或论证是一钱不值的。]（隐含的结论）

论证人没有就对方辩说的价值发表意见，而只是把对方污辱了一顿。论证人将对方身上他所认为的不健康因素，作为不去认真考虑其论辩的理由。但攻击其人而不是反驳其论，是对良好论证的反驳原则的违反。所以这个论证的结论是没道理的。

【例二】

芭巴拉：雷伊教授昨晚的讲座《雕塑与创作过程》，真是太出色了。她说，雕塑家要赋予一块石头或金属以生命，最好的方法之一是想象自己被禁锢在那物体里边，挣扎着要出来。

安迪：我对雷伊教授的想法一点兴趣也没有。她的雕塑要是有一件能出现在艺术展览里，那我得大吃一惊。你没见过她雕的那些破玩意吗？

对雷伊教授技艺的污辱性的攻击，只是一个手段，以忽视她对创作过程的见解。在安迪看来，似乎只要不喜欢一个人的某一方面，那人讲的道理，拥有的见解，自己都可以统统不理了。

216

【例三】

弗雷迪：韦恩，我认为我们应该在今晚把这里打扫干净。房东明天要见想租房子的人，他希望房子看上去体面一些。他说上个星期，就是因为这儿太乱了，特别是厨房，他失掉了一个租户。他提醒说，合同上写着，要是我们提出不想续租了，这段时间里应该把公寓清理干净，好让别人来租，我们当初是同意了的。

韦恩：他知道什么叫干净？他身上那件衬衫都穿一个星期了。

对房东关于在“展示”期间应将公寓清扫干净的论证，韦恩没作回应；他将自己对房东个人习惯的消极评价作为躲闪房东实质性声称的手段。

回击谬误

如果我们遭遇人身攻击，很容易被诱向反唇相讥。但顺从那种诱惑，对讨论问题毫无裨益。最有建设性的回应，是向对方指出他在污辱人，然后客气地请他对你的论证或批评本身发表意见。有的时候，简单一句“你认为我说的道理怎么样”就够了。你或许可以主动一些，承认（但不是曲意奉承）人身攻击者的优点。这样的做法可能鼓励对方也像你一样行事。

如果论证人继续以人身攻击为能事，你应劝他把某人与该人的观点或论证分开评价。你可以给他讲这个道理：“我们寻求的真理，肯定有一些是分布在我们不喜欢的人讲的道理那里。因人废言是荒谬的；如果需要的话，我们应该忍受一下对方身上的缺点，通过诚实的知性的交流，收获我们本来并不拥有的真理。”

- **投毒于井**

定义：以对方的地位或动机可疑为由拒绝其批评或论证。

217

这种谬误有“投毒于井”的恶名，因为它的用心是从源头上破坏论证或观点，使人对之根本不予考虑。也就是说，它将论证者的个人特性或动机看作决定性的，相当于“从源头下毒”，流出的自然不是什么好东西。

从源头上毒化论证或批评，必然使论证的进程骤然中止。不论是下毒的还是被下毒的人，都没办法再继续讨论了。以此来拒绝对方的论证，甚至听也不听，自然更谈不上回应对方论证的强有力之处，这显然违反了良好论证的辩驳原则。在这种情况下，没有讨论的深入，没有问题的解决，每人都是输家。

【例一】

你又不是女人，所以你对人工流产的看法毫无价值。

我们来看一下这一论证在标准格式中是什么样子的：

[你批评了我关于人工流产的论证，]（隐含的前提）

你不是女人，（前提）

[在人工流产的问题上，男性的意见没有多大价值，]（隐含的前提）

所以，你对我的批评是不值得考虑的。（结论）

不是女性这一特定地位，并不应该使男性在人工流产问题上的任何意见都不值得考虑。但论证人压根不想让我们听一下男性会说什么，更谈不上给予反驳了。

【例二】

在给教师加薪的事上，马哈菲教授说的全不可信。他自己就是教师，他当然愿意加薪了。

马哈菲教授是教师，这个事实并不意味着他对此的意见就是不可信、不值得考虑的。我们只应该看他讲的道理如何。

【例三】

你既不是兄弟会的会员，又不是姐妹会的会员，我们守不守誓约，你是没资格说三道四的。

我们不该被这论证一次次往井里下毒的行为阻住，我们要指出这是一种谬误。论证或批评的价值只在其自身，与发出批评的人自己是不是姐妹会或兄弟会的成员一点关系也没有。

反驳投毒于井的谬误有时相当困难，特别是你自己这口井被下了毒时，因为连你对这种推理的反驳本身都被视为出自同一受污染的源头。在这种情况下，也许最有建设性的方式是针锋相对："好吧，没等我说什么，你已经决定不管我说什么都是不对的。这招挺聪明，对你这一套我还真没什么办法。但想封住我的嘴也没那么容易。你不想让我说话的一个原因是你认为我说的话会打击你的观点。我认为在这个问题上我确有些重要的意见，我好奇的是你会怎么回应。"

当然，你永远可以用上一两个荒谬反例："你们都不是教师，所以我对你们对课程的评价毫无兴趣。"或者"你不是小说家，你对我小说的批评不值一听。"

- **彼此彼此**

定义：指控批评者或他人所想所行与自己是一样的，以此逃避诚实评价与反驳对自己批评的责任。

这一谬误的拉丁名字，tu quoque，翻译过来是"你也一样"。犯下这种谬误的人暗示说："因为你在做同样的事，想同样的事，与我同样的有罪，所以你的论证不值一听。"这种反唇相讥的目的是逃避认真考虑对方批评意见的责任。

差不多所有的孩子，干了坏事后被父母责骂时，都会理直气壮地说"是他先干的呀"。可也有不少成年人，觉得如果可以说对方"你也一样"，自己也就理直气壮了。大多数人都会同意“二错相加仍是错”，尽管如此，当我们自己的行为受到批评时，如果能指责批评一方或其他人有同样的行为，心里就舒服一些。

然而，有这种谬误的孩子或成年人的主要意图，倒不是用批评方的行为给自己的行为辩护，他们在乎的也不是言行一致的问题，尽管他们可能声称我们是伪君子，不该不“躬行己说”——他们真正想干的是，把批评方的行为视作一种免责的理由，以为这样就用不着回应批评了。

【例一】

219

瑟曼：劳拉，你都这把年纪了，不该这么拼命干活。你会把自己累坏的，会进医院的。

劳拉：你干活也和我一样拼命啊，瑟曼，你比我一点也不年轻。

对瑟曼的意见，劳拉并没真正回应；她的回应是“你也这么干”，以此来把注意力从自己身上挪开，从而回避问题。在标准格式下，劳拉的论证是这样的：

1. 你对我拼命干活作了一番论说，（前提）

2. 你干活和我一样拼命，（前提）

所以，我用不着回应你的论说。（结论）

糟糕的是，劳拉的论证不符合反驳原则的要求。

【例二】

父亲：我真的觉得你不该喝酒。酒精麻痹感觉，使身体失控，甚至还会产生心理依赖。

儿子：这可不怎么有说服力啊，爸爸，你现在自己手里就拿着杯威士忌呢。

儿子可能有点儿忍不住要指出父亲的言行不一，但是正确的做法仍是去考虑父亲的话有没有道理。父亲没做到身体力行，但他的论说并不因此就没价值了。

【例三】

在你的第一节高尔夫课上，教练告诉你，要想成为好的球手，第一件也是最重要的一件事是“低下头，盯着球”。如果你觉得教练在自己的巡回赛中并没有一直低着头，所以她给你的忠告没什么价值，那你就是在犯下谬误。

回击谬误

如果对方指出你做出的批评或论证与你自己的行为并不一致，没理由被他的指责吓住，就此闭嘴，你最好是承认指责，如果那是真实的，然后坚持要求对方先把对你可能的言行不一的关心放在一边，考虑一下你的批评或论证本身到底有没有道理。批评者的言行不一，并不能免除论证人有效反驳对自己的批评的责任。

关键在于，他人的不良行为，绝不是自己逃避回应批评义务的充分理由。由于我们打心眼儿里有这种反唇相讥的冲动，总是不容易认清它的谬误性质，除非有人尖锐地指出来。而那，便是你要做的。

练习

220

Ⅱ. 诉诸人格的谬误 对下面的每一个论证：（1）指出其诉诸人格的谬误类型；（2）解释推理是怎么违反辩驳原则的。本节讨论过的每种谬误都给出两个例子，其中标以*号的，在书末有答案。

*1. 汤娅：别冲我嚷嚷了！要解决咱们的问题，唯一的办法就坐下来冷静谈一谈。你这么叫喊一点用也没有。

马克：是吗，你倒没嚷嚷，你一直在哭，你觉得那就有用了吗?

*2. 教友对教士说：你又没结过婚，所以在婚姻问题上我为什么要听你的建议呢？你怎么可能知道自己在谈什么？

3. 你对我提议的反对意见，我为什么要搭理，你真的觉得我会给你那么大面子吗？你的意见只是证明了我对你的看法一直就没错。你的想法十分幼稚，浮浅无知，简直就是在浪费我的时间。

4. 别指点我怎么带孩子！你研究过多少儿童心理学，我才不在乎，只要你自己还没生孩子，你就不可能明白孩子是怎么回事。

*5. 帕克先生：我的政治对手里奇议员自称在他漫长的任期里，众议院的记名投票他每一次都参加了，他没说实话。根据国会记录，里奇先生在第一任上就缺席了八次。

里奇先生：在我的第一任期里，你住精神病院的时候，是不是除了国会记录什么都不许你读呀？

6. 特妮：有了这么多得艾滋病的事，你跟人上床真得多留点神了，朱莉。

朱莉：我留神？从圣诞节到现在你的相好都多半打了。

转移焦点的谬误

这类谬误对辩驳原则的违反，是想方设法把注意力从自己论证的弱点及对方意见的力量上转移开来。这些辩论的花招，是想通过把注意力从实质性问题上引开，从而谋求更有利的位置或逃出尴尬境地，这样一来，论证人就可以避开回应批评意见了。转移焦点，有这样几个常见的手法：歪曲、篡改对方的批评或论证（攻击稻草人，或偷梁换柱），试图把讨论人诱离主旨（红鲱鱼，或引入歧途），嘲笑批评人，或拿对方的批评或论证开玩笑（笑而不答）。

221 **• 攻击稻草人**

定义：歪曲对方的意见，目的往往是使之易受攻击。

稻草人的比喻，形容的是心怀鬼胎的论证人把他人意见的完整原版，偷换成一个低劣的仿品。但就算成功地攻击了这稻草做的仿品，也伤害不到对方批评和论证的实质。按照辩驳原则，良好的论证必须有效地反驳批评或反论的最强版本。稻草人攻击的对象是有意弱化过的，所以无法符合辩驳原则的要求。

歪曲对方的论证，可有数种方式。一是变形，通常是在改写、重述时使用微妙的附有贬损之意的辞令。二是简单化，一个复杂的论证，如果省略掉重要的限定，抹去细微之处，只用三言两语来表达，就可能显得像是蠢话。三是无限延伸，对对方的论证进行明显没根据的或有违本意的推论。

清晰原则要求我们公正地理解与转述他人的论证。有意曲解他人的观点是不公正的，所以攻击稻草人不仅违反了辩驳原则，还违反了清晰原则。

【例一】

有意曲解对方的观点，是政客的典型技巧。假设参议员库尔特哈德提案减少国防预算，包括减少浪费和管理不善带来的损失。他的政治对手可能这样回答："按照我这位高贵的、来自弗州的同事的缩减国防开支提案，我们再也养不起我们在中东的军队，在全世界的防御态势也得大打折扣了。我要说的是，我们绝不能做那些会使自己变成二流军事国家、无力履行国际承诺的事。"

我们来把他的论证转为标准格式：

1. 库尔特哈德参议员要削减国防开支，（前提）

2. 这会使我们无力支持在中东的军队，（前提）

3. 并削弱我们在全世界的军事存在，（前提）

4. 使我们无力履行国际承诺，（前提）

因为我们会成为二流军事国家，（子前提）

5. [而我们应该支持我们的军队，不应该削弱在世界各地的军事存在，]（隐含的价值前提）

6. [我们应该履行国际承诺，]（隐含的价值前提）

[所以，我们不应当同意这位参议员的提案。]（隐含的结论）

222

从本例不仅可以看到观点是怎么被歪曲的，还可以看到，观点还可以被延伸至它本来的界限之外。减少国防开支中的浪费，并不一定会导致无法供给军队、削弱在全世界的军事存在或无力履行国际承诺，然而参议员的政治对手却试图表明这些事情是参议员计划的一部分，然后就暗示性地攻击他自己加上去的稻草目标。如果库尔特哈德参议员有机会重新组织对方的论证，它绝不会是对手所歪曲的样子。

【例二】

下面这简短的对话，清楚地展现了误解及得出缺乏根据的结论是如何发生的。对话的一方支持建设新的水电站，另一方则反对。

玛丽娅：我们这个地区，需要在十年内建一个新的发电站，不然就无法满足用电量激增的要求。

大卫：从你的话里可以听出，你根本不在乎水坝对植物和野生动物的影响，也不在乎是不是有人因此流离失所。

大卫从玛丽娅的话引申出的结论，是没有根据的。从她的话中，任何人也无法推论说她对建设电站可能造成的环境破坏以及其他后果毫不关心。

【例三】

反对美国最高法院对公立学校祷告仪式之裁定的人，曲解原意地声称裁定禁止公立学校中任何形式的祷告，而实际上它只是禁止公立学校支持或要求举行宗教仪式。这一重要的限定被批评者忽略了。类似的还有，对最高法院禁止在公共建筑物内陈列十诫的批评一方声称，十诫只是道德教训，陈列在公共场所是有利于公共利益的，这一批评也曲解了原意，法院认为，十诫中前四诫的内容是特别的宗教要求，包括对犹太教—基督教中上帝的独一无二的信奉。

在这两件事上，论证人没有权衡对方的真正立场，而是自己扎了个稻草人，然后予以攻击。

回击谬误

对手是故意地歪曲你的观点，或只是没能理解及表述你的原意，并不是总能分清的。所以，如果你做出的是很长的批评或论证，将要点简单地概括一下总是好的，如能请对方来概括，就更好了。如果对方同意这么做，你就能更轻松地纠正曲解、错误的表述和遗漏。

223

你应该一有机会就坚持，除非双方努力理解对方的意思，实现建设性的、有成果的讨论是不可能的。如果对方继续曲解你的意思，摆出事实，纠正反方的每一处曲解。无论如何你不可以在曲解后的概念基础上讨论问题，那就等于你在被迫辩护自己观点的一个稻草人版本。

- **红鲱鱼**

定义：把注意力诱离主旨，诱向枝节问题，以掩藏自己的弱点。

对这个谬误的怪名字，有一种解释是从猎狐那儿来的。把鲱鱼腌熏成狐狸那种红褐色，有强烈的气味，用来训练猎犬追踪气味；另一种训练是把鱼拖过狐狸的足印，来测试猎犬有没有本事透过它的强烈气味辨识出狐狸的气味。狗很容易被它骗过，去找鱼而不是狐狸。在论辩中，红鲱鱼的意思是将讨论从原旨引到另一也许有些联系的不同话题，这话题同原来的话题貌似相关，其实只是顾左右而言他的一种策略，以回避对方有力的论证，或掩盖自己观点的薄弱之处。

【例一】

红鲱鱼谬误最常见的形式，是宣称现在这样子就不错了，因为“事情可能更糟糕”呢，以此把注意力从涉及不利情势的论辩或批评中引开。我们中间的大多数都曾埋怨过自己劳作所得太少或不公平，然后便听到父母或别的什么老人家说：“这个呀，我像你这么大时，一星期只能挣到35块钱呢。”

尽管“事情”几乎总是有可能更糟的，但本来说的并不是这个，把注意力引到这方面来，不过是想转移主旨，逃避解决问题的责任。

【例二】

参议员耶茨：你为什么不支持我的反人工流产修正案？对

那些被无缘无故地扼杀、连出生机会都没有的婴儿，你就一点同情心也没有吗？

224

参议员韦伯：我当然同情。所以我才不明白你们这些人关心被流产扼杀的婴儿，却不关心无缘无故死于枪口之下的每年成千上万的人。这两件事，难道不都和生命的神圣不可侵犯有关吗？你们为什么厚此而薄彼，不支持我们的控枪立法？

我们将韦伯参议员的论证转换为标准格式：

1. 你希望我支持关于人工流产的对宪法修正案，（前提）

原因是人工流产杀死了无数生命，（子前提）

2. 那我就不明白了，你不同我一起支持控枪立法，（前提）

因为缺乏管制的枪支也造成无数生命的丧失，（子前提）

所以，你不支持控抢，说明你是自相矛盾的。（隐含的结论）

这里韦伯参议员所关心的无疑是件重要问题，他对立场不一致的“结论”或观察也令人深思，但他毕竟没有回应本来的问题，那问题本是他是否支持关于人工流产的修正案。控枪问题及它与生命神圣可能的联系问题，可以换个场合指出，在此处，它就是红鲱鱼，不当地将注意力从原旨上引开。

【例三】

彼得：你提议在汤姆森大学实施荣誉制度，我确信那一定行不通。那不是我们的传统。就连西点军校这样荣誉制度有很长历史的大学，也发现它难以维持。

安妮：但许多有荣誉制度的大学，过去都实行得很好，这你得同意吧？同样不能否认的是，经历过荣誉制度的人，对这一制度都非常尊重。如果我们汤姆森大学有了荣誉制度，就可以与那些精英大学比肩而论了。

对彼得的批评或关注点，安妮并没回应。议题并不是荣誉制度在过去一些大学里实行的效果如何，也不是它会不会使汤姆森大学跻身于精英学校之列。真正的议题是没有荣誉制度传统的学院现在该不该实行这种制度，对此，前述两点虽然貌似相关的考虑，实际上都是红鲱鱼。

225

回击谬误

在许多论证中，红鲱鱼的出现不引人注意。要想使讨论的焦点不会被狡猾地引到旁处，我们得时刻警惕。而且，简单的一句提醒，如“那不是我们谈的问题”，则时常令对方不快，因为他真心以为自己没跑题呢。所以，你得准备好解释清楚焦点是怎样从主要议题上离开的，以及为什么某一话题毫不冤枉地说，就是红鲱鱼。

红鲱鱼的谬误常常是无意间发生的，或至少不是存心为之的，我们或许应该尽量不要指责对方犯了这种谬误。如果节外生枝出自无心，你应宽容待之。最好是把“红鲱鱼”这罪名只留给那些故意要花招以避开论证或批评要义的人。

- 笑而不答

定义：不能或无意恰当地回应批评或反论，便在论证中塞入玩笑或嘲笑以掩盖之。

幽默是十分有效的转移焦点的技术，因为一句俏皮、巧妙的评论，能让对方的论证顿时失色，特别是在听众看来，而这类幽默的目标通常也是听众。幽默能把听众迅速地争取到自己一边，即使这种立场转移并不符合逻辑。

转移焦点的幽默有几种不同的方式。它可以是从对方某句话那里化来的双关语，可以是对严肃问题的谐谑回应，可能是一件趣事，还可能只是硬生生地嘲笑对方的观点。总之是使用笑话、双关语或嘲弄，以此忽略批评或论证，或给它们拆台。这样的做法，违反了辩驳原则对有效反驳对方的实质性论战的要求。开玩笑、嘲笑论证或论证人，显然不能符合良好论证的辩驳原则。

【例一】

假设下面的对话发生在新闻发布会上，一方是第三党的总统候选人，另一方是个年轻记者。

记者：在我看来，作为第三党的候选人，您如果当选，与国会的合作会十分艰难。作为总统，您打算如何与被两大政党统治的而且不支持您的国会合作，以实现改革或制定有益人民的法律呢？

第三党候选人：这个嘛，我如果当选，一半的议员会得心脏病死掉的，这样，我的问题先就解决一半了。

我们将总统候选人幽默的回应转换成论证的标准格式：

1. 我若当选，与不配合的国会之间会有麻烦，（隐含的前提）

2. 我若当选，一半国会议员会死于心脏病发作的，（前提）

所以，不合作的国会给我的麻烦便消失一半了。（结论）

那个玩笑性的前提，与候选人的结论扯不上关系，因为那是不可能发生的事。候选人纯粹是在用幽默感来躲闪记者的提问，虽然那是个值得严肃回答的提问。

【例二】

本谬误一个著名的例子，发生在1984年的总统竞选中，当时，里根总统的高龄是许多人关心的问题。在一次与前副总统瓦尔特·蒙代尔的电视辩论中，有个提问人问到，在当年的古巴导弹危机中，肯尼迪好几天没怎么睡觉，若遇到类似的国家安全危机，以他的年龄，里根总统是否充分相信自己能够应付裕如？“一点也不。”里根回答说。“我不会在这次竞选中打年龄牌的，我不打算为了政治目的去欺负对手的年轻与缺乏经验。”

来自记者席和听众的此起彼伏的笑声，使年龄问题一笑了之，也阻止了后面的议论。

【例三】

哲学系的一个学生发现他的政治学教授在课堂上分析某个问题时，使用了与事实相反的假设，便就此请教她是怎么一回事。教授本应考虑一下这批评到底对不对，但她却想用别的办法使批评哑火，说：“喔，苏格拉底一定是趁我们没注意时溜进教室了。你刚才说我怎样来着？使用了与事实相反的什么？我还以为哲学家不关心事实呢。”

她对这个学生的嘲笑把大家都逗笑了，这样一来，这位教授就从对她推理的可靠性的批评面前脱身了。

回击谬误

不管被故意取笑的是论证人还是论证本身，回击总是会吃力的。在健康的讨论中，以嘲讽回应嘲讽，并不是好办法，因为讨论的焦点应该是论证本身。如果你的论证确实很糟糕，就不要怪人家严厉批评，但不要把严厉批评与嘲讽等同起来——批评中有讲道理的内容，嘲讽就没有了。遭到嘲讽，你可以这么回应：“我想你嘲讽的原因是我的论证有缺点。我很想听听您的意见。”把这话真诚、友好地说出来，千万别咯咯笑。

227

如果在论证中加入的幽默确实很巧妙的话，你也许只能表示欣赏，因为合理的论证并不是说一定要板着面孔。这种性质的回答有时甚至是保持“公平竞赛”的有效办法，但在适当的时候，你应该重申声称或批评的要义，坚持索要严肃的回应。

练习

Ⅲ. 转移焦点的谬误　对下面的每一个论证：（1）指出其转移焦点的谬误类型；（2）解释推理是怎么违反辩驳原则的。本节讨论过的每种谬误都给出两个例子，其中标以*号的，在书末有答案。

*1. 学生：不论是课程变更还是社会活动项目，学生的意见被彻底忽视了。在学校的管理上，学生应有更大的声音，因为学校的一切都与我们利益攸关，而且我们认为自己能做出积极的贡献。

教授：需要有更大声音的是教员。教授可以被不加解释地解聘，而且对提升与终身教职的颁给没有控制权，对预算分配的意见更是无人理睬。他们为什么不关心关心教师们遇到的这些不公平？

*2. 苏珊：议员，尽管有了最高法院禁止政府支持公立学校祷告的历史性裁决，学校里还是有很多祷告仪式。在我看来，多年之后，有违高法禁令精神的事仍在发生。政府仍在支持祷告，虽然学校声称那是学生自己发起的。在体育比赛前，甚至在上课前，仍有集体祷告。教师和教练也在参加。好像现在的祷告比以前更多了。你认为应该怎么办？

克里德议员：我觉得只要学校里还有数学考试，就会有祷告。

3. 你不该抱怨在课堂附近找不到停车的地方。我上大学那会儿，根本就不许把汽车弄到校园里。

4. 母亲：我觉得我们应该鼓励孩子少看电视，多参加运动。

父亲：你觉得是我把孩子教成了看电视成瘾的懒骨头，是不是？

*5. 女儿：如果两个人真的相爱，互相信赖，我想不出有什么原因使我们不能住在一起。汤姆和我真的相爱，妈妈，以后我们会结婚的，现在我们只是想多在一起。

母亲：依我看，你只是找借口上床。你对这件事的整个主意就是想要省钱的性爱！

6. 竞选者：如果我当选，我保证尽全力地把我们的大街变得十分安全，我们的妻子在晚上也可以走在街上。

现任：这就是你要干的？——把我们的妻子变成妓女？

Ⅳ. 对下面的每一个论证：（1）从本章讨论过的谬误类型中，指出论证中的谬误名字；（2）解释推理是怎么违反辩驳原则的。本节讨论过的每种谬误都给出两个例子。

1. 梅乔：如果拿鱼和禽肉作主要的蛋白质来源，人们会比现在健康许多。

山姆：可有人对鱼和禽肉过敏啊。

2. 琼，如果我能选择的话，我情愿租公寓而不是买房子。同样大的面积，房供比公寓的月租高很多。更重要的是，住在公寓里，你不用锄草，不用收拾树叶，油漆剥落时也不用自己去刷。有什么坏了，可以叫“物业”去修理。你不买维修工具，而要买房子，那经常是搭配着卖的。你还不用交不动产税或上保险。你为什么要买房子呢？

3. 我知道你有三年没获得提升了，不过我们把这层最大最好的一间办公室给了你，你肯定记得吧?

4. 菲力普：你去海滩前不想擦些防晒霜吗？最近不止一种医学杂志的文章里说，就算没把皮肤晒坏，日光也能引发皮肤癌。

凯瑟琳：医生在说什么，我才不去听。医生也会出错。直接晒太阳，皮肤的颜色才好看，任何使我好看的事对我就是好的。

5. 学生：我不明白，为什么每个学生都得修满三门人文类的课程才能毕业。我的专业是生物学，我看不出文学课或哲学课对我有什么用。

辅导教师：你来这儿之前就知道我们大学在人文方面的要求，没错吧?

6. 卡马克医生：巴克纳女士，你真得少抽点烟了。那不仅让您有得癌症的危险，因为您在人们中间抽烟，所以还对家人和同事的健康不利呢。

229

巴克纳女士：我碰巧看见您进屋前刚把烟熄灭。显然您自个儿也不信那一套，那我为什么要相信呢?

7. 主管：我得让特妮走路了。她差不多天天迟到，总犯让公司破费的错误，花很长时间打私人电话，而且我个人以为，她的着装对我们这行来说也不合适。

雇员：我觉得偶尔穿穿牛仔裤，不该拿来作为解雇人的理由。

8. 母亲：好好玩吧，儿子，别忘了戴上自行车头盔。

儿子：为什么要戴？你跟我一起骑车时，你就没戴。你连头盔都没有。

9. 对我来说，参军肯定不像是个有吸引力的前程。你得天刚亮就爬起来，每天二十四小时都有人管着你；多数事情都是别人替你做主，你连打主意的机会都不多。另外，体质上的要求也太要命了，你想过这些吗？

10. 父亲：我认为好的疗养院能把你奶奶照顾得更好。

儿子：你这么说，就是因为你厌烦照顾她了——她成了你的负担。

11. 副州长对涉及强奸犯的司法程序的改革计划，不值得当真。他的女儿去年被强奸了，你知道吧？

12. 芭芭拉：有的父母担心，跟孩子讨论避孕的话题等于是在鼓励他们有性行为，这是天真的想法。与我们那时候相比，现在的年轻人有性行为的时间更早，而怀孕总是有可能的。父母应该严肃地同孩子谈谈避孕问题。

劳伦斯：我不明白。你对避孕还有什么不懂的事需要孩子教给你吗？

13. 检方请的专家证人：作为执业的精神病医生，我深思熟虑后的看法是，被告同任何一位陪审员一样精神正常。

辩方律师：奎尔斯医生，这种以精神原因护辩的案子，您一年出庭过多少起？每一次出庭，您的报酬是多少？您周游全国为检方作证，在那些案子中，可有一起是您认为被告精神不正常的？您怎么还有时间行业呢，医生？您的时间差不多都用在只从一个方向诊断病情上，会不会有点医术生疏呢？我没有别的问题了，法官大人。

14. 你又没参过军，谁会把你对军内同性恋问题的论说当回事呢？

15. 乔伊：所有的研究，所有的专家都指出，普通的接触并不会传染艾滋病。

查理：研究报告怎么说，我才不管。反正我不会碰任何得了艾滋病的人。我可不想因为别人的话把自己害死。

16. 弗莱斯特：在劳伦斯诉得克萨斯州一案中，最高法院准许肛交的判决是错误的，州里反对肛交的立法应当屹立不倒。肛交是违反自然法的。这种行为不能创生人类。

比尔：真的？显然你不认识我前妻的律师。

17. 参议员巴克尔斯：我认为，明年在汽车工业强制推行这些标准，会使美国的汽车工业在世界市场上处于不利的竞争地位。

参议员芬尼：在汽车厂商与更严格的环境标准的斗争中，你站在汽车商一边，这没什么奇怪的。你从来没有真正关心过任何环境问题。你只是假装关心环境问题，以赢得选票。其实你一点也不在乎，对吧？

18. 乔伊：听完两位竞选人的观点，我认为盖娅女士更有资格当选。

丹妮斯：也就是说，因为她是女的，所以你要投票给她。

V. 就一个当前有争议的问题构思代表你观点的尽可能好的论证，写成文章提交。特别注意对最有力的反论或支持其他观点的论证提供反驳。

Ⅵ. 为违反辩驳原则的每种谬误找到或编写一个例子，想出自己的办法来反驳之。写在索引卡片上。

Ⅶ. 在五封信的最后一封中，本章讨论过的违反辩驳原则的九种谬误，父亲全部违反了。每种谬误各出现一次。每个数字表示前面出现了已命名的谬误。指出每种谬误的名字。

亲爱的吉姆：

谢谢你今天的来信。对你的担忧我是认真看待的，我知道听上去我对哲学家过于严厉，但我想，我并没有冤枉他们。你要铭记在心的是，这些哲学家不过是些以找麻烦为职业的人，对你或你的永恒命运压根也不关心。（1）我最难以忍受的，是哲学家和他们的科学界同类说服许许多多轻信的人，接受了一种理论，说我们美妙世界的发生，不过是一堆粒子偶然地撞在了一起。（2）这理论是虚假的，至于他们所谓的证据，根本不值一听，因为，像人类心灵这么复杂的事物，怎么可能是“进化”而来呢？（3）哲学家和科学家声称所有的事都是可能出错的，都是可以怀疑的，而他们却不用这种态度看待自己的理论。他们对自己的理论，那是一点也不怀疑的。他们说一套做一套，仅此一点，对我来说，不相信他们说的任何话的理由已经足够充分了。（4）

依我的判断，科学明明是不可信赖的，因为它的结论是错的。例如，科学一直说冥王星是行星，对吧，至少我读小说时的科学课本里是这么说的。然而最近他们开了一个会，又决定冥王星不是行星了。显然，这两个结论里有一个是错的，那么科学又怎么会是可信赖的呢？（5）而我对信仰的热爱恰恰也在此，信仰是可以信赖的。在信仰与科学的古典冲突中，信仰的胜利是无可争辩的，因为你无法证明信仰是错的。这种说法都听着奇怪。无法想象有人会对另一个有信仰的人说："我仔细考察了你的信仰，我的结论是，它是虚假的。"这是不可能的事。（6）

我在一生中，做得最多的一件事，就是详细研究上帝存在的问题，我可以问心无愧地说，对上帝的存在，不曾有任何够分量的质疑。哲学家会表示怀疑，但正如你所知，他们是什么事都怀疑的（也许除了进化论）。所以他们那种普遍的怀疑，在我看来是不算数的。（7）而且他们对拥有信仰连试也没试过，那么，不管他们对信仰这件事说些什么，我是没兴趣听的了。（8）

我要说的只是，对哲学这一行的种种花样，人们必须保持不懈的戒心。我从来不希望有任何人受伤害，这你是清楚的，但我不得不承认，苏格拉底或许是罪有应得呢。也许到了某一学期的第一节哲学课上，正义获得胜利，最后审判的伟大日子来临，世界上的所有哲学家都被"落在后面"，那曾经被他们还未来得及腐蚀的学生挤满的教室，现在空荡荡的，只剩下孤零零的他们。（9）

一个多星期后你回家来过圣诞节，我们有大把的时候讨论所有这些事情。同我一样，你需要的只是保持心灵的开放。

爱你的

父亲

Ⅷ. 以吉姆的口吻给这位父亲写一封回信，从这封信中选出一段，回应或反驳他那笨拙的推理。尽量驳回每一种谬误，但不要明说谬误的名字。运用你从本章各个“回击谬误”小节中学到的知识阐明自己的观点。

第十章　如何写议论文

232

概　要

本章将帮助你：

·理解并主动按照相关基本步骤写议论文。

·在集中精力解决某个有争议的问题上，综合运用本书学到的良好论证所需的各种要素。

组织一个论证，让他人相信自己在某件事上的立场，需要极高的技能。否则，在我们生活的许多方面都会处于不利的局面。几乎在我们扮演的所有社会角色中，都需要建构一个表达自己观点的论证。比如，我们不得不在委员会或小组会上捍卫某个建议；做出是否进行大宗消费的决定；考虑换工作；选择某个政治职务的候选人，或决定是否结婚等。另外，在我们处理与父母、配偶、孩子、邻居、上司、老师、学生，以及客服代表之间的种种矛盾时，都需要讲道理。我们每天都在表达一些关于道德、宗教、政治和娱乐方面的观点。本书提供了如何有效表达观点的许多洞见和策略。我们有必要把这些知识汇集在一起，提供一些有益的建议，帮助大家写好一篇议论文。

写议论文包括五个基本步骤：研究问题，确定自己在该问题上的立场，为自己的立场进行论证，对反对自己立场的观点进行反驳，最后是解决问题。这样一篇文章的大纲大致如下：

1. 对问题进行解释
2. 陈述你对该问题的立场
3. 对你所持的立场进行论证
4. 对预期中的批评进行反驳
5. 问题的解决

研究问题

233

对某个延伸开的论证或写一篇议论文来说，要做的第一步是彻底了解问题的复杂性。你的关注点不只是停留在捍卫你在此事上已有的立场，你的目标是找出该问题所有的见解中，最正当有理的那一个。对该问题的研究，可能会导致你放弃最初的立场。

良好的准备包括要看到某个问题的方方面面。这不仅会指导你判断出更靠谱的立场，也会让你熟悉支持或反对该立场的各种意见，也让你熟悉这个问题另外的观点，并知晓支持这些观点的理由。最重要的是，你会慢慢知道主要的反对意见及其理由，而这将是你论文中必须有效反驳的部分。

准备写的时候，在电脑上列出一个“构想文件”（“idea file”）也许是个好办法，并分别放进前面所提到的文章大纲的五个部分中。当你读到有关所写问题的内容时，在网络上进行有关调查时，和别人讨论这个题目时，务必记下那些突如其来的想法，并把它们分别放进文件中的相关部分。时不时地，你可能想重新整理这些笔记，去掉其中的一些想法，拓展或修改其他的想法，或者在你发现论文的主要特征慢慢浮现出来时，对大纲的各个部分建立联系。

陈述你的立场

在对你的观点进行论证前，最好指出为什么这个问题非常重要。你对这个论题写一篇议论文的这个事实已经暗示，这存在一个没有解决的问题，或者是一个开放的问题。

仔细讨论该问题的重要性之后，你得在文章开头就坦陈自己的立场。同样，公诉人也会在刚开庭时直陈立场。之前的研究已经让你找到了自己将捍卫的观点，所以你应当尽快并且尽可能简单地陈述自己的立场。假如是一个尚待解决的问题，那么就明确表示，你相信自己的建议会帮助问题的解决。没有必要在前面浪费大量的版面，强调问题的复杂性。在你随后对自己的立场进行论证时，问题的复杂性会足够清晰而充分。

表述自己的立场时，用词须准确。决不能选用那些意义模糊、容易引起歧义的词句，技巧实际上不是绝对必要的。阐述观点中所用到的关键词语和概念，需要解释和给出定义。最后，就你的立场发表一个合适的声明。也就是说，如果存在可能的例外，你会把它们当作自己观点的一部分。这样的声明常常会强化你的观点，并会减弱对手的攻击。此外，你的观点至多是表达解决相关问题的一种承诺。

一般情况下，不要胡乱猜想那些阅读你论文的人，除了清楚一个事实：他们是成年人，对大家熟悉的一些常识相当熟悉。对那些超出高中毕业生水平的概念、词汇以及思想进行解释。尤其是，不要写那种似乎只有你的教授才会读的论文，那种你认为读者“已经知道”，所以没必要解释某些词汇和概念的文章。相反，想象论文的读者是一个同学，一个未必熟悉你论文主题所探讨领域的人。 234

论证你的立场

这是论文中最关键的一部分。你将在这一部分提供具体的论证来支持你的观点，看起来应该是一个标准模式下的论证，只不过被放大了许多倍。通常，你论证中的每一个前提都将是文章的一段，如此读者才不可能把论证的各个部分搞混。记住，你表达的每一件事都是为了支持自己的观点，摒弃那些无关的材料，哪怕它们会让你的文章更风趣或更华美。

亮出支持你结论的最厉害的证据，尽可能让论证中的所有前提明晰敞亮，并按照逻辑次序一一登场。少举点例子，否则读者们会把案例当作论证。可能的话，尽量按演绎论证的路子进行，那会相对增加你的论证实力。

假如你觉得自己的某个论证前提较弱，或者预计会被对手当枪使，那你就得提供其他的子前提来“夯实”。要是你认为对手的反对意见没啥威胁，那就指出对方观点的软肋，并展示你的前提是如何圆满地符合“前提的可接受原则”。假如你认为对方的批评伤害性较大，而自己对此缺乏应对之策，那不如先一步放弃，另找一个实力强的前提吧。

在对自己立场进行论证的整个过程中，要时刻以好论证的五个标准为指导。一个好的论证必须符合五大原则的任何一个。首先是结构原则。必须满足一个完整论证的基本结构要求，所提供的论证前提须彼此相容；和结论毫不抵触；不假设结论为真，不涉及任何错误的演绎推理。此外，假如你的结论或观点属于道德（或美学）判断，务必确保你的论证中有一个精心构思的道德（或美学）前提。否则，你得出的价值判断就没有合法性。

好论证的第二个原则是关联原则。这意味着论证中尽量提供和结论或自己的立场直接相关的理由。什么是相关的前提？所谓相关的前提，即前提的真实性或可接受性，对结论的真实性是有影响的，如可使人有理由去相信、赞同结论。

235

第三是可接受原则。也就是说，论证中所用的前提得让读者接受或至少让一个理性的人接受。要让他们接受你的观点，你需要提供的前提不仅仅是能支持自己的结论，而是那些更能让你论文的读者接受的前提。

第四是充分性原则。一个好的论证应当提供一些相关的、可接受的前提，它们以适当的形式和优势一起充分论证出相关的结论。

驳斥对立观点

在议论文中，良好论证的第五个标准——可辩驳原则，值得拥有一席之位。一个好的论证，应做好准备，应对可能招致的反对意见。但这部分往往是最容易被忽视的内容。几乎所有的论者在其论证中，均能提供相关的、可接受的，并尽可能充分的前提来支持结论，但假如缺乏应对反对意见的有效之策，就算不上一个好的论证。在你的文章中，务必有一部分内容是关于驳斥的，对最激烈的反对意见进行驳斥。假如找不到有效的办法回击，那么你可能就该放弃你的观点。在对自己的论文题目进行调研时，你就该解决这个问题。

就一个问题而言，往往只有一个最站得住脚的立场，所以你应当能发现替代方案中最重大的缺陷。但是，你不可能穷尽每一条反对意见并一一回击，你至少得阐明一点：和其他观点相比，你的立场最符合良好论证的所有标准。

解决问题

既然你在文章开头已陈述了自己的结论，那么在结尾就不用赘述一遍了。但你大概想展示自己的立场将如何解决问题、平息纷争，而这也是写这篇论文的主要动机。你也可以说明这篇文章是怎样满足良好论证的所有条件的，包括对质疑你的观点进行反驳，反驳其立场以及相关的论证。最后，你也可以就相关领域的进一步探究提出建议，但千万别让读者对你的立场有任何疑惑。

236

议论文样本

下面附上的这篇文章，大体符合本章所建议的议论文大纲要求。解释了议题的重要性，陈述了我们对于该问题的立场，并对此进行了相关论证，同时驳斥了反对者的立场，指出和其他办法相比，唯有我们的这个立场，才能真正解决问题。

已婚妇女的姓氏

一个没有性别歧视的社会是我们的目标，对此我们已经取得了巨大的进步。但是，在我们的文化中，却固守着一个最能反映性别歧视的特征：绝大部分女性婚后仍用夫姓。

和大部分观点不同，已婚妇女采用夫姓只是一种习惯，而非法律规定。这个习惯源于已被废止的17世纪英国财产和继承法，现在没有任何一个联邦法律或地方法律有此规定。

这只是一个习惯。但这个事实却不能证明它在道德上是否能被接受。已婚妇女选用夫姓并不仅仅是她的个人取向。这是一个严肃的道德问题。因为要求或期望妇女婚后采用夫姓，违背了男女平等的社会原则。这个习惯不仅强加于女性，也强加给了男性，至少一半的社会成员是身受其苦的。

我们建议，应该取缔已婚女性采用夫姓的习惯，已婚女性应享有与已婚男性一样的权利，也就是说，女性结婚后，应保留其原来的姓氏，即出生时就拥有的姓名，这样其死亡证和出生证上的名字，才能保持一致。

提出这条建议有诸多理由。首先，女性婚后采用夫姓也就是放弃了自己的身份。姓名是身份的最主要标记，与作为独特个体的自我辨识紧密相关。对已婚妇女而言，采用夫姓意味着放弃了“我是谁”，变成了“他的太太”。在正式宣布成为夫妇（丈夫和妻子）之后，唯一改变身份认同的只有妻子。两个单独的身份变成了一个——“他”。这个传统得以延续，也许是由于许多女性的自我意识不强，自我尊重不够，但是，对女性来说，假如她的姓氏、她的身份可以被随意改变，而这些变化取决于她目前合法的配偶身份的话，又如何能指望她产生牢固的自我价值感呢。夫妻口头上承诺婚姻平等，但同时又用“某某和某某太太”来作为其关系象征的时候，你不觉得很奇怪吗？那些婚后仍拥有原有姓氏的女性们，完全不用向别人费口舌解释自己的婚姻是如何平等。她自己的姓名，就充分证明了这一点。

其次，让妻子依附于丈夫的姓氏，是男性主导权的象征。在我们的文化中，用丈夫的姓直呼某位女士，是男权主导现象中最直接和最常见的一种习惯。而且，每一个沿用夫姓的已婚妇女均是一个性别歧视的符号，强化了社会重男轻女的特点。每次被介绍或自我介绍成“某某太太”的时候，她和反映的文化就默认了这种潜在的性别歧视行为。

第三，已婚妇女采用夫姓的文化期待（有时也可叫作文化坚持），是典型的双重标准。双重标准，是指在没有任何相关理由的情况下，对某人或某群体实施一套标准，对其他人却采用另一套。揭穿双重标准最有名的是采用“可逆性测试”，比如就本文的案例而言，这个测试是问一个男性：“要是让男性在婚后改随妻子的姓，你接受吗？”大部分男性的回答是，他们绝不会改姓。既然如此，那我们的社会凭什么指望女性婚后改姓呢。

第四，用夫姓是缺乏自我尊重的表现。我们对于自身的态度如何，首先体现在我们是如何介绍自己的。但某个女性介绍自己是“某某太太”的时候，她透露的信息绝不仅仅是她本身。她让别人主要记住的是，她是“某某的妻子”，她也没有把自己看作与丈夫同等，她更看重丈夫。这样的介绍方式，不仅贬低了自己，也鼓励了不好的趋势，即缺乏对其他女性，尤其是已婚女性的尊重。

许多支持女性婚后采用夫姓的人认为，婚姻是一个新的联合体，需要一个共同的名称来表示。的确，就婚姻这个新的实体而言，代表着两个人对于婚姻关系相互负责相互信任的承诺。但是，把婚姻表述成一个新的实体（new entity）既不准确也不合适。在大部分已婚人士看来，婚后保持自身的某种独立感很重要，尤其不能把配偶当作自己的延伸部分。每人都有不同的品位、理想、背景、家庭出身、个性以及拥有之物。应当尊重这些差异。蔑视个体的差异对健康的婚姻关系并无好处。婚姻关系中保持个人的独立性也有助于保持我们对于自我价值的感觉——通过我们履行对他人的承诺和实现一些共同的目标，这种个体意识又得以进一步强化和丰富。所以，把婚姻描述成个体关系屈从于更大的关系，似乎既悖于理想，又不符合现实。

其他认为该保持这个传统的人觉得，妻子采用夫姓，家族的姓氏才能通过孩子代代相传。在他们看来，这种习惯可以培养家庭的延续感——连续家庭的过去和将来。他们心里所想的“家姓”，其实是丈夫家族的“姓”。所以，这个观点实际上是关于如何把丈夫家的姓代代传下去。但我们这里所讨论的问题是，女性有没有必要在婚后用夫姓，而这个如何延续家族姓氏的论证，和我们的议题毫无关系。

此外，还有人认为，女性婚后用夫姓只是一个传统习惯，我们应该尊重这个悠久的历史传统。可我们不应该忘记，历史也有黑暗和消极的一面。用曾经的历史地位来揭示现实中的某种习惯，并不能阐明其好坏。任何和传统有关的事情，在它所体现的积极方面与造成的危害之间，我们都要进行权衡。假如带来的危害较为严重，如我们已论证的女性婚后采用夫姓的这个案例，那就必须摒弃传统。

238

练习

Ⅰ. 以论证的标准形式对“已婚妇女的姓氏”一文重新组织。此文符合一篇合格议论文的要求吗？是否满足良好论证的所有标准？犯了哪些谬误呢？

Ⅱ. 就目前有争议的道德问题，按照本章所提供的议论文写作指南，完成一篇1000—1200字的议论文。务必保证你的论证中有一个精心构思的道德前提。

Ⅲ. 根据良好论证的五大原则，评估你所写的论文。

练习答案

244

第五章

Ⅰ. 不当前提的谬误

2. 丐题定义谬误。肖恩把罪犯定义为无法纠正的人，所以排斥任何与他的声称相反的证明。前提是不当的，因为它是定义性的，却伪装为经验性前提。前提的声称与结论并无二致，所以从效果上说是在把结论定义为真，这是有违良好论证的结构原则的。

5. 复合提问。费舍参议员实际上被问了两个问题：（1）他是否赞同预算削减和（2）预算削减会不会削弱美国在全世界的军事地位。从提问的方式来看，提问的人显然暗中假定了对第二个问题的肯定性答案。这一复合提问假定两个问题的答案相同，并且隐含地预设了一个重要的声称（削减法案会损害美国军事地位），所以违反了良好论证的结构原则。

6. 规范性前提不明。论证人的结论是交通安全管理局的人无权触碰他身体的敏感部位，却没有提供可以支持这一结论的任何法律基础。

7. 丐题。塔文纳教授论证“最适合环境的生命才能生存

245

下来”，而她唯一的前提也是“最适合环境的生命才能生存下来”。她的论证没有恰当的前提，是在用结论支持结论。

8. 前提不相容。这一论证把声称怀疑主义为真作为前提之一，在另一前提中则使用了怀疑主义的定义，即无法知道任何事物的真伪。两个前提是互相矛盾的，因而违反了结构原则对

前提相容性的要求。

10. 前提与结论矛盾。在前提中，论证人辩护了一种个人伦理相对主义观点，即只有行为人自己才有资格判断什么样的行为是对的，什么样的行为是错的；由此宣称抽大麻在道德上没什么错。但接下来，他又得出结论说对方反对抽大麻是错的，这就与声称个人的道德判断不可能出错的前提相矛盾了。

Ⅱ. 演绎推理的谬误

4. 不当换位。从守法的人不会有警察来找麻烦的声称，论证人推论凡是警察没来找麻烦的人都是守法的人。就算第一个陈述是对的，也没理由相信反过来的第二个陈述。那些没同警察打交道的人不见得都是守法公民，也许只是犯了罪没被发现。

6. 中词不周延。该论证的大前提和小前提都是I型陈述；“大多数”也是“一些”，因为它不是全部。I型陈述中的词项都是不周延的，也就是说，中词“非暴力的”也是不周延的。

7. 否定前件。对谢莉谈到的自己母亲方面的事，萨拉并无异议，她的论证是条件式的，即如果这个周末谢莉被母亲撞见看X级电影，会很尴尬的。接下来，萨拉否定前件，声称谢莉的母亲这个周末出城了所以不会撞见她，然后得出结论说，谢莉是不会尴尬的。萨拉忽略了，除了碰见自己的母亲，还可能有许多情况会使人难堪。

8. 肯定后件。按伊丝特的说法，如果哲学课没通过，她就要退学。论证人肯定了后件即退学，于是结论说她的哲学课一定没通过。其实还有许多原因可能导致退学，论证人却没有考虑到。

10. 端词周延不当。结论的主词“本书的读者”，是A型陈述的主词，所以是周延的。但当这个词项出现在前提中时，是A型陈述的谓词，因而是不周延的。同一端词在结论中周延而在前提中不周延，按照三段论的定律，结论是不能成立的。

第六章

Ⅰ. 无关前提的谬误

1. 使用理由不当。也许考克斯女士有资格做小学老师，但遗憾的是，这段话给出的几条理由，没有一条与此有关。用来支持结论的论据，与结论本身并不匹配。这显然犯了使用理由不当的谬误。

2. 起源谬误。论证人认为，白色婚纱仍含有“新娘必须是处女”之意，黛博拉有身孕了，所以不该穿白色婚纱。此逻辑忽视了时过境迁的变化，即白色婚纱已经不再是新娘是否有性经验的信号，因而也就和这段话的结论没有关联。

4. 合理化谬误。似乎论证人的这段话颇为有理。虽然《花花公子》偶尔会刊登一些好文章，但这并非成为征订杂志的真实原因。

5. 得出错误结论。拥有博士学位的人能否做老师，这个结论和给出的理由不匹配。也就是说，这段话给出的前提，不能支持不能聘用有博士学位的人来任教的结论。

Ⅱ. 无关诉诸的谬误

1. 诉诸传统。支持民主党，是论证人及其家人一直以来的传统，即便有足够的理由投票支持共和党，也不行。用传统为借口，而非提供证据支持为何不可投票给共和党，犯了诉诸传统之谬。

2. 诉诸强力或威胁。金的未婚夫在威胁她，声称要是金婚后不用夫姓的话，他就不娶她了。用威胁的法子，而非好好劝说金婚后跟他姓，不说出为何这样做的理由，违反了良好论证的相关原则。

3. 诉诸自利。这段话所诉求的是天主教徒的自身利益，即述说了为什么应该通过联邦法案来资助处境艰难的天主教学校。至于对到底该不该资助教会学校这样一个更为广泛也更为重要的议题，没有提供任何证明。当所讨论之事涉及更大的主题时，用自己或他人的个体利益作为论证的前提，这有悖于良好论证的相关原则。

4. 操纵情绪。销售中介的说法，是试图让这名潜在的消费者感到羞愧：接受了我们的“馈赠”，竟然不买我们的产品？但实际上，消费者没理由感到愧疚，因为这里提及的所谓“馈赠”是无条件给予，不求回报的。操纵并利用他人的情绪也违反了良好论证的相关原则。

5. 诉诸不当权威。假如张伯伦医生给她自己的某位客户作证，那是相关的值得认可的权威。但是就本案而言，并不合适，因为她是被告方的家庭至交，可能会做出对被告有利的证言。借助权威来支持某个观点时，明显带有偏见的不可采纳，会破坏良好论证的相关性。

7. 诉诸众议。大部分女性婚后用夫姓，不能说明这种做法就是对的。这句话违反论证的相关原则，因为它所强调的大部分人的做法，和这事是否值得做没有丝毫关系。

第七章

Ⅰ. 语义混乱的谬误

2. 模棱两可。在论证中“感觉”这个词的词义发生了游移。第一次指的是身体的感觉，第二次指的是精神的感知。前提的关键词在论证过程中没有保持一致，结论是无效的。语义混乱的前提违反了良好论证的可接受性规范。

248

3. 暧昧。在这里，“不行”的意思有可能是“做不了，因为没时间”，也有可能是“做不了，因为不会”。朱莉究竟是在使用哪一个意思，并不清楚，而希拉武断地选择了其中的一种词义，而又没什么根据。

4. 貌异实同。论证人企图在说谎与夸大事实之间建立差异，希望别人接受他后面那个不太难堪的解释。然而，两者之间并无实质区别，只是措辞不同而已。如果别人觉得撒谎是错的，他也会认为夸大事实是错的。

5. 不当反推。罗宾声称今天感觉很舒服，由此杰里没根据地推论罗宾前些天一直不舒服，这是不恰当地强调了罗宾话中“今天”一词，然后不恰当地暗示了一个相反推论。

6. 滥用模糊。论证人武断地假定如果罗恩是自由派，他就会批评军队，这是滥用了“自由派”一词的模糊性。而从“自由派”一词得到这种特殊的推论，是不应该的。在前提中以模糊字眼武断地指派精确含义，造成的混乱是难以纠正的，也违反了良好论证的可接受性规范。

10. 强调误导。标题对“医生”和“患者”的使用方式，会使读者得出一个靠不住的结论，即本地的病人得不到足够的医疗服务。这种不当强调造成的混乱，是对接受原则的违反。

Ⅱ. 无理预设的谬误

1. 不当类比。论证人在咖啡与酒之间发现了表面的相似，却忽视了重要的区别。他假定事物在某一方面相似，便在另一重要方面也相似，这使他的整个论证违反了可接受原则。

2. 拒绝例外。论证人试图通过引用例外情况来反对或拒绝原则。他假定原则不能有例外，这一暗示性的前提使论证有违良好论证的可接受性规范。

4.合成谬误。论证人错误地假定，如果小说里的每一件事看上去是真实的，整部小说便是真实的。这是在假定对局部为真的对整体也为真，含有这一不当假定的隐含前提，使论证违反了可接受原则。

5. 连续体谬误。论证人错误地假定，在人类与其他动物种类之间的连续体内做出区分或划界是武断的、不当的，进而依据这个假定得出结论。

6. 分割谬误。论证人的错误假定是，如果弗吉尼亚大学是最好的大学之一，它的一部分——哲学系，也一定是名列前茅的。

7. 非此即彼。论证人错误地假定球队只有两种未来，必居其一。这一无理假定对可能性的限制过于狭窄，而且假定其中的一个必然发生，以此为暗示性前提的论证违反了良好论证的可接受性规范。

8. 实然—应然谬误。吉恩错误地假定，既然人们在性事方面的典型处理方式是不加深思熟虑，那它就是应该不加深思熟虑的。“现实即合理”是无理的预设，以之为隐含的前提，使论证违反了接受原则。

9. 一厢情愿。论证人不当地假定，虽然上帝的存在缺乏证明，我们可以简单地接受上帝的真实性，从而使上帝成为真实存在。相信和希望上帝存在是真的，并不能制造出真实性。

10. 折中谬误。法官的错误假定是，真相一定藏在两个彼此矛盾的证词中间的什么地方。他甚至懒得考虑其他的可能性，如可能一方在讲真话而另一方在说谎。

11. 后来居上。米尔德里德的不当预设是，“新的就是好的”，她认为自己让乔治喝的脱因咖啡是新牌子的，所以一定比乔治不喜欢的旧牌子脱因咖啡好喝。

第八章

Ⅰ. 漏失证据的谬误

1. 片面辩护。 这名学生恳求教授延长自己交论文的时间，

其他同学都得遵守的交作业时间，凭什么给他这个“例外”呢。这种要求没有适当的理由支持，论据不充分。 250

2. 样本不充分。仅仅对某个学校食堂伙食不佳的体验，不能作为对所有学校食堂饮食的评价。这种说法显然违反了良好论证的充分原则，没能提供足够的、合适的，以及正确的论据来支持结论。

5. 漏失关键证据。是否购买该度假酒店的分时度假，取决于两个因素：分时度假的价格和每年需缴纳的管理费。遗憾的是，这两点在此均未被提及。漏掉了最关键的论据，也就违反了良好论证的充分原则。

6. 罔顾事实的假设。现在失业是否和没有大学学位有关，这一点我们无从得知。过去没有发生过的事情，只是一种假设的存在，不能作为证据来充当论证的前提，否则就违背了充分原则。

8. 诉诸无知。无证据，无结论。最近没有同性恋表达诉求或抗议，并不能说明他们对自己的现状感到满意。

13. 数据不具代表性。即便这个数据是纽约全体居民的样本，也不能代表所有美国人。那些住在纽约城区的人，根本没有外出打猎的休闲机会。如此不具代表性的数据，不能作为论据。

14. 诉诸民间智慧。除了打屁股之外，管教孩子有许多办法。但这里仅用了一句本身就站不住脚的格言警句来做论证的唯一前提，显然属于论据不充分。

Ⅱ. 因果谬误

1. 因果关系简单化。这段话把感冒的原因简单化了。在天冷的时候不戴帽子就出门，仅仅这个原因并不能导致感冒，除非那时早有感冒迹象了。这种简单处理因果关系的做法，不符合良好论证的充分原则。

2. 后此谬误。莱恩参议员见总统和他支持预算法案，这是两件不相干的事情，但论证人却仅仅因为它们发生的时间顺序，就牵强地附之为因果关系。假设事件A先于事件B发生，所以就认定A事是导致B事发生的原因。这种逻辑同样违反了充分原则。

3. 混淆充分与必要条件。不发脾气只是结交朋友的必要条件，但只做到这点，并不够，也就是说，交更多的朋友，除了控制脾气外，还需要具备更多的条件。这段话明显把必要条件当作充分条件用，有悖良好论证的充分原则。

251

4. 多米诺谬误。这段话所指出的一系列后果，均没有提出相应的理由。每一个导致的结果，必有发生的原因，可是这里并未提及。论证人没有提供充分的证据，因此其描述的让人崩溃的那些后果并不成立。

5. 赌徒谬误。前三个季度打猎的糟糕运气并不能预示下一个季度会发生什么结果。用过去发生之事的概率，对将来发生之事进行判断，违反了充分原则，是无根据的臆测。

6. 忽视共同原因。无论是掌握大量词汇带来事业成功，还是事业成功使得词汇量增加，这两种说法都不成立。它们之间没有因果关系，更可能是某种因素既使得词汇量增加，又促使事业成功。这段话没有提及这两个结果发生的原因，属于论据不充分，论证因此也就不成立。

7. 混淆因果关系。论证人混淆了原因和结果。很显然，正是因为洋子和利亚姆的态度不好，顾客给的小费少了，而不是因为顾客小费减少让他们生气。

第九章

Ⅰ. 有关反证的谬误

1. 否认反证。对大学研究报告里的证明，这位论证人甚至连轻描淡写或搪塞都懒得去做。他只是简单地将之一股脑儿否认。这种对反面证据考虑都不考虑，更谈不上反驳的论证，违反了良好论证的辩驳规范。

2. 忽视反证。

3. 论证人在评价登山时，忽视了其中的惊险刺激因素。他考虑的因素不多，他的论证倒是针对所有喜欢登山的人，所以不能放过他。

Ⅱ. 诉诸人格的谬误

252

1. 彼此彼此。在这段简短的对话中，马克指出汤娅的哭泣与他自个儿的喊叫至少效果上是一样的，但对她的提议，却没有回应。由于马克的这种“你也一样”的想法，他觉得自己有理由忽视汤娅的提议了，这违反了良好论证的辩驳原则。

2. 投毒于井。教友对教士“投毒于井”，然后拒绝听他对婚姻的意见，然而，虽说教士自己没有婚姻经验，有什么理由说他不能对解决婚姻中的问题有很好的见解呢？这位教友拒绝评估教士的建议，违反了辩驳原则。

5. 人身攻击。人家指责里奇先生就自己的出席记录撒谎，里奇没有正面回应，却污辱性地攻击帕克先生以前住过精神病院。如此拒绝回答实质问题，里奇先生违反了辩驳原则。

Ⅲ. 转移焦点的谬误

1. 红鲱鱼。教授不理睬学生关于学生参加学校管理的论证，而不恰当地想把话题转到教授参加管理方面。避开原来的问题，转移到相关的其他事情上来，教授违反了辩驳原则。

2. 笑而不答。克里德议员不去回答苏珊，而是用幽默来规避一个政治上敏感的话题。

5. 攻击稻草人。这位母亲曲解了女儿的话，没有回应女儿的实质性请求，违反了辩驳原则。

译名表

Abusive Ad Hominem 人身攻击

Affirming the Consequent 肯定后件

Ambiguity 暧昧

Analogy, Faulty 不当类比

Appeal to Common Opinion 诉诸众议

Appeal to Force or Threat 诉诸强力或威胁

Appeal to Irrelevant Authority 诉诸不相干权威

Appeal to Self-Interest 诉诸自利

Appeal to Tradition 诉诸传统

Arguing from Ignorance 诉诸无知

Attacking a Straw Man 攻击稻草人

Begging the Question 丐题

Causal Oversimplification 因果关系简单化

Complex Question 复合提问

Confusion of Cause and Effect 混淆因果

Confusion of a Necessary with a Sufficient Condition 混淆充分与必要条件

Continuum 连续体谬误

Contradiction between Premise and Conclusion 前提和结论冲突

Contrary-to Fact-Hypothesis 罔顾事实的假设

Denying the Antecedent 否定前件

Denying the Counterevidence 拒绝反证

Distinction Without a Difference 貌异实同

Domino Fallacy 多米诺谬误（滑坡谬误）

Drawing the Wrong Conclusion 得出错误结论

Equivocation 模棱两可

Fallacy of Composition 合成谬误

Fallacy of Division 分割谬误

Fallacy of Novelty 后来居上

Fallacy of Popular Wisdom 诉诸俗见

Fallacy of the Elusive Normative

Premise 规范性前提不明

Fallacy of the Mean 折中谬误

False Alternatives 非此即彼

False Conversion 不当换位

Faulty Analogy 不当类比

Gambler′s Fallacy 赌徒谬误

Genetic Fallacy 起源谬误

Ignoring the Counterevidence 忽视反证

Illicit Contrast 不当反推

Incompatible Premises 前提不相容

Insufficient Sample 样本不充分

Is-Ought Fallacy 实然—应然谬误

Manipulation of Emotions 操纵情绪

Misleading Accent 强调误导

Misuse of a Principle 拒绝例外

Misuse of a Vague Expression 滥用模糊

Neglect of a Common Cause 忽视共同原因

Omission of Key Evidence 漏失关键证据

Poisoning the Well 投毒于井

Post Hoc Fallacy 后此谬误

Question-Begging Definition 丐题定义谬误

Raising Trivial Objections 毛举细故

Red Herring 红鲱鱼

Resort to Humor or Ridicule 笑而不答

Special Pleading 片面辩护

Two-Wrongs Fallacy 彼此彼此

Undistributed Middle Term 中词不周延

Unrepresentative Data 数据不具代表性

Using the Wrong Reasons 使用理由不当

Wishful Thinking 一厢情愿

图书在版编目（CIP）数据

好好讲道理：反击谬误的逻辑学训练 /（美）T.爱德华·戴默（T. Edward Damer）著；刀尔登，黄琳译.—太原：山西人民出版社，2023.6
ISBN 978-7-203-12781-9

Ⅰ. ①好… Ⅱ. ①T… ②刀… ③黄… Ⅲ. ①逻辑学-通俗读物 Ⅳ. ①B81-49

中国版本图书馆CIP数据核字（2023）第075936号

好好讲道理：反击谬误的逻辑学训练

著　　者：（美）T. 爱德华·戴默（T. Edward Damer）
责任编辑：王新斐
复　　审：吕绘元
终　　审：李　颖
装帧设计：陆红强

出 版 者：山西出版传媒集团·山西人民出版社
地　　址：太原市建设南路 21 号
邮　　编：030012
发行营销：010-62142290
0351-4922220　4955996　4956039
0351-4922127（传真）　4956038（邮购）
天猫官网：https://sxrmcbs.tmall.com　电话：0351-4922159
E-mail：sxskcb@163.com（发行部）
sxskcb@163.com（总编室）
网　　址：www.sxskcb.com

经 销 者：山西出版传媒集团·山西人民出版社
承 印 厂：鸿博昊天科技有限公司

开　　本：880mm × 1230mm　1/32
印　　张：13.25
字　　数：350 千字
版　　次：2023 年 6 月　第 1 版
印　　次：2023 年 6 月　第 1 次印刷
书　　号：ISBN 978-7-203-12781-9
定　　价：78.00 元

Attacking Faulty Reasoning
T. Edward Damer
刀尔登、黄琳译

978-7-203-12781-9

Cengage Learning Asia Pte. Ltd.
151 Lorong Chuan, #02-08 New Tech Park, Singapore 556741